Werner Pfannhauser

Essentielle Spurenelemente in der Nahrung

Mit 18 Abbildungen

Springer-Verlag Berlin Heidelberg New York
London Paris Tokyo

Dr. phil. Ing. Werner Pfannhauser
Forschungsinstitut der Ernährungswissenschaft
Blaasstraße 29
A-1180 Wien/Österreich

ISBN-13:978-3-642-72862-4 e-ISBN-13:978-3-642-72861-7
DOI: 10.1007/978-3-642-72861-7

CIP-Kurztitelaufnahme der Deutschen Bibliothek
Pfannhauser, Werner.
Essentielle Spurenelemente in der Nahrung / Werner Pfannhauser.
– Berlin ; Heidelberg ; New York ; London ; Paris ; Tokyo : Springer, 1988
ISBN-13:978-3-642-72862-4 (Berlin ...) Gb.

Softcover reprint of the hardcover 1st edition 1988

Satzarbeiten: Graphischer Großbetrieb F. Pustet, Regensburg

2152/3020-5 4 3 2 1 0

Vorwort

Geschätzter Leser!
Im Verlauf von 17 Jahren Lebensmitteluntersuchung und -forschung am Forschungsinstitut der Ernährungswirtschaft in Wien sammelten sich oft regellos zahlreiche Daten und Fakten über Spurenelemente in Lebensmitteln an.

Der Weg über die Beschäftigung mit den „toxischen" Spurenelementen führte – rückblickend ordnen sich die Dinge – folgerichtig über die Fragen essentieller und toxischer Wirkung, der Verteilung von Spurenelementen hin zur Speziesanalytik, der Untersuchung der biologisch wirksamen chemischen Form der Spurenelemente in Lebensmitteln.

Das Material aus Publikationen, Forschungsberichten, Informationen und „grauer" Literatur wuchs derart an, daß eine Sichtung angeraten war.

Das war auch der Ausgangspunkt für den Plan anknüpfend an das schmale aber sehr wertvolle Buch von Daniela Schlettwein-Gsell und Sybille Mommsen-Straub „Spurenelemente in Lebensmitteln" – erschienen 1973 und längst vergriffen –, eine Zusammenfassung von Fakten und Daten über essentielle Spurenelemente in der Nahrung zum Nutzen der Fachkollegen zusammenzustellen.

Dieses Buch wendet sich an Lebensmittelchemiker, Ernährungswissenschaftler, interessierte Mediziner, Diätassistentinnen und Ökotrophologen, die an einer Übersicht über diesen Themenkreis und detaillierte Daten über Gehalte in einzelnen Lebensmitteln und nahrungsbedingte Aufnahme dieser Spurenelemente interessiert sind.

Mein Dank gilt dem Vorsitzenden des Forschungsinstituts der Ernährungswirtschaft Herrn BR hc. Dipl. Ing. Ziv. Ing. O. Riedl und dem Geschäftsführer Herrn Univ. Prof. Dr. H. Woidich für die Hilfestellung bei diesem Vorhaben.

Dem Springer-Verlag danke ich für die gute Zusammenarbeit. Ganz besonders aber gilt mein Dank meiner Familie, ohne deren Verständnis dieses Buch nicht entstanden wäre.

Alle Fachkollegen bitte ich um Hinweise, Korrekturen und Ergänzungen, vor allem um Zusendung aktueller Literaturdaten, um eine allfällige zweite Auflage dieses Buches auf den neuesten Stand zu halten.

Wien im Sommer 1988 Dr. phil. Ing. Werner Pfannhauser

Inhalt

Abkürzungen

ADI	Annehmbare tägliche Aufnahmedosis (*a*cceptable *d*aily *i*ntake)
a±b	a = Mittelwert, b = Standardabweichung
FDA	Food and Drug Administration der USA
KG	Körpergewicht
LD_{50}	Letale Dosis mit 50% Todesrate
mg	Milligramm (10^{-3} g)
μg	Mikrogramm (10^{-6} g)
ng	Nanogramm (10^{-9} g)
ppm	parts per million (10^{-6} g/g)
ppb	parts per billion (10^{-9} g/g)
n. n.	nicht nachweisbar
RDA	empfohlene Aufnahme mit der Nahrung (Recommended Dietary Allowances)

1 Wesen und Bedeutung von essentiellen Spurenelementen; eine Einleitung

„In the history of nutrition, the first half of the Twentieth Century became known as the vitamin era. The great interest and scientific effort relating to the trace elements may warrant the prediction that the second half of this century will be known as the era of trace elements“ [1].

Dieses Zitat [1] bezeichnet ein Gebiet der Ernährungsforschung, das zunehmend an Bedeutung gewinnt. Wenngleich Kenntnisse über den Zusammenhang zwischen der Versorgung mit Spurenelementen und der Gesundheit oft erst teilweise gesichert sind, zeigt doch die zunehmende Menge an Literatur über essentielle Spurenelemente und die offenbar noch immer nicht abgeschlossene Entdeckung von bisher unbekannten essentiellen Spurenelementen, daß mit Recht Spurenelemente in der Nahrung und ihre Rolle bei der Ernährung als bedeutsam angesehen werden.

Vergleicht man die Geschichte der Vitaminforschung mit derjenigen der Spurenelementforschung, so ergeben sich erstaunliche Parallen. Lebensmitteltechnologische Verfahren vermindern oft den Gehalt an Wirkstoffen. Eine Folge davon sind Mangelzustände bei Vitaminen (vgl. Beri-Beri-Epidemien durch polierten Reis) und Spurenelementen (marginale Unterversorgung bei Zink, Cupfer, Eisen, möglicherweise auch bei Selen und Chrom).

Aufgrund der Evolution und unserer Herkunft aus dem Lebensbereich Meer ist es wenig verwunderlich, daß sich die Zusammensetzung des Meerwassers in Art und Menge in den im menschlichen Organismus vorhandenen Mengen- und Spurenelementen widerspiegelt (Tabellen 1.1 und 1.2). Die ersten in der Erdgeschichte gebildeten Zellen enthielten alle im Meer gelösten Elemente. Aus der komplexen Zusammensetzung des Meerwassers läßt sich entnehmen, daß vom Anbeginn der Lebensformen diese Spurenelemente auch als aktive Zentren zum Aufbau von Proteinen (Enzymen) und Nukleinsäurestrukturen zur Verfügung standen. Dies hatte einen entscheidenden Einfluß auf die Evolution der funktionellen Makromoleküle in den Zellen. Die Entwicklung der Arten wäre in einer chemisch anders gearteten Umwelt wahrscheinlich nicht möglich gewesen. Der Mensch ist in hohem Maße von Mineralstoffen und Spurenelementen determiniert und von ihrer Zufuhr abhängig. Eine grobe Berechnung ergibt bei 2,5 kg täglicher Nahrung einschließlich des zugeführten Wassers, daß pro Körperzelle

Tabelle 1.1. Spurenelemente in Meerwasser. (Nach [3, 4])

Element	Konzentration (µg/l)
As	10
Co	0,2
Cr	0,5
Cu	6,3
F	1350
Fe	3,6
J	41
Li	110
Mn	2,2
Mo	7,7
Ni	0,6
Se	5,0
Si	2800
Sn	3,0
V	0,3
Zn	6,5

Tabelle 1.2. Spurenelemente in Menschen (mg/Person mit 70 kg KG)

Element	Aus [5], Kap. 1	Aus [6], Kap. 1	Aus [2], Kap. 1	Aus [7], Kap. 1
As	–	18	14	–
Co	1,5	–	3	1,4
Cr	1,7	1,7	5	1,4
Cu	72	72	100	70
F	–	2600	80	2590
Fe	4200	4200	4200	4200
J	–	11	30	14
Li	–	2,2	–	–
Mn	12	12	20	14
Mo	9	9,3	5	7
Ni	10	10	10	7
Se	–	13	20	14
Si	–	–	1400	ca. 980
Sn	–	<17	30	14
V	20	<18	20	21
Zn	2300	2300	2330	2310

etwa 25 Atome der verschiedensten Spurenelemente verfügbar sind. Diese Konzentration ist aber mit chemischen Analysenmethoden nicht nachzuweisen. Da im Körper spezifische Anreicherungsmechanismen wirken, ist es wahrscheinlich, daß viele dieser Spurenelemente physiologische Wirkungen ausüben.

Da heute noch neue essentielle Spurenelemente entdeckt werden, darf angenommen werden, daß an z. T. noch unbekannten biochemischen Reaktionen auch Elemente beteiligt sein können, die bis heute nicht als physiologisch bedeutsam für den Menschen erkannt wurden [2].

Jedes Spurenelement kann in höherer Menge für den Organismus aber auch toxisch sein. Die Steuerung zwischen Mangel und Überversorgung übernimmt zumeist die Homöostasie des Organismus. Erhöhte Zufuhr wird mit geringerer

Resorption oder erhöhter Ausscheidung beantwortet. Ein Mangel an Spurenelementen kann zeitweilig mit aus Körperdepots freigesetzten Spurenelementen ausgeglichen werden. Allerdings führen länger andauernde Mangelzustände ebenso wie ein Überangebot von Spurenelementen zu gesundheitlichen Schäden und schließlich zum Tod. Es wurden Modelle der Bedarfsdeckung entworfen, um die Gegebenheiten im Organismus besser erklären zu können und Aufschluß über die erforderliche Zufuhr für eine ausgeglichene Spurenelementbilanz zu erhalten.

Viele Spurenelemente sind für Stoffwechselabläufe und damit für Gesundheit und Wohlbefinden wichtig, aber quantitative Aussagen hinsichtlich des Minimalbedarfs und der notwendigen Gewebs- und Plasmakonzentrationen sind nicht immer eindeutig zu treffen. Das hängt mit den unterschiedlichen Bedingungen für die Aufnahme des jeweiligen Elements zusammen, die durch die Zusammensetzung der Nahrung bestimmt werden. Auch die regional sehr unterschiedlichen geologischen oder lebensmitteltechnologischen Bedingungen können zu stark schwankenden Konzentrationen in der Nahrung führen und damit auch zu mangelhafter Bedarfsdeckung.

Des weiteren ist der unterschiedliche Bedarf bestimmter Personengruppen zu berücksichtigen: Schwerarbeiter, Sportler, Kranke, Vegetarier und Makrobiotiker haben sicher nicht den gleichen Bedarf an essentiellen Spurenelementen. Ihr Bedarf wird nur zum Teil von der Nahrung gedeckt.

Ob eine adäquate Zufuhr der essentiellen Spurenelemente gewährleistet ist, bewerten nationale und internationale Vereinigungen [8, 9, 10] nach eingehenden Untersuchungen. Die von diesen empfohlenen täglichen Aufnahmemengen werden mit der Aufnahme aus der tatsächlichen Diät und mit Berechnungen aus Daten über einzelne Lebensmittel und Lebensmittelgruppen verglichen (s. Kap. 5). Ein wesentliches Ziel dieses Buches ist es, diese Daten gesammelt und nach Elementen geordnet darzustellen und zu kommentieren.

Die Wechselwirkungen zwischen den Nahrungsbestandteilen und den Spurenelementen, aber auch der Spurenelemente miteinander, beeinflussen in komplexer Weise die Verfügbarkeit und damit die Resorption. Hier stehen einer Vielfalt von Publikationen nur wenige Ansätze zu einer umfassenden Erklärung gegenüber. Hier ist die interdisziplinäre Zusammenarbeit zwischen Ernährungsphysiologen, Medizinern und Chemikern gefragt. Die Einsicht in Stoffwechselzusammenhänge, den Metabolismus von Spurenelementen und deren physiologische Wirkung, die Möglichkeiten der Bildung von Komplexen und Verbindungen im Magen-Darm-Bereich, im Blut und in den verschiedenen Geweben sind Gegenstand dieser Zusammenarbeit.

Gerade die analytische Chemie hat durch ihre Leistungsfähigkeit, die Nachweisgrenzen für die Bestimmung von Elementen zu senken, die Voraussetzung für eine systematische Untersuchung von Spurenelementen in biologischem Material geschaffen und selbst aufgrund der Bedeutung der Spurenelementforschung neue Impulse erhalten. Ohne die bahnbrechenden Arbeiten auf dem Gebiet der Atomabsorptionsspektralphotometrie [11] und der Atomemissionsspektroskopie mit induktiv gekoppeltem Plasma [12] wäre die Erforschung der Wirkzusammenhänge von Spurenelementen im Organismus nicht möglich gewesen.

Von praktischer Bedeutung wird immer mehr die Frage, ob die heute gebräuchlichen Methoden der Lebensmitteltechnologie eine ausreichende Zufuhr von essentiellen Spurenelementen sicherstellt. Untersuchungen über latente Mangelzustände weiter Bevölkerungskreise und den Einfluß der Zubereitungs- und Verarbeitungsprozesse auf den Gehalt an Spurenelementen weisen darauf hin, daß eine Ergänzung der Nahrung mit einigen Spurenelementen wünschenswert wäre.

Mit Ausnahme von Iodid bestehen jedoch derzeit in praktisch allen Staaten erhebliche Vorbehalte gegen eine Supplementierung von Nahrungsmitteln mit essentiellen Spurenelementen.

Eine breit angelegte Diskussion über potentiell toxische Spurenelemente wie Blei und Cadmium trägt sicher dazu bei. Diese Problematik kann aber nicht darüber hinwegtäuschen, daß eine große Zahl von Spurenelementen heute als notwendig für die Gesundheit von Mensch und Tier angesehen werden müssen. Nicht ganz frei von Spurenelementen, sondern eine genaue Kenntnis über den Bedarf und über die Grenze zur Unterversorgung sollten die Forderungen des Tages sein. Die mangelnde Bereitschaft der Legislative, Supplementierung zuzulassen, sollte in diesem Zusammenhang überdacht werden.

Die Bedeutung essentieller Spurenelemente für die Ernährung von Mensch und Tier ist größer, als allgemein angenommen wird. Dieses Buch gibt einen Überblick über den Gehalt von essentiellen Spurenelementen in Lebensmitteln mit der Absicht, Wirkung und Bedarf, Aufnahme und Metabolismus sowie Versorgungsstatus und empfohlene Aufnahmemenge nach dem derzeitigen Stand der Forschung darzustellen. Wir wollen dazu beitragen, auf diese lebensnotwendigen Nahrungsbestandteile aufmerksam zu machen.

Literatur

1. W. Mertz: Proceedings As-3. Spurenelement-Symposium 1980 Karl Marx-Univers. Leipzig, Friedrich Schiller Univ. Jena, Herausg.: M. Anke, H.-J. Schneider, Ch. Brückner, VEB-Kongreß – u. Werbedruck, Oberlungnitz, DDR
2. F. Kieffer: Sandoz Nr. 51–53 (1979)
3. E. T. Degens: Nature 243: 504 (1973)
4. P. L. Altmann, D. S. Dittmer: Metabolism. Fed. Am. Soc. Exp. Biology (FASEB), Bethesda, USA
5. R. D. Lindemann, B. J. Miles: Mineral. Elektrolyt. Metab. 3: 223 (1980)
6. H. A. Schweden, A. D. Nason: Clin. Chem. 17: 461 (1971)
7. H.-D. Belitz, W. Grosch: Lehrbuch der Lebensmittelchemie Springer, Berlin 1982 p. 325
8. Recommended Dietary Allowances. 9th ed. Nat. Acad. Sci. Washington 1980
9. Recommended Dietary Intakes Around the World IUNS-Rept. 1/5 (1982); Nutr. Abstr. Rev., Rev. Chem. Nutr. 83: 939 (1982)
10. R. Schelenz in: Berichte der BFA für Ernährung BFE-R-8302, Karlsruhe, BRD, 1983
11. A. Walsh: Spectrochim. Acta 7: 108 (1955)
12. R. H. Wendt, V. A. Fassel: Anal. Chem. 37: 920 (1965)

2 Wann heißt ein Spurenelement essentiell?

2.1 Einteilung in essentielle Spurenelemente

Höhere Lebewesen bestehen zum größten Teil aus Nichtmetallen. 97,4% des menschlichen Organismus bestehen aus den Elementen Wasserstoff, Kohlenstoff, Stickstoff, Sauerstoff, Phosphor, Schwefel und Chlor, der Rest 2,6% sind Metalle.

Die historische Einteilung in Mengen- (Oligo-) und Spurenelemente läßt sich weder durch ihre Wirkung noch durch die willkürlich gezogene Grenze der Bedarfsmenge rechtfertigen. Deshalb ist es zutreffender von „essentiellen Mineralstoffen" zu sprechen [1–4].

Ihre Unterteilung kann wie folgt geschehen:

- Elemente, deren Notwendigkeit für den Menschen erwiesen ist: Eisen, Cupfer, Zink, Chrom, Selen, Calcium, Magnesium, Lithium, Cobalt, Molybdän, Iod, Silicium, Fluor, Mangan (= 14).
- Elemente deren Funktion beim Menschen noch nicht genügend gesichert ist: Zinn, Nickel, Vanadium, Arsen, Mangan (= 5).
- Elemente, die in größeren Mengen beim Menschen toxisch wirken: Cadmium, Molybdän, Blei, Quecksilber, Arsen, Bor, Zinn ...

Vor allem gegen die dritte Gruppe sind berechtigte Einwände möglich. Praktisch jedes Element ist, wenn auch oft erst in sehr hoher Dosis, toxisch. Bei Selen etwa liegen die Bereiche optimaler Versorgung und toxischer Wirkung sehr eng beisammen. (Vgl. Abb. 3.2) Obwohl Mangan gesicherter Bestandteil von 2 Enzymsystemen des menschlichen Organismus ist, besteht noch kein eindeutiger Beweis seiner Essentialität. Man geht aber sicherlich nicht völlig fehl, wenn man Spurenelemente, die in höheren Tieren, vor allem bei Primaten als essentiell nachgewiesen wurden, auch für den Menschen als lebensnotwendig betrachtet. Die Spurenelemente können aber auch nach ihrer Funktionalität klassifiziert werden [2]:

- Elektrochemischer Funktion: Calcium, Chlorid, Kalium, Magnesium, Stickstoff, Natrium, Phosphor, Schwefel, Fluor. Sie alle kommen in Zellen als Ionen vor und sind zum Teil an Austauschvorgängen in Biomenbranen und in verhältnismäßig hoher Konzentration an Stoffwechselvorgängen beteiligt.

- Katalytischer Funktion: Calcium, Chlorid, Cobalt, Cupfer, Kalium, Magnesium, Mangan, Molybdän, Natrium, Phosphor, Schwefel, Zink, Iod.
  Die katalytisch wirkenden Enzyme bestehen aus Spurenelement und Protein, wobei oft erst das Spurenelement die Wirkung des Proteins aktiviert.
- Struktureller Funktion: Barium, Calcium, Fluor, Eisen, Mangan, Stickstoff, Phosphor, Schwefel, Silicium, Selen.
  Hier sind es der Stützapparat von Knochen- und Bindegewebe, für die diese Elemente von Bedeutung sind.

Tabelle 2.1. Essentielle Spurenelemente – deren Entdeckung und Funktion

Element	Entdeckung	Funktion
As	1975	unbekannt
Co	1935	Teil von Vitamin B_{12}
Cr	1959	Insulinverstärkung, Glukosetoleranzfaktor
Cu	1925	Oxidierende Enzyme, Elastinvernetzung
F	1931	Zahnstruktur, Knochen
Fe	17. Jh.	0_2- und e^--Transport
J	1820	Schilddrüsenhormon Thyroxin
Li		unbekannt
Mn	1931	Metabolismus der Mukopolysaccharide, Superoxiddismutase, Arginase, Pyruvatcarboxylase, Malatenzym
Mo	1953	Xanthinoxidase, Sulfoxidase
Ni	1971	Wechselwirkung mit Eisenresorption
Se	1957	Gluthationperoxidase
Si	1972	Kalzifizierung
Sn	1970	Gastrin
V	1971	Hemmung der Cholesterinsynthese
Zn	1896	Zahlreiche Enzyme im Energiestoffwechsel, Transkription

Mangelerscheinungen bei Tier oder Mensch		Literatur (aus Kap. 2)
As	Wachstumsverringerung, negative Beeinflussung der Reproduktion, Herztod in 3. Generation bei Ziegen	[21]
Co	Anämie, Vitamin B_{12}-Mangel, Störung d. Nukleinsäuresynthese	[9]
Cr	Diabetes, erhöhte Serumlipide	[10]
Cu	Blockierung der Oxidation (Atmung), Anämie, Veränderung bei der Verknöcherung	[11]
F	Wachstumsverringerung, Karies, Osteoporose	[29]
Fe	Anämie, Wachstumsverringerung, Hämolyse	[12]
J	Kropf, Kretinismus	[13]
Li	Kardiovaskulare Erkrankungen (nicht gesichert)	[28]
Mn	Knochendeformation, Anämie, verringertes Wachstum	[14]
Mo	Störung der Fettsäurebildung aus Kohlenhydraten, Wachstumsverringerung	[15]
Ni	Wachstumsverringerung	[20]
Se	Lipidperoxidation, endemische Kardiomyopathie, Hämolyse	[16]
Si	Wachstumsverringerung, Knochendeformation	[22]
Sn	Wachstumsstörungen, Ausbleiben der Sekretion von Verdauungsenzymen	[17]
V	Wachstumsverringerung, Lipidmetabolismus, Fertilitätsstörungen	[18]
Zn	Starke Wachstumsstörungen, geschlechtliche Unreife, Hautläsionen, graue Haare	[30]

– Spurenelemente anderer Funktion: Bor, Brom, Cadmium, Chlorid, Eisen, Schwefel, Selen, Zink. Manche Spurenelemente haben verschiedene Funktionen und finden sich deshalb auch in mehreren Gruppen.

Da essentielle Spurenelemente per definitionem mit Mangelerscheinungen und bestimmten Funktionen im Stoffwechsel in Beziehung stehen, soll in einer Tabelle die Entdeckung, ihre Funktion und die nachgewiesenen Mangelerscheinungen bei Tier oder Mensch zusammengefaßt werden (Tabelle 2.1).

2.2 Kriterien für die Essentialität und deren Nachweis

Die einfachste Definition für „Essentialität" eines Elements ist die, daß es lebensnotwendig ist [1]. Völliges Fehlen hat den Tod des Organismus zur Folge. Ein großer Mangel an Spurenelementen ist schwierig zu erzeugen. Ferner ist die Konzentration der meisten Spurenelemente sehr niedrig, so daß die Kontrolle des völligen Fehlens eines Elements auf experimentell praktisch unüberwindbare Schwierigkeiten stößt.

Für den praktischen Gebrauch ist daher eine umfassendere Definition für die essentielle Wirkung erforderlich:

Ein Element ist dann essentiell, wenn eine Mangelversorgung des Organismus eine Mangelerscheinung hervorruft und diese Mangelerscheinung durch Zufuhr physiologischer Konzentrationen des Elements rückgängig gemacht werden kann.

Im allgemeinen wird die essentielle Wirkung dann als erwiesen betrachtet, wenn mehrere Forscher an mehreren Tierarten Essentialität im Sinne obiger Definition nachgewiesen haben. Hinreichende Bedingungen [2] sind also:

– Der Organismus kann weder wachsen, noch seinen Lebenszyklus bei hinlänglich geringer Konzentration des Elements vollenden.
– Das Element kann nicht durch andere Elemente vollständig ersetzt werden.
– Das Element hat einen direkten Einfluß auf den Organismus und ist in seinen Stoffwechsel integriert.

Nur in dem Maße, wie die Zufuhr von essentiellen Spurenelementen durch Wasser, Luft und Nahrung kontrolliert werden kann, kann auch die Mangelerscheinung bei Versuchstieren erzeugt werden. Für Spurenelemente, die in verhältnismäßig hoher Konzentration benötigt werden, wie z. B. Eisen und Zink, ist diese Kontrolle leichter durchzuführen als für jene essentiellen Elemente, die in sehr kleinen Mengen erforderlich sind, wie für Chrom, Vanadium, Arsen und Selen.

Die Entdeckung der essentiellen Wirkung von Spurenelementen war erst aufgrund zweier Entwicklungen möglich:

1. Die sogenannte „ultrareine Lebenssphäre" bei der Versuchstierhaltung hat es ermöglicht, praktisch alle Kontaminationen auszuschließen [3]. Zu diesem Zweck wurde von Schwarz [5] ein Apparat konstruiert, der es gestattet, Umwelteinflüsse vom Versuchstier fernzuhalten und damit eine unkontrollierte Aufnahme von Spurenelementen über Atemluft, Wasser und Nahrung zu vermeiden.

2. Die Entwicklung der Ultraspurenanalytik, insbesondere der Atomabsorptionsspektroskopie, hat die Voraussetzung dafür geschaffen, daß Spurenelemente im ppb-Bereich (ein milliardstel Gramm pro Gramm untersuchte Substanz) und z. T. noch darunter analytisch nachgewiesen werden können.

Erschwerend ist, daß Wechselwirkungen von Spurenelementen und deren Austausch im Enzym vor allem bei Übergangselementen auftreten. Die meisten Enzyme enthalten nicht von vorneherein das Spurenelement, sondern werden erst durch das Element aktiviert und reagieren demgemäß auf verschiedene Übergangselemente mit dosisabhängiger Aktivierung.

2.3 Methoden zum Nachweis eines Mangels an essentiellen Spurenelementen

Neben Studien zur Aufnahme von Spurenelementen unter Beachtung der Verfügbarkeit der Spurenelemente in der Nahrung bieten Untersuchungen von Serum und Blut, die Biopsie spezifischer Organe wie der Leber für die Elemente Cupfer, Mangan, Zink oder der Knochen für Zink und Eisen, sowie die Messung der Enzymaktivität Möglichkeiten, den angestrebten optimalen Versorgungszustand mit essentiellen Spurenelementen zu diagnostizieren und gegebenenfalls zu korrigieren.

Die Messung der Enzymaktivität spurenelementhaltiger Enzyme kann zur Bestimmung des Versorgungszustands herangezogen werden. Unterdurchschnittliche biologische Aktivität stellt ein Zeichen für Mangel infolge Unterversorgung dar. Aussagen über die Cupferversorgung lassen sich gewinnen, wenn man die Aktivität von Cytochromoxidasen [6] und Ceruloplasmin [7] untersucht (Tabelle 2.2). Die Abhängigkeit der Aktivität von Ceruloplasmin vom Cupfergehalt der Leber und der angebotenen Cupferverbindung zeigen Tabelle 2.2 und 2.3: mit sinkendem Gehalt an Cupfer in der Leber sinkt die Ceruloplasminaktivität. Die Supplementierung mit Cupferverbindungen zeigt eine besonders gute Verfügbarkeit, wenn es als Cupfer-L-Leucinat verabreicht wird, während Cupfer als Cupferfumarat am wenigsten verfügbar ist. Dies bestätigt Hinweise auf den Transport vieler Spurenelemente mit einfachen Peptiden oder Aminosäuren im intermediären Stoffwechsel. Die geringe Verfügbarkeit von Cupfer aus Cupferfumarat kann auf starke Komplexbildung zurückgeführt werden.

Tabelle 2.2. Cupfergehalt der Leber und Ceruloplasminaktivität während 20tägigen Kupfermangels. (Nach [8] aus Kap. 2)

Zeit (Tage)	Cupfergehalt der Leber (μg/g Trockensubstanz)	Coeruloplasminaktivität (ΔE 550/10 min und 1 ml Serum)
0	30,7 ± 8,6	0,332
10	15,4 ± 1,3	0,228
17	10,5 ± 1,0	0,232
26	10,9 ± 1,0	0,140
40	6,8 ± 0,8	0,104

Tabelle 2.3. Einfluß verschiedener Cupferverbindungen auf den Cupfergehalt in der Leber und die Ceruloplasminaktivität

Gabe als	Cupfergehalt (μg/Gesamtleber)	Ceruloplasminaktivität (ΔE 550/10 min und 1 ml Serum)
Cupfersulfat	24,9 ± 5,5	0,189 ± 0,057
Cupfercitrat	34,7 ± 5,5	0,240 ± 0,044
Cupferfumarat	37,8 ± 1,8	0,143 ± 0,044
Cupferoxalat	39,1 ± 4,2	0,257 ± 0,050
Cupfer-EDTA	42,2 ± 6,1	0,313 ± 0,065
Cupfer-L-leucinat	38,0 ± 2,7	0,310 ± 0,050

Am Beispiel von Zink zeigte Kirchgessner [8] bei Ratten, daß eine über den Bedarf hinausgehende Versorgung weder die Leistung noch den Zinkstatus des Organismus verändert.

Für die Messung der Zinkverfügbarkeit benutzte er die Aktivitätsveränderungen der Laktatdehydrogenase, Malatdehydrogenase, Alkoholdehydrogenase und alkalischen Phosphatase in Leber und Knochen. Am Beispiel des Verlaufs der Zinkgehalte in Leber und Knochen wachsender Ratten bei De- und Repletion wird auch die Möglichkeit zusätzlicher Messungen der Spurenelementgehalte durch Biopsie aufgezeigt, um den Versorgungszustand des Organismus zu charakterisieren. Nähere Angaben über die Methoden, wie man den Bedarf abschätzt, finden sich in Kap. 3.

Heute liegt kaum noch ein deutlicher, anhand klarer Symptome erkennbarer Mangel an Spurenelementen vor. Die latente, durch vieldeutige Symptome charakterisierte Unterversorgung ist in den Industriestaaten ein Problem, das vielfach nur durch Messung des Gehalts von Spurenelementen im Körpergewebe und der Enzymaktivität erfaßt werden kann.

2.4 Weitere, möglicherweise essentielle Spurenelemente

Im menschlichen Organismus finden sich neben den beschriebenen Spurenelementen auch viele andere Elemente des Periodensystems in Spuren.

Die laufende Entdeckung von essentiellen Wirkungen dieser geringen Mengen läßt darauf schließen, daß auch noch weitere, bisher nicht entdeckte Spurenelemente aufgefunden werden können. Die Problematik liegt, wie schon an anderen Stellen erwähnt, an den Grenzen der analytischen Nachweisbarkeit und der Herstellung von absolut spurenelementfreier Diät für Versuchstiere. Diskutiert wird derzeit eine weitere Gruppe von Spurenelementen, zusätzlich zu jenen Elementen, deren Essentialität im Tierversuch nachgewiesen, aber beim Menschen noch nicht verifiziert werden konnte: Es handelt sich um Elemente, die lange Zeit hindurch als allein potentiell-toxische Spurenelemente bezeichnet wurden. Wie sehr dies als einziges Merkmal unzutreffend ist, wird in Kap. 3 dargestellt. Arsen, ein klassisches Gift, wurde in letzter Zeit zumindest bei Tieren als essentielles Spurenelement nachgewiesen [21].

Hinweise in der Literatur lassen eine essentielle Wirkung von Brom [23], Cadmium [24, 25] und Strontium [26] vermuten. Aber auch Blei und Silber werden als essentiell diskutiert. Bei Lithium wird vermutlich schon das Grenzgebiet zwischen essentiellem Spurenelement und pharmakologisch wirksamem Medikament erreicht [27].

Literatur

1. W. Mertz: Science 213: 1332 (1981)
2. H. J. M. Bowen: Trace Elements in Biochemistry Academic Press, London, New York, 1966
3. J. C. Smith, K. Schwarz: J. Nutr. 93: 182 (1967)
4. I. J. T. Davies: „The Chemical Significance of the Essential Biological Metals. W. Heinemann, London 1972
5. K. Schwarz, D. B. Milne, E. Vinyard: Biochem. Biophys. Res. Comm. 40: 22 (1970)
6. C. F. Mills, A. C. Dalgarno: Proc. Int. Symp. Trace Element Metabol. Animal., C. F. Mills ed.: Livingstone, Edinburgh, London 1970
7. S. R. Todd ibid.
8. M. Kirchgessner: Mitt. Hyg. (Bern) 63: 164 (1972)
9. H. R. Marston: J. Counc. Sci. Ind. Res. (Aust) 8: 111 (1935)
10. K. Schwarz, W. Mertz: Arch. Biochem. Biophys. 85: 292 (1959)
11. E. B. Hart, H. Steenbock, J. Waddel, C. A. Elvehjem: J. Biol. Chem. 77: 797 (1928)
12. Sydenham, Willis, zitiert nach E. J. Underwood: Trace Elements in Human and Animal Nutrition 3 rd ed., Academic Press, New York, London 1971
13. J. F. Coindet Ann. Chim. Phys. 15: 49 (1820)
14. J. Waddell, H. Steenbock, E. B. Hart: J. Nutr. 4: 53 (1931)
15. E. C. de Renzo, E. Kaleita, P. Heytler, J. J. Oleson, B. L. Hutching, J. H. Williams: J. Am. Chem. Soc. 75: 753 (1953) Arch. Biochem. Biophys. 45: 247 (1953)
16. K. Schwarz, G. M. Foltz: J. Am. Chem. Soc. 79: 3293 (1957)
17. K. Schwarz, D. B. Milne, E. Vinyard: Biochem. Biophys. Res. Comm. 40: 22 (1970)
18. L. L. Hopkins, H. E. Mohr, zitiert nach E. J. Underwood siehe [12]
19. W. R. Todd, C. A. Elvehjem, E. B. Hart: Am. J. Physiol. 107: 146 (1934)
20. D. Szadkowski, H. Schultze, K. H. Schaller, G. Lehnert: Arch. Hyg. Bakt. 153: 1 (1969)
21. M. Anke, M. Grün, M. Partschefeld: Trace Elements in Environmental Health. D. D. Hemphil ed. 10: 403 (1976)
22. E. M. Carlisle: „Essentiality and Function of Silicon" pp. 231 in: G. Benz, I. Lindquist (eds.) Biochemistry of Silicon and Related Problems, Plenum Press, New York, 1978
23. J. W. Huff, D. K. Bosshardt, O. P. Milter, R. H. Barns: Proc. Soc. Exp. Biol. Med 92: 216 (1956)
24. M. Margoshes, B. L. Vallee: J. Am. Chem. Soc. 79: 4813 (1957)
25. J. H. R. Kägi, B. L. Vallee: J. Biol. Chem. 235: 3460 (1960); 236: 2435 (1961)
26. O. Rygh: Bull. Soc. Chim. Biol. 31: 1052, 1403 und 1408 (1949)
27. K. J. Irgolic, W. Mertz in: Proceedings 1. Grazer Symposium über ökologische Chemie von Spurenelementen; eds.: ÖBIG, Wien, 1985
28. M. Schou: Ann. Rev. Pharmacol. Toxicol. 16: 231 (1976)
29. F. J. McClure: Natn. Inst. Health Bull. No. 172 (1939)
30. E. J. Underwood: Trace Elements in Human Nutrition. Academic Press, New York 1976

3 Dosis-Wirkungs-Beziehung und Bedarfsabschätzung

3.1 Mangel und Überangebot

Mangel und Überangebot sind 2 Erscheinungsformen der Toxizität von Mineralstoffen.

Jedes Element ist bei Überangebot toxisch. Dies war lange Zeit Gegenstand von Forschungsarbeiten. Erst ab etwa 1950 begann mit der systematischen Untersuchung der Bedeutung von Spurenelementen für das physiologische Geschehen ein Umdenken. Als einer der ersten vertrat Schwarz die Meinung, daß alle Elemente essentiell seien. Er selbst versuchte die essentielle Wirkung von Blei nachzuweisen [8].

Eine Beziehung zwischen Dosis und Wirkung stellte zuerst Bertrand und dann, in heute noch verwendeter Form, Smith auf [1].

In Abb. 3.1 ist die Lebensfähigkeit des Organismus gegen die Konzentration von essentiellen Spurenelementen schematisch dargestellt.

Mit von Null aus ansteigender Konzentration wird ein Bereich von Mangel mit Wachstumsstillstand über schwere Mangelerscheinungen bis hin zu schwachen Mangelsymptomen durchlaufen: Die Lebensfähigkeit des Organismus steigt an und erreicht ein Plateau der optimalen Versorgung. Am rechten Ende des Plateaus, der Zone luxuriöser Versorgung, sinkt die Lebensfähigkeit bei weiter steigender Elementkonzentration. Toxische Erscheinungen werden immer deutlicher, bis die letale Zone erreicht wird. Die LD_{50}-Dosis (50% Todesrate) zur Angabe dieser Letalitätsgrenze bleibt dann unpräzise, wenn die chemische Verbindung des Elements (vgl. Tabelle 2.3 und 3.1), die Fütterungs- (resp. Aufnahmeart), das Alter und der Entwicklungsstand des Organismus sowie die Zeit zwischen Aufnahme und Tod nicht genauestens bekannt sind.

Wie bereits erwähnt, ist die historisch begründete Trennung in „toxisch“ (z. B. Quecksilber), „essentiell“ (z. B. Chrom) und Elemente „ohne Wirkung“ (z. B. Aluminium) heute nicht mehr gerechtfertigt (vgl. Kap. 2). Die Bezeichnung essentiell ist insofern sogar irreführend, als sie sich ausschließlich auf den linken Teil des Dosis-Wirkungs-Diagramms (Abb. 3.1) bezieht. Dennoch bietet sich die Einteilung in „essentielle Mineralstoffe“ und „Elemente ohne nachgewiesene essentielle Wirkung“ an. Der Grund dafür ist der, daß die meisten Elemente im Bereich des Überangebots sehr gründlich untersucht sind. Von nur etwa 20 Mineralstoffen ist der linke Bereich der Mangelerscheinungen untersucht. Solange

Tabelle 3.1. Orale Toxizität verschiedener Verbindungen (LD_{50} in mg/kg KG, stöchiometrisch umgerechnet und auf das reine Element bezogen)

Verbindung	toxische Konzentration (oral), LD_{50} (mg/kg KG)
Natriumselenit	3,2
Selenige Säure	15,5
Selensulfid	26,8
Selendisulfid	76
Cupferchlorid	66,1
Cupfersulfat	76,3
Cupfernitrat	318
Molybdäntrioxid	125
Ammoniummolybdat	333
Antimontrioxid	> 16000
Kaliumantimonyltartrat	300
Quecksilber-(I)-chlorid	220,5
Quecksilber-(II)-chlorid	16,5
Eisen-(II)-chlorid-tetrahydrat	248
Eisen-(III)-chlorid	310
Eisen-(III)-nitrat	2230

nicht bei allen (oder zumindest fast allen) Elementen Mangelzustände erkannt wurden und das optimale Angebot nicht ermittelt ist, sind Zweifel am Konzept der erwähnten Trennung angebracht.

Da jedes Element im Überangebot toxisch ist, trifft der rechte Plateaubereich der Dosis-Wirkungs-Kurve (Abb. 3.1) für alle Elemente zu. Anstieg und Abfall der Dosis-Wirkungs-Kurve sind von Element zu Element verschieden.

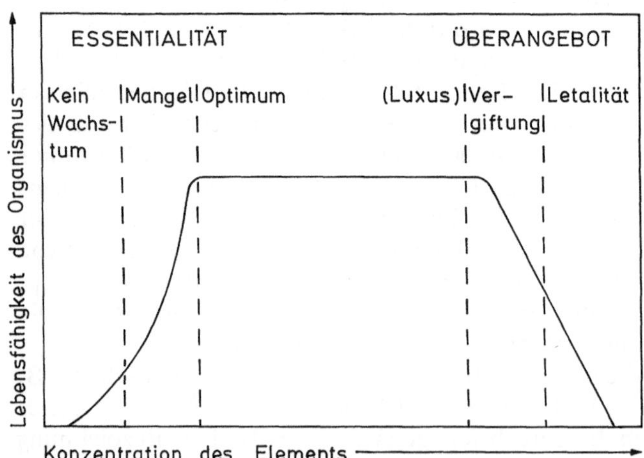

Abb. 3.1. Dosis-Wirkungs-Beziehung für alle Elemente. Bereich des Mangels: charakterisiert durch klinische Symptome. Suboptimaler Bereich: keine klaren klinischen Symptome, obwohl biochemische Wirkungen meßbar sind. Optimaler Versorgungsbereich: optimale Funktion des Stoffwechsels, normale Entwicklung und Gesundheit. Subtoxischer Bereich: Aufnahme im Überschuß wird durch biochemische Veränderungen manifestiert, ohne klinische Symptome erkennen zu lassen. Toxischer Bereich: charakterisiert durch klinische Symptome

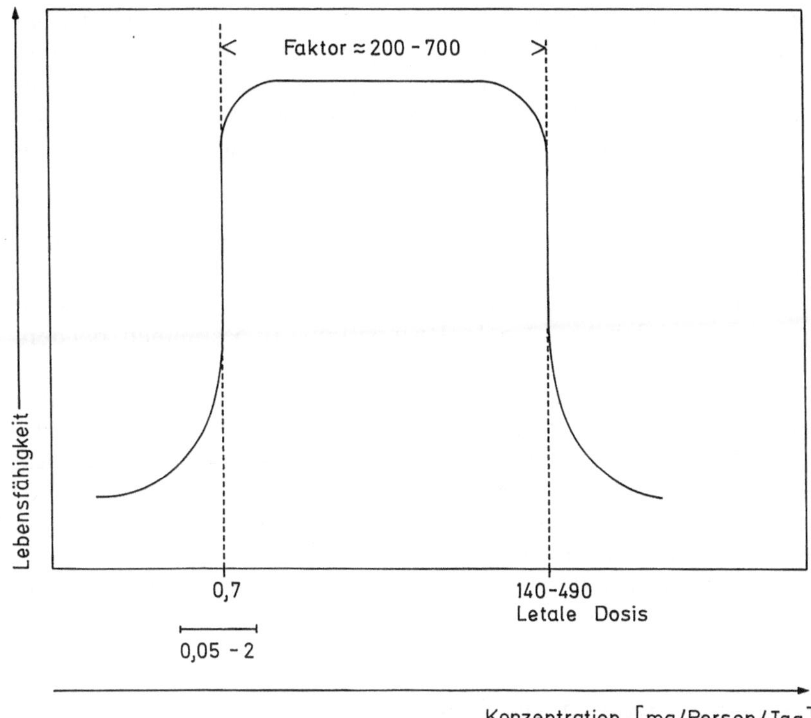

Abb. 3.2. Dosis-Wirkungs-Beziehung für Selen. Durchschnittlicher Selenbedarf: 0,7 mg/Person/Tag. Akute Toxizität: Letale Dosis Natriumselenit bei Ratten 2–7 mg/kg KG. (Nach [4, 24])

Als Beispiel seien 2 Elemente mit extrem verschiedenen Plateaubreiten genannt [2]. Selen wirkt bei den meisten Tierarten in Konzentrationen von 0,04–0,1 mg/kg KG essentiell. Beim Menschen wirkt bereits eine gegenüber der erforderlichen Menge von 60–120 µg/Tag 30fach höhere Konzentration, also etwa 2–3 mg/Tag, im Langzeitversuch toxisch [3, 4] (Abb. 3.2). Das Plateau der optimalen Versorgung ist sehr schmal. Mangan weist dagegen ein sehr breites Plateau auf. Als essentiell werden 0,05–0,5 mg/kg Nahrung angesehen. Eine toxische Wirkung wird jedoch erst bei über 2000 mg Mangan/kg Nahrung, also der rund 4000fachen Konzentration beobachtet [2]. Der Bereich optimaler Versorgung erstreckt sich also über einen Konzentrationsbereich von 3–4 Zehnerpotenzen. Die Bereiche empfohlener Aufnahmemengen für essentielle Spurenelemente, wie sie etwa in der Recommended Dietary Allowances [5] enthalten sind, berücksichtigen diese Tatsache. Hinzu kommt allerdings auch die Unsicherheit aufgrund des derzeitigen Wissensstands über den Bedarf und die Fähigkeit des Organismus, Schwankungen der Konzentration von essentiellen Spurenelementen in einem bestimmten Umfang durch homöostatische Regelmechanismen auszugleichen. Ebenso ist die unterschiedliche biologische Verwertbarkeit in Abhängigkeit von der chemischen Verbindung des Elements (vgl. Tabelle 2.3) und vom Einfluß anderer Nahrungsbestandteile zu berücksichtigen. Ein geradezu klassisches Beispiel dafür ist die Abhängigkeit des scheinbaren

Cupferbedarfs vom Gehalt an Molybdän und Schwefel im Tierfutter [6], das ein weltweites Problem in der Tierernährung darstellt. Die Konzentration von Cupfer im Futter kann danach zu gering, ausreichend oder auch toxisch sein, abhängig von der Menge der beiden anderen Nahrungsinhaltsstoffe [7]. Die Dosis-Wirkungs-Beziehung beim Menschen kann mit epidemiologischen Methoden auf 2 Arten abgesichert werden:

Durch direkte Untersuchungen, die z. B. die mittlere Dosis in einer Risikogruppe mißt, oder durch indirekte Untersuchungen, die mit einem Stoffwechselmodell die statistische Verteilung des Spurenelements im Gewebe simulieren, die tägliche Aufnahme und die kritische Konzentration in besonders gefährdeten Organen abschätzen, um den Anteil in der Risikogruppe zu bestimmen, bei dem ein Effekt auftritt.

Direktstudien werden angestrebt, weil sie ohne Annahme über den Metabolismus und damit ohne eine daraus resultierende Unsicherheit in der Abschätzung auskommen. Sie haben aber den Nachteil, daß geringe äußere Einflüsse, wie etwa eine marginale Unterversorgung routinemäßig sehr schwer meßbar sind. Direktstudien können eben nur dann zum Ziel führen, wenn tatsächlich Auswirkungen eindeutig beobachtet und zugeordnet werden können.

Indirekte Studien liefern nur Anhaltspunkte; sie enthalten Annahmen und umfassen nur begrenzte Daten.

3.2 Wie wirken essentielle Spurenelemente?

3.2.1 Verstärkungseffekt

Alle bis jetzt bekannten Spurenelemente sind Bestandteil von großen Biomolekülen wie Enzymen und Hormonen oder treten mit diesen in Wechselwirkung. Hat das Substrat, mit dem das Spurenelement primär reagiert, dann selbst

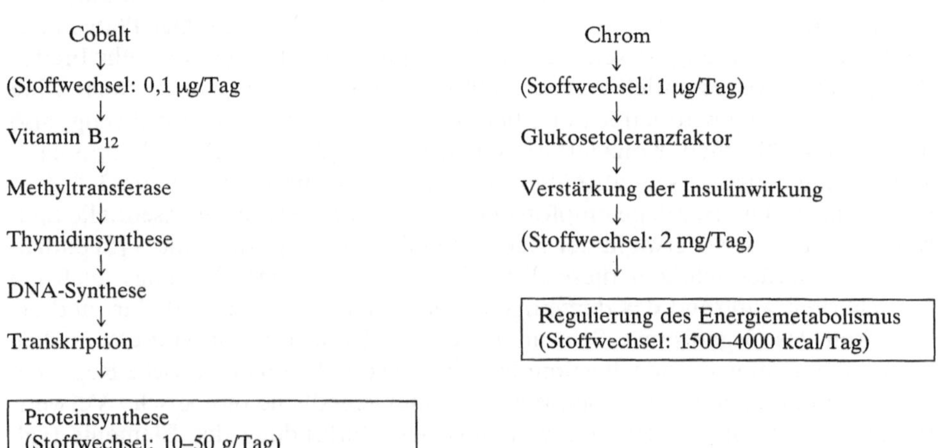

Abb. 3.3. Beispiele für die Wirkung von Spurenelementen auf allgemeine Stoffwechselvorgänge

regulatorische Funktionen, so werden die Effekte weiter bis zu jenem Grad verstärkt, der dem Gesamteffekt des Spurenelements im gesunden Organismus entspricht. Als Beispiel zeigt Abb. 3.3 anhand der essentiellen Spurenelemente Chrom und Cobalt die Beeinflussung von Stoffwechselvorgängen. Die Aktivierung von Vitamin B_{12} mit 0,1 μg Cobalt/Tag ermöglicht auf dem Weg über die Desoxyribonukleinsäure die laufende Proteinsynthese des Organismus im Ausmaß von 10–50 g/Tag.

Chrom aktiviert den Glukosetoleranzfaktor, der in den Zuckerstoffwechsel über die Stimulierung der Insulinwirkung eingreift. Durch den Einsatz geringster Mengen essentieller Spurenelemente werden also zum Teil erhebliche Mengen Körpersubstanz bewegt.

3.2.2 Spezifität

Die Wirkung von Spurenelementen ist im Organismus spezifisch. Der Mangel an einem Spurenelement kann nur durch dieses selbst behoben werden. In einigen Fällen kann höchstens eine Verminderung der Mangelerscheinungen durch chemisch ähnliche Elemente erzielt werden. Dies ist beispielsweise bei Molybdänmangel der Fall, dessen Mangelerscheinungen durch einen Überschuß von Titan in der Nahrung gemildert werden können [9]. Der Spezifität der Spurenelemente in vivo steht eine sehr geringe Spezifität in vitro gegenüber. Beispiele dafür sind der Austausch von Zink in vitro gegen Kobalt und Cadmium in Metallenzymkomplexen [10] und die dosisabhängige Aktivierung von Enzymen durch andere Übergangselemente [11].

Diese Befunde legen die Vermutung nahe, daß in vivo die hohe Spezifität auf Trägermoleküle zurückgeführt werden muß, die spezifische Bindungsstellen für die entsprechenden Spurenelemente aufweisen [12] und diese somit auch erkennen können. Diese Trägermoleküle transportieren das Spurenelement dann an die Stelle, wo es seine eigentliche Funktion ausübt.

Über den Mechanismus der Assoziation des Spurenelements an das Trägermolekül ist wenig bekannt. Unter den größeren Trägermolekülen gibt es Plasmaproteine wie etwa Ceruloplasmin, Transferrin, Albumin und α-Makroglobulin. Des weiteren befördern kurzkettige Peptide oder Aminosäuren Spurenelemente im Organismus. Normalerweise sind nicht alle Transportstellen mit dem Spurenelement gesättigt. Diese verbleibende Transportreserve kann als ein Puffer für das plötzliche Auftreten von starken Überschüssen angesehen werden, der somit Intoxikationen kurzzeitig verhindern kann. Längerfristig kann dann eine Regelung durch die homöostatische Steuerung der Ausscheidung erfolgen.

3.3 Bedarfsmodelle für essentielle Spurenelemente

Die Gesamtkonzentration eines Spurenelements in der Nahrung ist kein sicherer Anhaltspunkt dafür, ob der tatsächliche spezifische Bedarf auch erfüllt wird.

Weigand und Kirchgessner [13, 14] entwarfen ein faktorielles Konzept, das zwischen Brutto- und Nettobedarf unterscheidet und es erlaubt, den tatsächlichen Bedarf einzuschätzen. Mit diesem Modell gelang es, den Energie- und

Proteinbedarf für die Erhaltung der Körperfunktionen und der Wachstumsperiode zu definieren und zu berechnen.

Der Grad der Nährstoffausnützung ist für die Differenz zwischen Brutto- und Nettobedarf verantwortlich. Diese klassische, faktorielle Betrachtungsweise kann ebenso für die Bedarfsdeckung bei Spurenelementen angewandt werden [15, 16]. Die Gesamtaufnahme eines Spurenelements ist definiert als die tatsächliche Aufnahme multipliziert mit der metabolischen Wirksamkeit. Sie muß zwangsläufig homöostatischen Schwankungen unterworfen sein. Die Spurenelementaufnahme entspricht niemals exakt dem Nettobedarf. Die homöostatische Regelung trägt den wechselnden Mengen an Spurenelement in der Nahrung Rechnung und verhindert einen Mangel infolge ungenügender Aufnahme des Elements oder eine Intoxikation, resultierend aus übermäßiger Aufnahme. Das notwendige Gleichgewicht zwischen steigender Zuführung und dem konstanten, dauernden Bedarf wird durch die Ausscheidung des Elements aus Körperspeichern über die Fäzes erreicht. Diese Ausscheidung übersteigt bei höherer Zufuhr den unvermeidbaren Verlust durch metabolische Prozesse. Die wichtige Folgerung aus diesem Konzept ist die, daß sich der prozentuale Gesamtelementverbrauch von der prozentualen wahren Absorption durch den metabolischen Nutzungsfaktor unterscheidet.

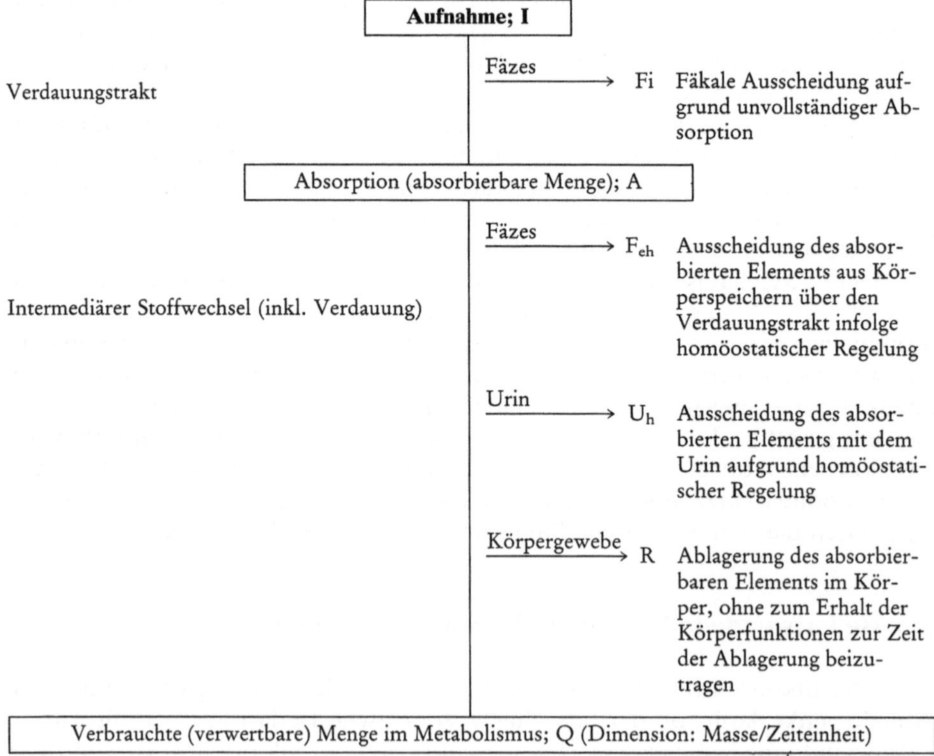

Abb. 3.4. Fließschema für die Spurenelementverwertung nach Weigand und Kirchgessner. (Nach [13])

Eine Darstellung der Spurenelementverwertung im Organismus ist in Form eines Fließschemas in Abb. 3.4 [13] dargestellt. Wir geben im folgenden eine einfache mathematische Darstellung des Faktormodells nach Weigand und Kirchgessner [13–16]:

Der Organismus von Mensch und Tier benötigt pro Zeiteinheit eine festgelegte Menge an Spurenelementen, die zur vollen Aufrechterhaltung der Lebens- und Wachstumsfunktionen im Stoffwechsel benötigt werden. Diese Menge nennt man den gesamten Nettobedarf N. Sie setzt sich prinzipiell aus 2 Beiträgen, dem Erhalt der Lebensfunktionen N_m und dem des Wachstums N_p zusammen, die jedoch keinen getrennten Speichern entsprechen:

$$N = N_m + N_p$$

Der Nettobedarf für den Erhalt der Lebensfunktion setzt sich aus 3 Beiträgen zusammen

$$N_m = F_{em} + U_m + V$$

Darin bezeichnen F_{em} die endogene fäkale Exkretion, U_m die metabolisch bedingte Ausscheidung mit dem Urin und V verschiedene andere endogene Spurenelementverluste (z. B. Hautabschuppung, Schweißabsonderung u. ä.).

Der Bruttobedarf an Spurenelementen G legt die notwendige Aufnahme mit der Nahrung zur Erfüllung des Nettobedarfs N fest und unterscheidet sich durch einen Koeffizienten c, dem Gesamtnutzungsfaktor für das entsprechende Spurenelement. Je niederer dieser Nutzungsfaktor ist, desto größer muß G im Vergleich zu N sein.

Es gilt $c = N/G$ (oder $G = N/c$) mit $O < c < 1$. Die Gesamtbelastung für ein Spurenelement ist das Produkt aus Absorbierbarkeit a und metabolischem Nutzungsfaktor q. Die Beziehung zwischen der Aufnahme mit der Nahrung I, der Menge, die tatsächlich absorbiert wurde A und der tatsächlich im Organismus verbrauchten Menge Q lautet:

$$a = \frac{A}{I} \qquad q = \frac{Q}{A}$$

und daraus

$$c = \frac{Q}{I} \qquad c = q.a$$

$$Q = a.q.I \qquad Q = c.I$$

Wenn also 2 der 3 Faktoren a, q und c bekannt sind, kann der andere daraus berechnet werden.

Dieses faktorielle Konzept der Gesamtverwertung essentieller Spurenelemente ist analog zum faktoriellen Konzept der Proteinverwertung [17] entwickelt worden und in Absorptions- und Retentionsstudien erprobt [15, 16].

Die homöostatische Kontrolle der Spurenelementabsorption

Die homöostatische Kontrolle und Regulation kann auf 3 Arten erfolgen:

1. Die verwertbare Menge Q wird durch Regelung der absorbierten Menge A erreicht. Der homöostatische Gleichgewichtszustand $A = N$ wird erreicht,

weil das Spurenelement nicht mehr als dem Betrag von N entsprechend absorbiert wird.
Ist der Gesamtbetrag von $F_{eh} + U_h + \Delta R = E$, also die Summe aller endogenen Ausscheidungen bzw. Ablagerungen gleich 0, dann folgt $Q = A$, $c = a$ und $q = 1$. Der normale Eisenstoffwechsel kommt dieser Situation nahe.

2. Die verwertbare Menge Q wird nur durch Veränderung von E reguliert. Diese Regelung beschränkt die Absorption nicht, $A \approx I$. Wenn $F_i \approx O$, folgt $A \approx I$, $a \approx 1$ und $c \approx q$.
   Dieser Fall beschreibt das metabolische Verhalten von Natrium.
3. Die verwertbare Menge Q wird durch Änderung der absorbierten Menge A und der gesamten Ausscheidung E gesteuert.
   Dieses Zweikomponentensystem der homöostatischen Regulierung liegt zwischen den beiden bereits beschriebenen Regulationsmechanismen.

Die Absorption A fungiert zumeist als grober Kontrollmechanismus, während die endogene Ausscheidung E für die Feinabstimmung sorgt. Diese Situation ist durch $I > A > Q$, entsprechend $A > N$ und $E > O$, sowie $c < a < 1$ charakterisiert. Ein Beispiel für diese Art der homöostatischen Regulation ist der Metabolismus von Zink.

Der Bereich der Spurenelementaufnahme, über den der Organismus die homöostatische Bedingung $Q = N$ durch eine dieser 3 Arten der Regelung aufrecht erhalten kann, kann als der Bereich der Dosis-Wirkungs-Bezeichnung betrachtet werden, in dem eine optimale Versorgung sichergestellt ist.

Eine sehr hohe Aufnahme und suboptimale oder mangelhafte Zufuhr können sehr bald die Fähigkeit der homöostatischen Kontrolle der verwertbaren Menge Q überschreiten. Zwangsläufig ergibt sich aus einem hohen Überschuß der Aufnahme eine zunehmende Ablagerung der Menge ΔR, wenn sie nicht durch vermehrte Ausscheidung gesteuert werden kann. Erste Folgen sind: eine gestörte Entwicklung und beeinträchtigte Gesundheit durch subtoxische Effekte. Suboptimale Versorgung mit Spurenelementen resultiert in unvermeidbaren Verlusten, die ein Gleichgewicht $Q = N$ nicht mehr erlauben. Sind alle körpereigenen Speicher erschöpft, dann treten Mangelerscheinungen als erste Manifestation des Spurenelementmangels auf.

Das faktorielle Modell wurde bisher nicht in ausreichendem Maße beachtet, da man nur begrenzte Kenntnis über die Spurenelementverwertung im Organismus besitzt. Quantitative Beziehungen zwischen der Gesamtverwertung und der scheinbaren Absorption oder Retention erlauben es, den Koeffizienten der Gesamtverwertung c auf der Basis von konventionellen Gleichgewichts- und Retentionsstudien abzuschätzen. Der Vorteil liegt in der universellen und verhältnismäßig einfachen Anwendbarkeit verglichen mit Konzepten, die eine Abschätzung der gesamten endogenen fäkalen Exkretion erfordern.

Bei Kenntnis des Konzepts des Gesamtnettobedarfs ist es möglich, bei der Abschätzung des Bruttobedarfs diese dem veränderten Wachstum und den Gegebenheiten bei veränderter Gesamtverwertung infolge nahrungsbedingter oder anderer Faktoren entsprechend anzupassen. Beispielsweise beeinflussen Phytate die Verwertbarkeit von Zink. Aufbauend auf Verdauungs- oder Retentionsstudien kann das Ausmaß der Gesamtverwertung für die jeweiligen Nahrungsbedingungen abgeschätzt und daraus dann der Bruttobedarf bestimmt werden. In allen Fällen muß aber die Homöostasie des Organismus berücksichtigt werden. Das gilt auch für den Koeffizienten der wahren Absorption als einen Beitrag zur Gesamtverwertung. Die Gesamtverwertung gestattet es – im Gegensatz zur Absorbierbarkeit – das Ausmaß der Extraktion eines Spurenelements aus einer bestimmten Nahrung, wenn es das Verdauungssystem passiert, abzuschätzen. Auch läßt sich damit feststellen, ob zusätzlich eine begrenzte Verwertung im Metabolismus des Elements nach seiner Absorption durch andere Einflüsse als denen der homöostatischen Kontrolle auftritt. Dieses faktorielle Konzept der Gesamtverwertung gibt auch eine gute Basis für die Untersuchung von Hypothesen über die Art der Wirkung von Nahrungsbestandteilen auf die Verwertung von Spurenelementen.

Beispielsweise erniedrigen Phytate die Zinkabsorption. Folglich kommt es zu einer Kompensation durch homöostatische Regelung, die in einer Abnahme der endogenen Ausscheidung des Elements endet. Bei solchen Untersuchungen (In-vivo-Experimente) muß beachtet werden, daß eine gewisse Zeit erforderlich ist, bis der homöostatische Regelmechanismus des Organismus an die geänderte Zufuhrsituation adaptiert ist.

Es ist zweifellos nicht möglich, mit einem Tiermodell alle bedeutsamen Umstände für den Spurenelementmetabolismus beim Menschen zu erklären und Informationen über Toleranz und Gesundheitsgefährdung zu erhalten. Jedoch steigt mit der sorgfältigen Interpretation experimenteller Daten aus Tierversuchen die Möglichkeit die Reaktionen des menschlichen Organismus zutreffend vorauszusagen [26].

Tierversuche und daraus entwickelte Modelle haben in einigen Fällen die entstehenden Krankheitsbilder gut erklären können, wie für Cupfer, Molybdän und Zink gezeigt wurde [27].

In letzter Zeit ist bei Tierversuchen vermehrt Wert auf das Studium subtoxischer Effekte bei Mangel und Überfluß an Spurenelementen gelegt worden. Wir lernen daraus, daß auch beim Fehlen klarer klinischer Symptome Gewebszerstörungen auftreten können und daß erkennbare Symptome oft nicht eindeutig zugeordnet werden können, wenn keine Kenntnis über biochemische Vorgänge im Gewebe oder im gesamten Organismus besteht.

Aufgrund dieses Umstands besteht zunehmend Bedarf an speziellen diagnostischen Analysenverfahren zur Erkennung der Ursachen physiologischer Anomalien bei der Spurenverwertung in Geweben und bei Störungen des Metabolismus von Spurenelementen infolge spezifischer Defekte.

Die Leistungsfähigkeit von Modellen, die aus Tierexperimenten entwickelt werden, hängt stark von der Kenntnis über den Einfluß physiologischer und ernährungsbedingter Veränderungen bei der Aufnahme von Spurenelementen ab.

Auch spielen genetische Unterschiede innerhalb einer Art eine Rolle, die die Absorption, Retention und die pathologische Antwort auf eine Mangelsituation oder den Überschuß beeinflussen können. Dies auch in Abhängigkeit vom Entwicklungsstatus des Organismus [28].

Einflüsse verschiedener Ernährungsformen und -gewohnheiten, oder der Einfluß sogenannter „neuer“, d. h. nicht konventionell hergestellter oder zusammengesetzter Lebensmittel spielen bei der Fragestellung nach dem Metabolismus von Spurenelementen und damit auch der adäquaten Versorgung eine große Rolle. Daher sind gerade auf diesem Gebiet neue und zusätzliche Daten unbedingt erforderlich, um die bestehenden Modelle zu verfeinern.

3.4 Methoden zur Abschätzung des Versorgungsstatus

Die Versorgung mit Spurenelementen kann grundsätzlich durch 3 Methoden bestimmt werden [18].

3.4.1 Analytische Messungen

Analytisch kann der Versorgungszustand dadurch abgeschätzt werden, daß man die nahrungsbedingte Aufnahme feststellt, die Spurenelementkonzentration in Geweben mißt und Studien zur Ausscheidung durchführt. Die Berechnung der Aufnahme von Spurenelementen mit der Nahrung mit Daten von einzelnen Lebensmitteln und den statistischen Verzehrdaten führt häufig zu falschen Werten.

Einerseits ist dafür die natürliche Schwankungsbreite des Gehalts an Spurenelementen in den einzelnen Lebensmitteln verantwortlich, andererseits beeinflußt bei einer ganzen Reihe von Spurenelementen die geographische Lage den Gehalt in Lebensmitteln. Bei Untersuchungen ist auf eine enge regionale Verteilung der Lebensmittel zu achten.

Auch Verluste beim Zubereiten sind zu berücksichtigen. Kurze Untersuchungsperioden mit dieser Technik führen oft zu erheblichen Schwankungen der Aufnahmewerte innerhalb der Probandengruppe. Dies ist auf den Konsum jener Lebensmittel zurückzuführen, die einen erheblich höheren Gehalt als der Durchschnitt aufweisen. Eine gewisse Angleichung der Daten kann durch eine längere Dauer der Untersuchung erreicht werden [20]. Eine andere, verläßlichere Methode ist es, solche von Versuchspersonen selbst ausgewählte Nahrung zu untersuchen, wie sie sie tatsächlich verzehren. Diese „Doppelte-Portion-Technik" genannte Methode [19] vermeidet Probleme, die sich aus der erwähnten Berechnung mit Daten von einzelnen Lebensmitteln ergeben. Vermutlich stellt die Doppelte-Portion-Technik die genaueste Methode dar, um die tatsächlich aufgenommene Spurenelementmenge zu bestimmmen. Allerdings können durch verringerte Verzehrmengen gegenüber normal ebenfalls Verzerrungen gegenüber dem normalen Eßverhalten festgestellt werden [25].

3.4.2 Funktionelle biochemische Messungen

Sie erlauben es, über die Enzymaktivität der die Spurenelemente enthaltenden Enzyme den Versorgungsstatus abzuschätzen.

Die enzymatische Bestimmung der Spurenelementversorgung ist meist weniger zeitaufwendig als analytisch-chemische Methoden. In allen Fällen, in denen die Enzymaktivität ein Plateau erreicht, kann dieses mit dem optimalen Versorgungszustand und damit dem Bedarf korreliert werden. Beispielsweise wird der

Selenstatus von Versuchspersonen nach van Farsen et al. [22] über die Aktivität der Glutathionperoxidase in den roten Blutkörperchen besser bestimmt als durch Messen der Plasmakonzentration.

3.4.3 Funktionelle physiologische Messungen

Diese Methode [23] ist vielversprechend und es wurden eine Reihe von Tests vorgeschlagen, die es erlauben, den Versorgungsstatus mit Spurenelementen abzuschätzen, doch kann bisher keine dieser Techniken als Routinemethode Anwendung finden.

Der Gehalt von Spurenelementen in Körpergeweben kann den Grad der Speicherung von Spurenelementen wiedergeben. Für verschiedene Spurenelemente sind unterschiedliche Gewebe und Körperflüssigkeiten bedeutsam. So sind für Selen die Skelettmuskeln des Menschen der größte Körperspeicher [21]. Zur Untersuchung der Spurenelementversorgung werden auch Haare und Nägel herangezogen. Doch vermitteln diese Daten nur einen groben Eindruck, der zudem durch verschiedene äußere Einflüsse, z. B. die Kontamination, stark beeinträchtigt werden kann.

Studien zur Ausscheidung von Spurenelementen werden vorzugsweise bei exponierten Arbeitern durchgeführt. Diese wird generell sehr stark durch die Ernährungsgewohnheiten beeinflußt. Für eine Gesamtabschätzung der Spurenelementaufnahme ist allerdings, wie bereits beschrieben, eine vollständige Bilanzierung von Aufnahme und Ausscheidung unerläßlich.

Literatur

1. P. F. Smith: Ann. Rev. Plant. Physiol. 13: 81 (1962) vergleiche auch: G. Bertrand: 8th Int. Congr. Appl. Chem., New York 28: 30 (1912)
2. M. Kujawa, R. M. Macholz, H. Woggon: Ernährungsforschung 23: (3), 90 (1978)
3. R. D. H. Stewart: Br. J. Nutr. 40: 45 (1978)
4. L. Fishbein: Toxicology of Selenium and Tellurium Vol. 2, Hemisphere Publ. Corp., Washington, 1977
5. Recommended Dietary Allowances, 9th ed., Natl. Acad. Sci. Washington, 1980
6. W. R. Chappel, K. K. Petersen (eds.): „Molybdenum in the Environment", Marcel Dekker, New York, 1977
7. E. J. Underwood: Trace Elements in Human and Animal Nutrition 4 ed. New York, Academic Press, 1977
8. K. Schwarz: Arh. Hig. Rada Toksikol. 26: Suppl. 13 (1975)
9. D. A. Richert, W. W. Westerfield: J. Biol. Chem. 203: 915 (1953)
10. B. L. Vallee, W. E. C. Wacker in: The Porteins, Vol. 5 H. Neuroth, Ed. Academic Press 2. ed. New York 1970
11. J. F. Speck: J. Biol. Chem. 178: 315 (1969)
12. W. Mertz: Science 213: 1332 (1981)
13. E. Weigand, M. Kirchgessner: Z. Tierphysiol. Tierern. Futtermittelkde. 39: 325 (1977)
14. E. Weigand, M. Kirchgessner: Z. Tierphysiol. Tierern. Futtermittelkde. 39: 84 (1977)
15. E. Weigand, M. Kirchgessner: J. Nutr. 110: 469 (1980)
16. E. Weigand, M. Kirchgessner: Biolog. Trace Elem. Res. 1: 347 (1979)
17. D. S. Miller, P. R. Payne: J. theoret. Biol. 5: 398 (1963)
18. O. A. Levander: Fed. Proc. 44: 2579 (1985)

19. M. Abdulla, M. Jagerstad, K. Kolar, A. Norden, A. Schutz in: Trace Element Analytical Chemistry in Medicin and Biology Vol. 2 De Gruyter, New York 1983 p. 75
20. M. Mutanen: Hum. Nutr.: Appl. Nutr. 38A: 265 (1984)
21. H. A. Schroeder, D. V. Frost, J. J. Balassa: J. Chron. Dis. 23: 227 (1970)
22. A. van Farsen, J. M. Cardinaal, P. van't Veen: Proceedings Trace Element Analytical Chemistry in Medicin and Biology, Neuherberg/München 1986
23. N. W. Solomons, L. H. Allen: Nutr. Rev. 41: 33 (1983)
24. O. A. Levander, V. C. Morris: Am. J. Clin. Nutr. 39: 809 (1984)
25. J. C. Sherlock in: Natural Toxicants in Food – Progress and Prospects. D. H. Watson ed., Ellis Harwood Chichester. Verlag Chemie, Weinheim 1987
26. C. F. Mills in: Trace Element Analytical Chemistry in Medicin and Biology, Vol. 4, Herausg.: P. Brätter, P. Schramel Walter de Gruyter, Berlin, New York, 1987 p. 23ff.
27. P. J. Aggett, N. T. Davies: Proc. Nutr. Soc. 39: 241 (1980)
28. C. F. Mills: Phil. Trans. R. Soc. Lond. B 294: 199 (1981)

4 Essentielle Spurenelemente – Entdeckung, Aufnahme, Metabolismus und Bioverfügbarkeit

4.1 Entdeckung der essentiellen Spurenelemente

Die Kenntnisse über die lebensnotwendigen Funktionen von Spurenelementen sind mit Ausnahme von Eisen und Iod kaum 100 Jahre alt (Tabelle 4.1). Die Zahl der Spurenelemente, die in den letzten 50 Jahren als für Tier und Mensch essentiell erkannt wurden, beträgt weit mehr als die Hälfte der derzeit bekannten essentiellen Spurenelemente; man kann daher von einer Periode zunehmender Bedeutung der Spurenelemente sprechen.

Seit Walsh 1955 die Atomabsorptionsspektralphotometrie einführte [1], hat ihre Bedeutung stark zugenommen. Diese Methode erlaubt es, früher als unmeßbar betrachtete, geringe Mengen von Elementen selektiv und mit hoher Empfindlichkeit nachzuweisen (vgl. Kap. 8).

Tabelle 4.1. Entdeckung der Spurenelemente. (Vgl. auch [2] aus Kap. 4)

Element	Jahr der Entdeckung der essentiellen Wirkung für Organismen
As	1975
Co	1935/1948
Cr	1959
Cu	1925
F	1931
Fe	ca. 3000 v. Chr.
J	ca. 1000 v. Chr.
Li	–
Mn	1931
Mo	1930/1953
Ni	1971
Se	1957
Si	1939/1972
Sn	1970
V	1971
Zn	1896

4.2 Aufnahme und Metabolismus

4.2.1 Resorptionsart und Resorptionswege

Entscheidend für die Aufnahme essentieller Spurenelemente aus der Nahrung ist die Art der chemischen Verbindung, in der das Spurenelement vorliegt (s. Tabelle 2.1). Die meisten Spurenelemente liegen im neutralen bzw. leicht alkalischen Bereich des Dünndarms als wasserunlösliche Carbonate, Hydroxide oder Phosphate vor. Dazu kommen noch organische und anorganische Bestandteile, die mit den Spurenelementen in Wechselwirkung treten können und die in Kap. 7 näher beschrieben werden. Sie beeinflussen die Aufnahme der Spurenelemente aus der Nahrung.

Ionen, die nicht an Liganden gebunden sind, verteilen sich gleichmäßig im Körper. Die Bindung an Liganden wie Proteine, Erythrozyten oder Organe verändern diesen Zustand, die Elemente werden nach der Verfügbarkeit der Bindungsstellen verteilt.

Die Faktoren der Verteilung sind [3]:
- „diffusionsfähige Fraktion" im Plasma,
- interstitielle und intrazelluläre Flüssigkeit,
- Geschwindigkeit der Perfusion von Organen,
- Geschwindigkeit der Biotransformation,
- Permeabilität der Zellmebranen,
- Verfügbarkeit und Umsatzgeschwindigkeit intrazellulärer Liganden.

Die Wege des Austauschs von Metallen zwischen Blut und anderen Körpergeweben sind schematisch in Abb. 4.1 dargestellt [4].

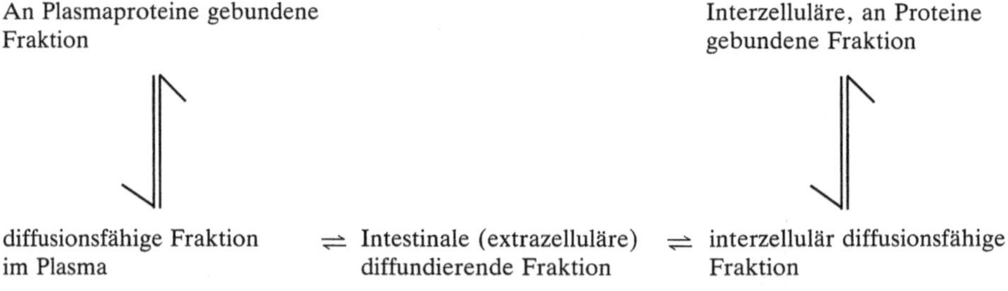

Abb. 4.1. Modell für den Austausch von Metallen zwischen Blut und anderen Körpergeweben. (Nach [4])

Besondere Bedeutung für die Aufnahme von Spurenelementen besitzen intrazelluläre Prozesse. Der intrazelluläre Raum ist besonders stoffwechselaktiv und seine Bedeutung für den Stofftransport wurde erst in letzter Zeit verstärkt erkannt [5].

Die Epithelzellen des Dünndarms besitzen eine beträchtliche Kapazität zur Metabolisierung von Stoffen, die sowohl aus dem Blut als auch aus dem Darmlumen in die Zelle gelangt sein können.

Die Folge der im intrazellulären Raum ablaufenden metabolischen Veränderungen der resobierten Stoffe ist die laufende und rasche Veränderung des

Gleichgewichts. Das hat einen ständigen transmembranen Konzentrationsgradienten zur Folge, wodurch die weitere Aufnahme des Substrats in die Zelle aufrechterhalten wird.

Zusätzlich zur metabolischen Veränderung trägt eine Bindung der Spurenelemente an zytosolische Proteine und Zellorganellen zur Ausbildung des Konzentrationsgradienten bei.

Die genaue Kenntnis über die Aufnahme und den Metabolismus der essentiellen Spurenelemente beschränkt sich auf einige gut untersuchte Elemente, wie beispielsweise Eisen und Cupfer. Bei der Mehrzahl der Spurenelementen gibt es jedoch lediglich einzelne, oft nicht gesicherte Untersuchungen und Angaben über die Aufnahme und den Transport im Organismus. Daher sind hier allgemeine Vorstellungen über die Resorption und den Metabolismus von Spurenelementen erläutert. Wo es detaillierte Untersuchungen gibt, sind diese bei den betreffenden Spurenelementen gesondert angeführt.

Untersuchungen über die Resorption von Spurenelementen, die in wasserlöslicher Form im Darm vorhanden sind [2, 6], zeigen, daß der prozentuale Anteil der in den Kreislauf eingeschleusten Spurenelemente unterschiedlich ist (Tabelle 4.2). Die Absorption von Cupfer ist beispielsweise bei einem aus Gras extrahierten Komplex wesentlich besser als für Cupfersulfat [7–9]. Ähnliche gut resorbierbare Komplexe wurden für Mangan und Zink entdeckt [10]. Auch organische Säuren können eine bessere Cupferresorption bewirken [11].

Tabelle 4.2. Resorptionsrate essentieller Mineralstoffe

Mineralsalz	Resorptionsrate	Literatur (aus Kap. 4)
Eisen	7– 15%	[2, 5]
Zink	20– 40%	[2, 5]
Mangan	3– 5%	[2, 5]
Cupfer	10– 30%	[2, 5]
	40– 60%	[11]
Chrom	1– 3%	[2, 5]
Molybdatanion	70– 80%	[2, 5]
Selenit, Selenat	50– 70%	[2, 5]
Fluorid	80%	[12]
Nickel	1– 10%	[13]
Cobalt	20%	[14]
Jodid	90–100%	[24]

Die Resorption von Spurenelementen im Darm wird in komplizierter Weise von Komplexen mit Peptiden oder Aminosäuren bestimmt. Im Gegensatz zu den Elementen Natrium, Kalium, z. T. auch Calcium und Magnesium sind die essentiellen Spurenelemente praktisch vollständig an organische Liganden (Proteine und deren Hydrolyseprodukte, die Aminosäuren) gebunden. Bei der Cupferabsorption wurde der Einfluß von Aminosäuren und Peptiden untersucht [11]: Generell war der Cupfergehalt der Leber bei verabreichten Cupferkomplexen mit Aminosäuren, Peptiden und Polypeptiden höher als bei Cupfersulfat, woraus man schließen kann, daß Metall-Protein-Komplexe besser resorbiert werden. Von den Cupferkomplexen mit Aminosäuren wurden solche an monomere Aminosäuren gebundene besser resorbiert als diejenigen an dimere Aminosäuren gebundene. Trimer oder polymer gebundene Aminosäuren werden in dieser Reihenfolge schlechter resorbiert. Cupfer-D-Aminosäurekomplexe ergaben deutlich geringere Cupferdepots in der Leber als die entsprechenden Cupfer-L-Aminosäurekomplexe. Auch die Art der Aminosäure beeinflußt die Aufnahme. Cupfer-Leucin-Komplexe werden besser resorbiert als die wesentlich kleineren Cupfer-Alanin-Komplexe. Damit wurde gezeigt, daß nicht immer die kleinen Moleküle besser resorbiert werden. Der stereospezifische Einfluß von Aminosäuren auf die Cupferresorption wurde an 15 verschiedenen L-Aminosäurekomplexen gezeigt [16].

Allen et al. [17] postulierten ein spezifisches Vitamin B_{12}-Bindungsprotein, das für Transport und Resorption dieses Cobalt enthaltenden Vitamins verantwortlich sein soll.

Essentielle Spurenelemente, die als Anionen vorliegen, werden zumeist ionisch resorbiert. Das trifft für Fluorid und Iodid, Arsenit/Arsenat, Molybdat und Selenit/Selenat zu. Der Selenstoffwechsel wurde durch injiziertes radioaktives

Tabelle 4.3. Resorptionsmechanismen bei Spurenelementen. (Nach [19] aus Kap. 4)

Element	Resorptionsort	beteiligte Liganden	Resorptions- und Transportform
Co	Magen, Duodenum	Intrinsic Factor (Mukoprotein), Transcobalamin	Komplexierung mit Pyrolringen zu Cobalamin
Cr	proximaler Dünndarm	Sauerstoff und Stickstoff	Cr(VI), Cr(III), Glukosetoleranzfaktor (GTF), Komplexierung mit Transferrin
Cu	Duodenum, Jejunum	Ceruloplasmin	Cu(II)
F	Magen, gesamter Dünndarm		niedermolekulare organische Fluorverbindungen
J	alle Schleimhäute	essentieller Baustein von Trijodthyronin (T_3) und Thyroxin (T_4)	sehr stabil
Mn	Duodenum, Ileum	Transmanganin, ähnlich wie Eisenbindung	Mn(II), bevorzugte Komplexbildung mit Nukleinsäuren
Mo		hochmolekulare Komplexe, die Flavin enthalten	Mo(VI), Protein unbekannt
Se	distaler Dünndarm	Aminosäuren	Selen-Methionin- (bzw. Cystein-)Komplex, „Faktor 3“
Sn		4–8 kovalente Bindungen an Kohlenstoff	Zinn(IV)-sulfat
Si		Hyaluronsäure, Chondroitin-4-sulfat, Dermatan- u. Heparansulfat	Si-O-Si, Si-C
V		Protein-Vanadyl-Komplex	V(IV), V(V), o<m<p-pyrovanadat
Zn	Duodenum, Jejunum	Zn-bindendes Protein in der Mukosa	ZnO, $ZnCO_3$, $ZnSO_4$, Komplexbildung mit Aminosäuren

Selenit untersucht. Es zeigte sich, daß Selenit zunächst an Albumin gebunden wird, später jedoch als β- und γ-Globulin nachgewiesen werden kann. Von den Organen nimmt vor allem die Leber Selen auf. Es wird im Organismus anstelle von Schwefel in Cystein und Methionin eingebaut.

Silicium wird bevorzugt als lösliche Kieselsäure rasch im Darm resorbiert und gleichmäßig in der gesamten extrazellulären Flüssigkeit verteilt. Oligomere Kieselsäure (SiO_2) dringt rasch in Zellen ein und liegt im Zytoplasma sowohl frei als auch gelöst vor [18]. Die Ausscheidung von Kieselsäure erfolgt im Harn.

Für viele der hier erwähnten Spurenelemente ist die genaue Resorptionsart unbekannt. Lediglich einzelne Anhaltspunkte können aus Befunden bei Darmerkrankungen oder nach Darmresektionen gewonnen werden.

Tabelle 4.3 zeigt die Resorptionsart, die vermutlich beteiligten Verbindungen und die Form, in der das Spurenelement resorbiert und transportiert wird [19].

Die meisten Spurenelemente werden beim Übertritt in das Blut locker an Albumin gebunden, jedoch gibt es für einzelne Elemente wie z. B. Zink, Cupfer, Mangan, Cobalt oder Chrom auch spezielle Globuline, die sie transportieren.

Metallothioneine, dies sind niedermolekulare Proteine, spielen dabei eine z. T. noch nicht bekannte Rolle. Die schematische Darstellung der Verwertung von Spurenelementen nach Kirchgessner [20] gibt einen Überblick über die Hauptwege von Resorption, Exkretion und Verwertung (Abb. 4.2).

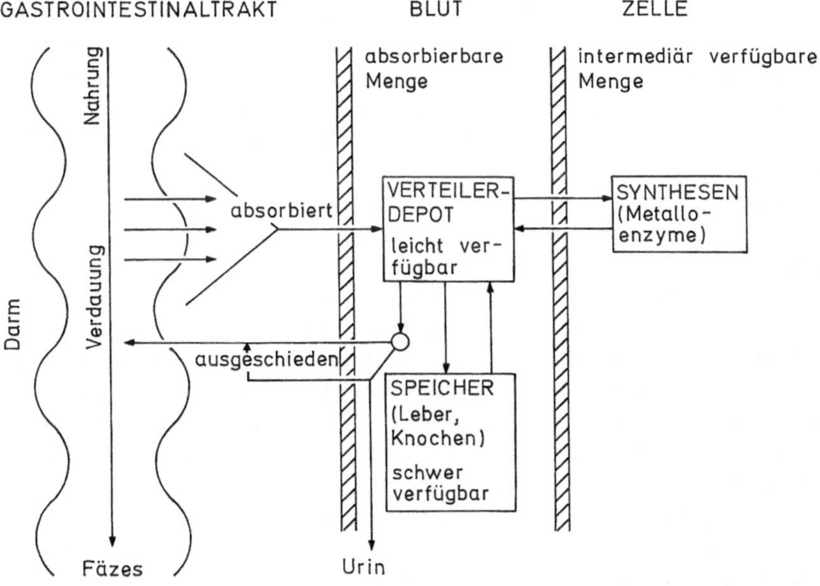

Abb. 4.2. Schema der homöostatischen Regelung und der Verwertung der Spurenelemente. (Nach [20])

4.2.2 Absorption

Die Absorption im Magen-Darm-Trakt erfolgt für Spurenelemente in 3 Abschnitten:

1. im intraluminalen Bereich: Hier finden chemische Reaktionen und Wechselwirkungen der Spurenelemente mit Bestandteilen der Nahrung im Magen und Darm statt.
2. im Transportabschnitt: durch Diffusion oder Transport des Elements durch die Zellmembran des Epitheliensaums.
3. im Mobilisierungsabschnitt, in dem der Transport des im Interzellulärraum befindlichen Spurenelements in die Blutbahn oder seine Wiederaufnahme ins intestinale Lumen erfolgt.

Die Reaktionen im Interluminarraum werden durch pH-Wert, Inhalt des Magen-Darm-Trakts und die Zusammensetzung der Nahrung bestimmt. Kleine Anionen wie Fluorid, Selenit, Iodid werden dadurch allerdings kaum beeinflußt; sie werden als freie Ionen absorbiert.

Ionen, die nicht an Liganden gebunden sind, finden sich im Organismus gleichmäßig verteilt. Die Kationen der Übergangselemente werden durch die genannten Faktoren stark beeinflußt. Diese Kationen bilden im alkalischen Milieu des Darms unlösliche Hydroxide und werden so der Resorption entzogen. Wenn allerdings organische Komplexbildner erfolgreich um die Spurenelemente mit den Hydroxylionen konkurrieren, dann sind sie verfügbar. Somit bestimmt die Art des Liganden die Bioverfügbarkeit. Derartige Koordinationsverbindungen können, wie bei Häm-Eisen, unverändert in die Epithelzellen absorbiert werden. In manchen Fällen werden sie im sauren Bereich des Magens hydrolysiert und ergeben neue Komplexverbindungen mit Nahrungsbestandteilen oder Verdauungssekreten. Aminosäuren und Zink sind Beispiele derartiger Komplexbildner mit geeigneten Liganden.

Die zweite Phase (Translokation durch die Zellmembran) erfolgt bei kleinen Anionen durch reine Diffusion und für die meisten kationischen Spurenelemente durch aktiven Transport. Beide Aufnahmemechanismen können gesättigt werden. Die relative Geschwindigkeit des Transports sinkt mit steigender Konzentration, wodurch auch eine Regulation erreicht wird. Innerhalb der Intestinalzellen werden Elemente wie Zink und Eisen an spezifische Proteine gebunden. Abhängig von der relativen Konzentration des Spurenelements und des Proteins und der Gleichgewichtskonstanten wird eine variable Menge des absorbierten Elements für weitere Reaktionen freibleiben und in den allgemeinen Kreislauf eingespeist werden.

Wenn die alten Epithelzellen durch jüngere ersetzt und abgestoßen werden, werden sie in das intestinale Lumen abgegeben und nehmen die Speicherproteine und das gebundene Element mit. Es ist festgestellt worden, daß die Konzentration von Metallothionein in Organen durch Verabreichen von Spurenelementen erhöht werden kann. Auf dieser Grundlage ist eine Rückkoppelung der Regulation der Zinkabsorption postuliert worden: Steigende Zinkkonzentration im Plasma stimuliert die Bildung von Metallothionein in den Intestinalzellen. Das führt zu erhöhter Festlegung des absorbierten Zinks und infolge Abstoßens der Zellen in den Darm zu einer Verringerung von Zink im Organismus [21].

Die gastrointestinale Absorption (Absorption in Magen und Darm) ist bei Kindern größer als bei Erwachsenen. Dies wurde bei den essentiellen Spurenelementen Eisen und Cobalt gezeigt [3]. Die mögliche Ursache kann in der höheren Pinozytoseaktivität der unreifen intestinalen Zellen liegen.

4.2.3 Ausscheidung

Über den enterohepatischen Kreislauf kann, wie am Beispiel von Arsen und Cobalt gezeigt [3], eine Reabsorption des Spurenelements erfolgen. Das Ausmaß hängt von der Größe – und damit dem Molekulargewicht – des Metallkomplexes in der Galle ab. Spurenelementkomplexe, die als ultrafiltrierbare Verbindungen vorliegen, werden im Darm rückresorbiert. An Proteine gebundene Spurenelemente entgehen dem enterohepatischen Kreislauf.

Wie sehr der Oxidationszustand eines Metalls die Ausscheidung beeinflußt, zeigt sich bei Arsen. Arsen (V) wird im Experiment (Ratten) innerhalb von 2 h zu nur 1% ausgeschieden, Arsen(III) wird über die Galle 10mal rascher ausgeschieden [22].

Die Ausscheidung erfolgt für viele Spurenelemente im wesentlichen renal. Das glomeruläre Ultrafiltrat enthält Ionen und Verbindungen aus dem Plasma in verschiedener Größe und manchmal Plasmaalbumin. Nur wenig Plasmaalbumin und Proteine mit großen Molekulargewicht erscheinen im Filtrat; sie werden im Blut zurückgehalten. Verbindungen wie Metallothioneine mit einem Molekulargewicht von 6500 passieren aber die glomeruläre Membran. Sie tragen zur Ausscheidung der an sie gebundenen Spurenelemente bei [3].

4.3 Homöostatische Regulation

Der Organismus ist bestrebt, innerhalb eines charakteristischen Versorgungsbereichs eines Spurenelements eine ausreichende, physiologisch verträgliche und nutzbare Spurenelementkonzentration in Abhängigkeit von seinem physiologischen Zustand aufrecht zu erhalten. Dieses Bestreben setzt geeignete Regelmechanismen bei Aufnahme, Rückhalt und Ausscheidung voraus. Die Regulationsmechanismen steuern beispielsweise bei geringer Zufuhr eines Spurenelements mit der Nahrung die relativ absorbierte Menge. Bei erhöhter Zufuhr eines Elements wird die Aufnahme reduziert und ein Teil der aufgenommenen Mengen im Organismus in Depots gespeichert oder – wenn die Depots gefüllt sind – vermehrt ausgeschieden. Homöostase kann als evolutionäre Anpassung der Zufuhr an den Bedarf verstanden werden. Eine Überfrachtung des Organismus führt letztlich zur Toxizität. Eine Unterversorgung führt nach Erschöpfung der Speicher zu Mangelerscheinungen. Ein stark vereinfachtes Schema der Spurenelementverwertung ist in Abb. 4.2 dargestellt.

Die Homöostase fungiert als Regelungsmechanismus zwischen der ernährungsbedingten Zufuhr und dem laufenden Bedarf des Stoffwechsels. Die erforderliche Zufuhr mit der Nahrung muß den Wirkungsgrad, mit dem ein Spurenelement aufgenommen wird, um seiner speziellen funktionellen Rolle gerecht zu werden, berücksichtigen.

4.3.1 Der Einfluß der Metallothioneine auf die Homöostase

Betrachtet man die Vielfalt der Wirkungen essentieller Spurenelemente, wie ihre katalytischen und strukturellen Funktionen in metallhältigen Enzymen bei der Biosynthese von Proteinen und Nukleinsäuren und bei der Aufrechterhaltung des Immunsystems, so leuchtet es ein, daß Mechanismen existieren müssen, die eine adäquate Versorgung der Zellen für deren Bedürfnisse sicherstellen. Aber auch nichtspezifische und möglicherweise schädliche Einflüsse, die von den Spurenelementen ausgeübt werden können, müssen vom Organismus vermieden werden. Insofern müssen Schutzmechanismen wirken.

Ein kleines zytosolisches Protein, das Metallothionein, greift aktiv in die Homöostase und Ausscheidung vor allem der 2wertigen Spurenelemente ein [26–30].

Metallothioneine als niedermolekulare metall- und schwefelreiche Proteine, können in sehr unterschiedlichen Konzentrationen in den verschiedensten Geweben bei Tier, Mensch und Mikroorganismen nachgewiesen werden [31].

Sie besitzen folgende Eigenschaften:
- geringes Molekulargewicht (ca. 6100),
- hoher Metallgehalt (5–10%),
- hoher Gehalt an Cystein (ca. 33%),
- einzigartige Verteilung der Cysteinreste (Cys-x-Cys-Sequenz).

Metallothioneine in Säugetieren enthalten insgesamt 61 Aminosäuren, davon 20 Cysteine [32] (Abb. 4.3). Sequenzstudien haben einen starken genetischen Polymorphismus der Metallothioneine von Säugetieren gezeigt, wobei Isoproteine mit einer Variation von 1 bis 15 Aminosäurensubstitutionen auftreten können, die auf verschiedene Gene zurückgeführt werden [33].

Diese hohe Variabilität zusammen mit der sehr unterschiedlichen Funktion der Metallothioneine läßt die Vermutung zu, daß eine spezifische Funktion auch mit einer spezifischen Form des Isoproteins einhergeht. Bemerkenswert ist, daß die Reihenfolge der Cysteinbausteine in der Sequenz bei allen Isoproteinen streng erhalten bleibt und daß die Sequenz Cys-x-Cys (x steht für andere Aminosäuren) 7mal entlang der Polypeptidkette wiederholt wird. Da alle 7 diamagnetischen

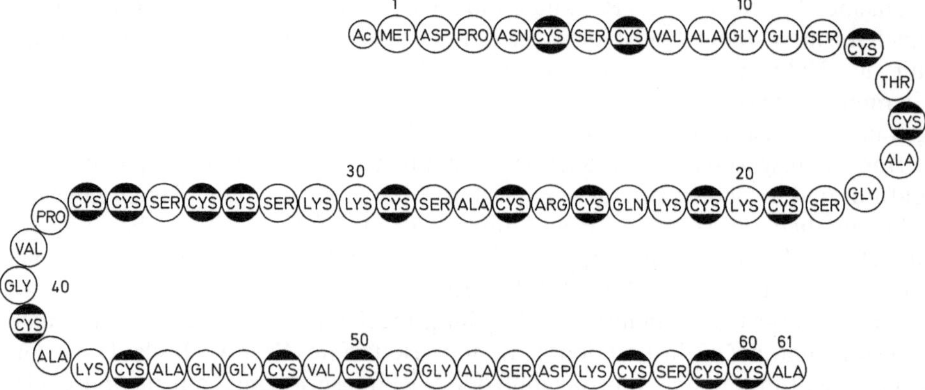

Abb. 4.3. Typische Aminosäurensequenz eines Metallothioneins von Säugetieren mit insgesamt 61 Aminosäuren, wovon 20 Aminosäuren Cystein sind. (Nach [31])

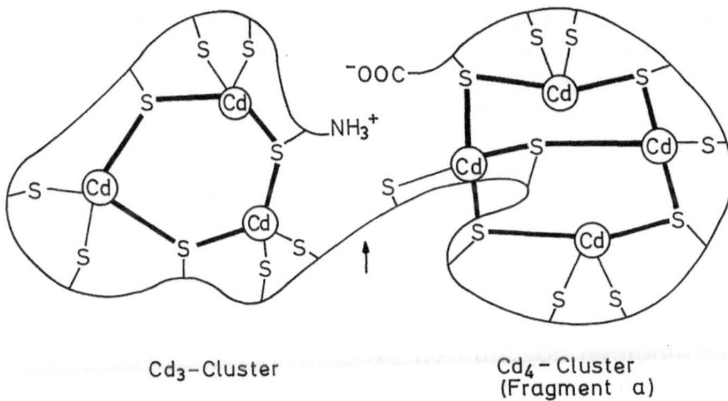

Abb. 4.4. Vorschlag für eine 2clustrige Struktur von Metallothionein. (Nach [35])

Metalle der Gruppe 2B des Periodensystems (Zn(II), Cd(II), Hg(II)) ausschließlich über den Schwefel des Cysteins Bindungen ausbilden, ist die Erhaltung dieser Positionen für die Wirkung des Metallothioneins erforderlich [34]. Die Anordnung von 20 Cystein-Schwefel mit 7 Metallatomen wird in Analogie zur Adamantanstruktur der Zinkblende als aus 2 Clustern bestehend angenommen [35]. Eine Darstellung zeigt Abb. 4.4.

Die vermutete physiologische Wirkung von Metallothionein besteht in der

- Bereitstellung von Metallen zur Metallproteinsynthese,
- Ablagerung und Speicherung von Metallen,
- Entgiftung von Metallen,
- Homöostase von Metallen durch Resorption, Ausscheidung und Neuverteilung,
- Fängerwirkung auf freie Radikale (OH˙)

Die Annahme einer Entgiftungswirkung von Metallothioneinen im Organismus wird durch die Tatsache gestützt, daß in den meisten Geweben die Bildung dieses Proteins durch Gaben von Schwermetallsalzen bewirkt werden kann. Die gesteigerte Synthese von Metallothionein vermindert die Konzentration an freien toxischen Schwermetallionen in den Zellen nachhaltig.

Die Regulierung des Gehalts an Spurenelementen im Organismus geschieht derart, daß die Metallkonzentration im Körper durch das Ausmaß der Absorption aus der Nahrung gesteuert wird. Die Absorption erfolgt im Dünndarm, wo die Steuerung der Homöostase durch die Darmzellen erfolgt, die sich dem Versorgungsgrad anpassen, indem sie den Durchtritt durch die Zellwand mehr oder weniger hemmen [26]. Sowohl die Mukosa des Dünndarms als auch die Leber sind in der Lage, durch Neubildung von Metallothionein als Antwort auf eine Erhöhung der Metallkonzentration erhebliche Mengen von Metallen zu binden. Versuche mit Zink und radioaktiv markierten Aminosäuren haben das gezeigt [27].

Die Entwicklung einer Metalltoleranz im Tierversuch, hervorgerufen durch Vorbehandlung mit geringen Dosen verschiedener Metalle, scheint ebenfalls auf einem auf Metallothionein basierenden „Memory-Effekt“ zu beruhen [36].

Auch Stoß, Schock und Hunger erzeugen in Versuchstieren zuerst einen Zinkmangel im Plasma bei gleichzeitiger Anreicherung in der Leber und Ausgleich durch Neubildung von Metallothionein [26]. Jüngst wurde auch die Fängerwirkung von Metallothionein für OH-Radikale entdeckt [26].

4.4 Bilanzstudien

In konventionellen Bilanzstudien erfolgt ein Vergleich der durch die Nahrung aufgenommenen Menge mit den durch Ausscheidung über Urin und Fäzes über einen längeren Zeitraum hindurch abgeführten Mengen des Spurenelements. Dabei bleiben Ausscheidung über Haut und Haare, Schweiß und die Reabsorption aus Ausscheidungsorganen außer Betracht. Der Aussagewert derartiger Bilanzuntersuchungen ist deshalb begrenzt. Dies hat hauptsächlich die Ursache darin, daß sich ein Gleichgewicht zwischen Aufnahme und Ausscheidung auf durchaus verschiedenen Niveaus einstellen kann. Die homöostatische Regelung der Aufnahme (wie der Ausscheidung) kann dazu führen, daß – wie Tierexperimente aber auch Beobachtungen bei menschlichen Populationen zeigen – auch in einer drastischen Mangelsituation eine ausgeglichene Bilanz ermittelt wird.

Beispielsweise liegt die nahrungsbedingte Aufnahme von Selen in Finnland und Neuseeland bei gutem Gesundheitszustand der Bevölkerung bei etwa 30 µg/Tag, in Venezuela dagegen bei 300 µg/Tag, ohne daß sich gesundheitliche Beeinträchtigungen erkennen lassen. Die Ausschöpfung der Transportmoleküle ist im Normalfall sehr gering, die verbleibende Kapazität steht plötzlichem Spurenelementüberschuß als Puffersystem zur Verfügung.

Der komplexe Zusammenhang zwischen Spurenelementverwertung und der Veränderlichkeit des Nettobedarfs, der von der Leistungskraft und dem Alter abhängt, erfordert eine faktorielle Methode, um den Bedarf abzuschätzen [19]. Eine Abschätzung aufgrund von Dosis-Wirkungs-Versuchen allein oder durch einfache Bilanzierung kann irreführend sein. Näheres ist bereits in Kap. 3 ausgeführt worden.

4.5 Bioverfügbarkeit

Eine allgemeine Definition der Bioverfügbarkeit geben Fox et al [15]: „Bioverfügbarkeit ist ein quantitatives Maß für die Verwertung eines Nährstoffes unter festgelegten Bedingungen, um die physiologischen Prozesse und normalen Strukturen des Organismus aufrecht zu erhalten.“

Eine mehr ins einzelne gehende Darstellung der Bioverfügbarkeit eines Spurenelements unterscheidet zwischen 3 wesentlichen Vorgängen [23]:

1. der chemischen und physikalischen Verfügbarkeit im Verdauungstrakt. Sie bestimmt den Anteil des aufgenommenen Spurenelements, der für die Absorption verfügbar ist;
2. den verschiedenen Absorptionsschritten einschließlich der Aufnahme des Mineralstoffs in den Mukosazellen des Darms, dem Transport durch die Zelle und dem Transfer in den Kreislauf;

3. der chemischen Umwandlung des Spurenelements in seine biologisch aktive Form.

Mit der Zunahme der Kenntnis über die Funktion essentieller Spurenelemente in der Nahrung und im Organismus traten allmählich Überlegungen zur Analyse und Bewertung der Bioverfügbarkeit in den Vordergrund. Methoden zur Analyse von Metallspezies in Lebensmitteln und Untersuchungen über ihre biologische Wertigkeit werden entwickelt [24]. Im Vordergrund der Betrachtungen stehen jene Spurenelemente, die große Unterschiede in der Wirksamkeit in Abhängigkeit von den verschiedenen vorliegenden Verbindungen erkennen lassen. In erster Linie trifft dies auf die Spurenelemente Eisen, Chrom und Selen zu.

Die Bioverfügbarkeit eines Spurenelements wird stets auf eine Standardverbindung bezogen angegeben. Der Prozentsatz der Verfügbarkeit gemessen an der Standardsubstanz (z. B. im Fall des Selens zu Natriumselenit) gibt einen Anhaltspunkt für die Verfügbarkeit der Verbindung.

Die Berechnung der relativen Bioverfügbarkeit kann auf 3 Arten erfolgen [23]:

1. Nach der Ein-Punkt-Methode,
2. der Punkt-Verlaufs-Methode und
3. der Verlauf-Verhältnis-Methode.

Bei der Ein-Punkt-Methode wird im Tierexperiment sowohl das Standardlebensmittel (die Standardverbindung) sowie auch das zu untersuchende Lebensmittel in nur einer Konzentration verfüttert.

Bei der Punkt-Verlaufs-Methode werden die Versuchstiere mit verschiedenen Konzentrationen des Spurenelements im Standard gefüttert, um eine lineare Regression zwischen Dosis und Wirkung zu erhalten. Das zu untersuchende Lebensmittel wird lediglich in 2 Konzentrationen gefüttert. Die Bioverfügbarkeit wird aus dem Verhältnis (dem Prozentsatz) der Wirkung, die durch das Testlebensmittel verglichen mit dem Standard(lebensmittel) hervorgerufen wird, ermittelt.

Bei der Verlauf-Verhältnis-Methode werden 2 Regressionsgeraden ermittelt, sowohl für den Standard als auch für den Test. Das Verhältnis des Anstieges beider Geraden drückt die relative Bioverfügbarkeit aus. Um zufriedenstellende Ergebnisse bei dieser Methode zu erreichen, müssen die Regressionsgeraden einen gemeinsamen Ursprung haben. Das bedeutet, daß ein Konzentrationsbereich linearer Dosis-Wirkungs-Beziehung gewählt werden muß. Dies ist deshalb wesentlich, weil die Wirkung vielfach mit der Konzentration des Spurenelements variiert.

Literatur zu Kap. 4.1–4.5

1. A. Walsh: Spectrochim. Acta 7: 108 (1955)
2. I. J. T. Davies: The Clinical Significance of the Essential Biological Metals, W. Heinemann, London 1972
3. Handbook of Toxicology of Metals; L. Friberg ed. Kap. 5 P. Camnen, T. W. Clarkson, G. F. Nordberg, Elsevier Holland Biochemical Press 1979
4. Task Group on Metal Accumulation: Environm. Physiol. Biochem. 3: 65 (1973)

5. H. Daniel: Z. Ernährungswiss. 25: 209 (1986)
6. E. J. Underwood: Trace Elements in Human and Animal Nutrition Academic Press 1971
7. C. F. Mills: Biochem. J. 57: 603 (1954)
8. C. F. Mills: Biochem. J. 63: 190 (1956)
9. C. F. Mills: Soil Sci. 85: 100 (1958)
10. I. Bremner: Proceedings Int. Symp. Trace Element Metabolism in Animals p. 366; C. F. Mills ed., Livingstone, Edinburgh, London (1970)
11. M. Kirchgessner: Mitt. Hyg. (Bern) 63: 164 (1972)
12. K. E. Mason: J. Nutr. 109: 1979 (1971)
13. H. C. Hodge, F. A. Smith in Simon: Fluorine Chemistry, Vol. IV Academic Press, New York 1965
14. N. W. Solomons, F. Viteri, T. R. Shuler, F. H. Nielsen: J. Nutr. 112: 39 (1982)
15. M. R. S. Fox, R. M. Jacobs, A. O. L. Jones, B. E. Fry, M. Rakowska, R. P. Hamilton, B. F. Harland, C. L. Stone, S. H. Tao: Cereal Chem. 58: 6, (1981)
16. M. Kirchgessner, E. Grassmann: In [10]
17. R. M. Allen und N. M. F. Trugo, D. N. Salter: IUNS-Conference 1985, Brighton, U. K.
18. E. Balke, H. Krisch: Hoppe-Seylers Z. physiol. Chem. 327: 21 (1961)
19. J. D. Kruse-Jarres: In: H. Zumkley ed. „Spurenelemente: Grundlagen-Ätiologie-Diagnose-Therapie“ G. Thieme Verlag, Stuttgart, New York, 1983
20. M. Kirchgessner, H. L. Müller, E. Weigand, E. Grassmann, F. J. Schwarz, J. Pollauf, H. P. Roth: Z. Tierphysiol. Tierern. Futterm. 34: 3 (1974) und M. Kirchgessner in: Trace Element Analytical Chemistry in Medicin and Biology; Herausg.: P. Brätter, P. Schramel, Walter de Gruyter, Berlin, New York 1987, p. 4
21. R. J. Cousins: Am. J. Clin. Nutr. 32: 339 (1979)
22. M. Cikrt, V. Bencko: J. Hyg. Epidemiol. Microbiol. Immunol. 18: 129 (1974)
23. M. Mutanen: Am. Clin. Res. 18: 48 (1986)
24. K. J. Irgolic, A. E. Martell (eds.): Environmental Inorganic Chemistry, VCH Publishers, Deerfield Beach, FA, USA 1985
25. L. Van Middlesworth Recent Progr. Horm. Res. 16: 405 (1960)
26. M. Vasaka in: Spurenelement. Herausg. E. Gladtke, G. Heimann, I. Lombeck, I. Eckert. Georg Thieme Verlag, Stuttgart, New York, p. 23
27. R. J. Cousins: Nutr. Rev., 37: 97 (1979)
28. M. Webb, K. Cain: Biochem. Pharmacol. 31: 137 (1982)
29. G. M. Cherian, M. Nordberg; Toxicology 28: 1 (1983)
30. I. Bremner: In: Copper in the Environment, Part II eds.: J. O. Nriagu, Wiley & Sons, New York, 1979, p. 285
31. M. Nordberg, Y. Kojima: In: Metallothionein. Eds.: J. H. R. Kägi, M. Nordberg, Birkenhäuser Verl., Basel 1979, p. 41
32. Y. Kojima, C. Berger, B. Vallee, J. H. R. Kägi: Proc. Natl. Acad. Sci. USA 3: 3413 (1976)
33. M. Karin, R. I. Richards: Nature 299: 797 (1982)
34. M. Vasak, R. Bauer: J. Am. Chem. Soc. 104: 3236 (1982)
35. D. R. Winge, K.-A. Miklossy: J. Biol. Chem. 257: 3471 (1982)
36. M. Webb, R. D. Verschoyle: Biochem. Pharmacol. 25: 673 (1976)

4.6 Arsen

Entdeckung

Arsen zählt zu den erst jüngst bei Tieren als essentiell entdeckten Spurenelementen [1, 2]. Früher war lediglich die Giftwirkung von Arsen als das klassische Gift schlechthin und seiner Verbindungen Gegenstand von Untersuchungen. 1975/76 wurde die essentielle Wirkung von Arsen auf das Wachstum von Ziegen festgestellt [2]. Die Kontroverse, ob Arsen krebserregend ist [3], dauert an, doch es mehren sich die Hinweise, daß Arsen doch nicht kanzerogen ist.

Hingegen wurde eine sinkende Aufnahme von Arsen mit Lebensmitteln und Trinkwasser mit einer steigenden Zahl von Krebserkrankungen in Verbindung gebracht [3]. Eine enge biochemische Beziehung zwischen Selen und Arsen [9, 10] soll diese These stützen. Frühere Berichte über den Einsatz von Arsen zur Erhöhung der Ausdauer, des Wohlbefindens und der äußeren Erscheinung sind wohl als erste Anwendung von Arsen als essentielles Spurenelement zu werten. Die noch immer strittige Bewertung von Fowler-Lösung [1786], deren Wirkung gegen Asthma, Leukämie, Psoriasis und Anämie beschrieben ist, könnte mit dem katalytischen Einfluß von Arsen(III) auf grundlegende Mechanismen der Energieversorgung über die Phosphorylierungsreaktion erklärt werden.

Aufnahme und Mechanismus

Die Aufnahme von Arsen hängt sehr stark von der chemischen Verbindung, in der das Element vorliegt, ab.

In Versuchen [4] mit Arsen-76-Isotopen als Arsentrioxid (As_2O_3) wurde die Halbwertzeit für die Arsenausscheidung mit < 6 h festgestellt. Nach 24 h war 93% des Arsens über Urin und Kot ausgeschieden worden.

Bei Ziegen ist das anders. Abhängig davon, ob die Versuchsstiere Arsenmangel aufwiesen oder der Kontrollgruppe angehörten, lag die Aufnahme bei 7,2 bzw. 4,1%. Der Arsenstatus beeinflußt demnach die Aufnahme und die Halbwertszeit für die Ausscheidung. Bei Hühnern reicherte sich das aufgenommene Arsen in Skelett, Leber, Lunge und Herz 45 min nach Aufnahme an. Blut und Niere haben 90 min nach der Applikation die höchste Arsenkonzentration, in weiterer Folge steigt der Arsengehalt in Muskeln und Federn an; 4 Tage nach der Verabreichung von As_2O_3 finden sich 60% des Arsens in den Skelettmuskeln. Leber, Blut, Lunge und Niere verringern noch in diesem Zeitraum ihren Arsengehalt auf insgesamt 1%. Es besteht keine Barriere zu den Ovarien und zum Ei. Nach Lowry et al. [5] wird Arsen vorwiegend an alle Proteine des Körpers gebunden, nicht aber an Lipide. Ausscheidungsstudien von Arsen, aus einer Fischdiät mit Freiwilligen durchgeführt, zeigten eine rasche Ausscheidung des aufgenommenen Arsens, das hauptsächlich als Arsenobetain vorlag [6].

Die chemische Ähnlichkeit von Arsen und Phosphor zeigt sich an einer Reihe von Verbindungen, in denen Arsen Phosphor ersetzen kann, wie das bei Cholin und Betain beobachtet wird. Arsen wirkt auch katalytisch auf die Glutathionsynthese; das erklärt, weshalb eine Antikrebswirkung von Arsen besteht. Auch die Wechselwirkung von Selen und Arsen bei der Verminderung der Toxizität beider Spurenelemente wird plausibel [3, 7]. Eine Stimulierung der Phosphorylierung soll die beschleunigte Reifung von Grapefruit und Orangen durch Spritzen mit Arsenpräparaten hervorrufen [8].

Literatur

1. F. Nielsen, S. Givaud, D. Myron: Fed. Proc. 34: 3987 (1975)
2. M. Anke, M. Grün. M. Parschefeld: In: Trace Substances in Environmental Health 10: 403 (1976). Eds: D. D. Hemphill, Univ. Missouri, Columbia, USA und Arch. Tierern. 26: 642 (1976)
3. D. V. Frost: As – 3. Spurenelementsymposium 1980; Karl Marx Univ. Leipzig und Friedrich Schiller Univ. Jena. Herausg.: M. Anke, H.-J. Schneider, Chr. Brückner VEB Kongreß- und Werbedruck Oberlungwitz/DDR p. 17

4. G. Hoffmann, M. Anke, M. Grün, B. Groppel, E. Riedel. Siehe [3], p. 41
5. O. H. Lowry, F. T. Hunter, H. F. Kip, L. W. Irvine jr.: J. Pharmakol. Exp. Ther. 76: 221 (1942)
6. G. Westöö, M. Rydälv: Far Föda 24: 21 (1972)
7. D. V. Frost, P. Lish: Ann. Rev. Pharmakol. 15: 259 (1975)
8. D. V. Frost: In: Anorganic and Nutritional Aspects of Cancer, p. 259. Ed: Schrauzer, Plenum Press, New York 1978
9. NAS-NRC: Arsenic, Natl. Acad. Sci, Washington, DC, USA 1977
10 D. V. Frost: Feedstuffs 47: (14), April 7 (1978)

4.7 Chrom

Entdeckung

1911 wird durch König nachgewiesen, daß Chromsalze von Pflanzen aufgenommen werden [1]. Die Stimulierung der Cholesterin- und Fettsäuresynthese in der Rattenleber in Gegenwart von Chromionen weist Curran erstmals nach [2]. Die Anreicherung von Chrom in der Ribonuklease-Proteinfraktion aus Rinderleber entdecken Walker et al. [3]. Bereits 1929 hatten Glaser und Halpern entdeckt, daß Hefeextrakte einen die Insulinwirkung stimulierenden Effekt haben [4]. Diese Entdeckung wurde jedoch lange Zeit nicht beachtet. Aber die Entdeckung von Schwarz und Mertz 1959 [5], daß eine chromhaltige, organische Substanz für die Aufrechterhaltung der normalen Glukosetoleranz bei Ratten verantwortlich ist, brachte schließlich den Nachweis der Essentialität von Chrom.

Aufnahme und Metabolismus

Chrom als anorganische Chrom(III)-verbindung wird aus dem Gastrointestinaltrakt zu weniger als 1% resorbiert. Chrom (VI) als Chromat wird von Ratten zu 3–6%, vom Mensch zu etwa 2% aufgenommen [6]. Die schlechte Resorption von Chrom(III)-Salzen aus dem Dünndarm beruht sehr wahrscheinlich auf dem basischem Milieu im Darm, in dem entweder Hydroxylierung, die Anlagerung von Chrom an andere Liganden oder Polymerisation erfolgt. Exakte Daten über die Resorptionsgeschwindigkeit fehlen [7].

Die Ausscheidung von Chrom erfolgt hauptsächlich durch die Niere. Studien des Mechanismus der Chromextraktion ergaben, daß eine glomeruläre Filtration gefolgt von tubulärer Reabsorption von etwa 60% des filtrierten Chroms erfolgt [8].

Mertz [14] postuliert einen speziellen Chromspeicher in Form des Glukosetoleranzfaktors, weil sich bei Chromaufnahme kein Gleichgewicht im Blut einstellt, sondern Chrom im Gewebe deponiert wird. Als Antwort auf zirkulierendes Insulin erfolgt eine Mobilisierung des Glukosetoleranzfaktors (GTF). Diese zieht sofort eine Erhöhung des Chromspiegels innerhalb von 30–120 min nach sich. Später fällt der Wert auf den Normalwert ab. Bei gestörter Glukosetoleranz, z. B. bei Diabetikern, wurden bei Chromsupplementierung höhere Ausscheidungen beobachtet. In leichten Fällen war durch Chromgaben in höheren Konzentrationen ein Auffüllen des Pools möglich, die Glukoseintoleranz konnte so beseitigt werden.

Die Ausbildung des biologisch aktiven GTF ist noch ungeklärt. Aus Isolaten wurden als Bestandteile des GTF Chrom(III), Nikotinsäure und Aminosäuren

(Glycin und Glutaminsäure) identifiziert. Die Funktion der Aminosäure besteht möglicherweise darin, die Hydroxylierung, die Polymerisation oder die nicht spezifische Bindung des Chroms zu verhindern. Interessanterweise besitzen Chrom-Nikotinsäurekomplexe GTF-Aktivität. Es läßt sich ein die Insulinwirkung steigernder Effekt beobachten, allerdings verliert das Präparat rasch, offenbar infolge der nicht spezifischen Bindung von Chrom oder der Polymerisation, seine Aktivität [9]. Auf molekularer Basis dürfte nach Mertz [10] die Wirkung von Chrom die Katalyse des Austauschs der Disulfidgruppe des Insulin mit der SH-Gruppe der Membranrezeptorstelle sein.

Die Umwandlung von Chrom in seine biologisch aktive Form erfolgt bei Versuchstieren, die unter Chromdefizit gehalten werden, auch bei anorganischen Chromverbindungen. Untersuchungen an Diabetikern zeigten, daß ältere Probanden weniger auf Chromgaben ansprechen als jüngere. Dies war unabhängig von der Darreichungsform. Es zeigte sich also ein Mangel an der Fähigkeit, die aktive Form zu bilden oder auf sie zu reagieren [11].

Die Ausscheidung von absorbiertem Chrom erfolgt vorzugsweise durch die Niere. In den Fäzes erscheinendes Chrom stellt im wesentlichen den nicht absorbierten Anteil dar.

Frühere Angaben über die Chromausscheidung mit dem Urin in einer Größenordnung von 5–10 μg/Tag konnten durch neue Analysen widerlegt werden. Tatsächlich beträgt sie etwa 1 μg/Tag. Kalkuliert man die geringe Resorption anorganischer Chromverbindungen, dann ist diese ausreichend, um die Verluste zu kompensieren. Überdies ist jetzt bekannt, daß Tiere und auch der Mensch fähig sind, anorganische Chromverbindungen in physiologisch wirksames Chrom zu metabolisieren [11]. Damit ist die chemische Form des Chroms für seine Wirkung nicht derart ausschlaggebend, wie früher angenommen wurde.

In kürzlich veröffentlichten Arbeiten [12, 13] wurde überraschend festgestellt, daß die biologische Aktivität des GTF nicht an einen chromhaltigen Komplex gebunden ist und daß auch Komplexe aus Chrom und Glutamin, sowie Nicotinsäure und Glycin GTF-Aktivität zeigen. Es wird von den Autoren angenommen, daß eine trans-Anordnung der nicht koordinativ gebundenen Stickstoffatome an Liganden dieser Komplexe die strukturellen Eigenschaften des GTF, die für seine essentielle biologische Wirkung verantwortlich sind, nachahmen kann.

Die Wirkung von GTF ist zusammengefaßt folgende:

- GTF verstärkt die Insulinwirkung.
- Die intestinale Absorption des GTF ist sehr viel größer, als für andere Chromkomplexe oder -verbindungen.
- GTF steht im Austausch mit dem im Körperpool gespeichertem Chrom.

Da einfache anorganische Chromverbindungen nur von geringer biologischer Bedeutung sind und vom Menschen nur zu etwa 0,5–1% resorbiert werden, kann diese Menge in der Nahrung den Ausscheidungsverlust nicht kompensieren. Der Glukosetoleranzfaktor wird von Ratten zu etwa 10–25% resorbiert.

Literatur

1. P. König: Chem. Zeit. B. 35: 442 (1911)
2. G. L. Curran: J. Biol. Chem. 210: 765 (1954)

3. W. E. Walker: Fed. Proc. 18: 345 (1959); J B C 234: 3157 (1959)
4. W. Pfannhauser: Ernährung 3: 222 (1979)
5. K. Schwarz, W. Mertz: Arch. Biochem. Biophys. 85: 292 (1959)
6. S. Langard, T. Norseth: Handbook of Toxicology, ed.: L. Friberg
7. A. Leonard, R. R. Larrverys: Mutation Res. 76: 227 (1980)
8. R. S. Collins, P. O. Frorum, W. D. Collings: Am. J. Physiol. 201: 795 (1961)
9. E. W. Toepfer, W. Mertz, M. M. Polansky, E. E. Roginski, W. R. Wolf: J. Agernic. Food Chem. 25: 162 (1977)
10. W. Mertz, E. W. Toepfer, E. E. Roginski, M. H. Polansky: Food Proc. 33: 2275 (1974)
11. R. A. Anderson: Sci. Total Environment 17: 13 (1981)
12. J. A. Cooper, L. F. Blackwell, P. D. Buckley; Roy. Clin. Acta 92: 23 (1984)
13. S. J. Haybock, P. D. Bucley, L. F. Blackwell: J. Roy. Biochem. 19: 105 (1983)
14. W. Mertz: In: Chromium in Nutrition and Metabolism. D. Shapcott, J. Hubert eds.; Elsevier 1979

4.8 Cobalt

Entdeckung

Bertrand findet 1925 Cobalt als Spurenbestandteil aller Pflanzen und Tiere [1]. Marton weist 1935 erstmals nach, daß eine Mangelkrankheit bei Schafen durch Cobaltgaben heilbar ist [2]. 1948 wird Cobalt als Bestandteil des antiperniziösen Faktors (später Vitamin B_{12} genannt) entdeckt [3]. 1960 findet Hallsworth [4], daß Cobalt für die Stickstoffixierung in Wurzelknöllchen von Leguminosen unentbehrlich ist.

Aufnahme und Metabolismus

Vitamin B_{12} kommt in Form einer Verbindung mit Proteinen vor. Es gibt einige unterschiedliche Vitamin B_{12}-Formen in Lebensmitteln. Hauptsächlich sind Adenosyl- und Hydroxocobalamin, das zu 34% bzw. 55% resorbiert wird, anzutreffen [5]. Methylcobalamin wurde in Eigelb und Käse nachgewiesen. Ein Glykoprotein, das vom Magen sezerniert wird, ist als intrinsischer Faktor essentiell für den aktiven Transport von Vitamin B_{12} durch die intestinale Mukosa des distalen Ileums [6]. Ionisches Cobalt wird vom Organismus nicht aufgenommen, sondern vollständig mit dem Stuhl ausgeschieden [7]; es besitzt keine essentielle Wirkung.

Literatur

1. G. Bertrand: C. R. Acad. Sci. 180: 1380, 1993 (1925)
2. H. R. Marston: J. Council Sci. Ind. Res. (Australia) 8: 111 (1935)
3. E. L. Rickes: Science 108: 134 (1948)
4. E. G. Hallsworth: Nature 187: 79 (1960)
5. J. Farquharson, J. F. Adams: Br. J. Nutr. 36: 127 (1976)
6. S. Davidson, R. Passmore, J. F. Brook, A. J. Truswell: Human Nutrition and Dietetics, 7. Aufl., Kap. 11 Churchill-Livingston, London 1979
7. K. Ring: In: Spurenelemente. Herausg.: R. Frey Schattauer-Verlag Stuttgart 1979, S. 157

4.9 Cupfer

Entdeckung [1]

1816 entdeckt Buchholz [2] erstmals Cupfer in pflanzlichen und tierischen Geweben. 1925 wird Cupfer als Wachstumsfaktor für Ratten beschrieben [3] und 1928 wird das Element als notwendig für die Hämoglobinbildung erkannt [4]. 1961 finden O'Dell et al. die Abhängigkeit der Elastinbildung in der Aorta von der Cupferzufuhr [5].

Aufnahme und Metabolismus

Cupfer ist vorwiegend in der Muskulatur, im Skelett und in der Leber lokalisiert. Im Plasma liegt es als Coeruloplasmin vor. Dieses Cupferproteid mit einem Molekulargewicht von 150000 verfügt über 4 Cupferatome im Molekül. Der Anteil von Coeruloplasmin, (ein α_2-Globulin), beträgt 96% des gesamten Cupfers. Daneben ist Cupfer noch in nichtdialysierbarer Form vorhanden, möglicherweise an mehrere Plasmaeiweißfraktion gebunden. Eine Beeinflussung der Coeruloplasminfraktionen durch Cupfergaben, z. B. intravenöse Injektion oder alimentäre Zufuhr, erfolgt nicht, wohl aber wird die nicht dialysierbare Form der Cupferfraktion verändert. Coeruloplasmin wird in der Leber synthetisiert. Vier verschiedene Coeruloplasmine konnten bisher identifiziert werden.

In den Erythrozyten ist praktisch alles Cupfer als Erythrocuprein vorhanden. Dieses Cupferproteid hat ein Molekulargewicht von 28000.

Neugeborene Säugetiere kommen offenbar zur Überbrückung einer cupferarmen Ernährung in der ersten Lebensperiode mit beträchtlichen Cupferdepots in der Leber zur Welt [6].

Über die Cupferresorption gibt es nur wenige Anhaltspunkte. Cupfer wird über den gesamten Dünndarm aufgenommen. Einerseits wird vermutet, daß infolge der Einwirkung von Magensäure ionisches Cupfer gebildet und resorbiert wird. Anderseits ist auch wahrscheinlich, daß Cupfer als Komplex vor allem mit Peptiden resorbiert wird. Auch im Speichel, in der Magenflüssigkeit und im Zwölffingerdarm befinden sich niedermolekulare, cupferbindende Substanzen, die die Verfügbarkeit des Elements verbessern [7]. An den intestinalen Mukosazellen wurde Metallothionein und ein weiteres cupferbindendes Protein gefunden, jedoch ist deren Rolle beim aktiven Transport von Cupfer noch ungeklärt [8, 9]. Ionisches Cupfer wird schlecht vom intestinalen Lumen resorbiert, da sich Cupferhydroxid bildet [10].

Aufgrund der Bedingungen im Magen-Darm-Trakt sollte Cupfer(II) besser als Cupfer(I) resorbiert sein. Supplement-Experimente ergaben für Porphyrine und Sulfide keine Resorption. Hingegen wurden bei anämischen Ratten Oxide, Hydroxide, Iodide, Glutamate, Pyrophosphate, Aspartate und Citrate des Cupfers gut resorbiert [11].

In der Nahrung sind eine große Zahl von Verbindungen enthalten, die strukturell in der Lage sind, Komplexe mit Cupfer auszubilden. Dazu zählen Aminosäuren, Proteine [12], Porphyrine [13], Purine, Pterine und Flavine [14], Katechole und ihre Derivate [15] sowie Tannine und Lignin. Die Absorption von Cupfer unterliegt, ähnlich wie die von Zink, einer ausgeprägten homöostatischen

Regulation. Zusätzlich spielt Metallothionein eine noch nicht ganz geklärte Rolle bei der Absorption.

Aufgrund klinischer Befunde muß angenommen werden, daß eine verminderte Aufnahme und Malabsorption die häufigsten ätiologischen Faktoren für Cupfermangel sind. Die Ausscheidung von Cupfer erfolgt auf dem Weg Galle-Darm. Im Harn finden sich normalerweise nur Spuren von Cupfer. Die Bilanzierung von Cupfer ist deshalb schwierig, weil über die intestinale Mukosa und die Galle Cupfer reabsorbiert werden kann [16].

Klevey et al. [17] untersuchten den Cupferbedarf beim Menschen: 13 Männern wurde über 30 Tage eine typisch amerikanische Diät gegeben, die sich in ihrem Spurenelementgehalt an die RDA-(Recommended-Dietary-Allowances)-Werte hielt. Der Cupfergehalt wurde analytisch in der Nahrung sowie in Fäzes und Urin untersucht. Ein Gleichgewicht zwischen Zufuhr und Ausscheidung wurde bei einer täglichen Menge von 1,30 mg (Vertrauensbereich (vgl. Kap. 8) bei 95% 1,24–1,35 mg) ermittelt. Berücksichtigt man einen berechneten Verlust von Cupfer über die Körperoberfläche, dann ergibt sich ein täglicher Cupferbedarf von 1,55 mg. Dieser Bedarf wurde im Experiment durch Ballaststoffzugaben nicht beeinflußt.

Vergleiche mit der täglichen Aufnahme über die Nahrung, die von 0,88–2,03 mg reichten, zeigen, daß ein beträchtlicher Teil der Diäten unter der erforderlichen täglichen Aufnahmemenge von 1,55 mg liegen und demnach Unterversorgung mit Cupfer gegeben ist.

Experimente bei Ratten, in denen Cupfermangel induziert wurde, ergaben eine Störung der normalen Glukoseverwertung [18]. Klevey [19] führt die ischämische Herzerkrankung – die häufigste Todesursache in den USA – auf den Cupfermangel in der Ernährung zurück. Durch ausreichende Cupferversorgung werden, wie er in diesem Artikel ausführt, Glukoseintoleranz, Hypercholesterinämie, Hyperurikämie und elektrokardiographisch manifeste Abnormitäten beseitigt. Die Cupfer/Zink-Hypothese der Ätiologie der ischämischen Herzerkrankung erklärt besser als alle derzeit bekannten Hypothesen die klinischen Beobachtungen.

Literatur

1. F. Kieffer: Spurenelemente steuern die Gesundheit. Sandoz Bulletin Nr. 51–53 (1979)
2. C. F. Buchholz: Rep. Pharm. 2: 253 (1816)
3. J. S. McHargue: Am. J. Physiol. 72: 583 (1925); 77: 245 (1926)
4. E. B. Hart, H. Steinböck, J. Woodell, C. A. Elvejhem: J. Biol. Chem. 77: 797 (1982)
5. B. L. O'Dell et al.: Proc. Soc. Exp. Biol. Med. 108: 402 (1961)
6. K. Lang: Biochemie der Ernährung, 3. Aufl., Steinkopff-Verlag, Darmstadt 1974
7. J. L. Gollan: Clin. Sci. mol. Med. 49: 237 (1975)
8. S. P. Mistilis, P. A. Farrer: J. Gastroent. 3: 586 (1968)
9. G. W. Evans, F. N. Le Blanc: Nutr. Rept. int. 14: 281 (1976)
10. E. J. Underwood: Trace Elements in Human Nutrition, Academic Press 1976 pp. 196
11. M. O. Schultze, C. A. Elvehjan, E. B. Hart: J. Biol. Chem. 115: 453 (1936)
12. J. F. Scaife: Can. J. Biochem. Physiol. 37: 1033 (1959)
13. A. H. Corwin: Copper Metabolism – a symposium John Hopkins Press, Baltimore 1950
14. H. H. Sandstead: Progress Food Nutr. Sci 1: 371 (1975)
15. R. Weinland, E. Walter: Z. anal. Chem. 126: 141 (1923)

16. K. E. Mason: J. Nutr. 109: 1979 (1979)
17. L. M. Klevey, S. J. Reck, R. A. Jacob, G. M. Logan, J. M. Muroz, H. H. Sandstead: Am. J. Clin. Nutr. 33: 45 (1980)
18. C. A. Hassel, J. A. Marchello, K. Y. Lei: J. Nutr. 113: 1081 (1983)
19. L. M. Klevey: Biol. Trace Elem. Res. 5: 245 (1983)

4.10 Eisen

Entdeckung [1]

Eisen zählt zu den Spurenelementen, deren Wirkung schon im Altertum bekannt war. Bereits die Ägypter kannten um etwa 3000 v. Chr. die stärkende Wirkung von eisenhaltigem Wasser. Bei Anämie wurde das zum Kühlen von geschmiedeten Eisenstücken verwendete Wasser getrunken. Im Jahre 1571 wird von Monardes eine Trinkkur aus 20 Tage in Essig eingelegten Eisenfeilspänen als Stärkungsmittel bei Bleichsucht verordnet. 1681 wird die Chlorose der Mädchen (Änamie) mit auf Eisenfeilspänen gelagertem Wein behandelt.

Die ersten Eisenpräparate in Rezeptform finden sich bei Lemery um 1863; 1713 weist er erstmals Eisen in der Blutasche nach [1]. 1745 entdeckt Menghini, daß Eisen in den roten Blutkörperchen lokalisiert ist. 1832 wird die Beziehung zwischen Anämie und Eisenmangel im Blut erkannt. Danach werden in vielen Schlachthäusern Trinkkuren mit Tierblut zur Behandlung anämischer Patienten durchgeführt. 1885 wird von MacMunn [2] die Wirkung des Eisens in der Zellatmung erkannt. Das eisenhaltige Cytochrom entdeckt Keilin allerdings erst 1920. Die Steuerung der Eisenversorgung im Darm postulieren erstmals McCance und Widdowson im Jahre 1937 [3].

Aufnahme und Metabolismus

Im Zuge der Verdauung wird Eisen ionisch freigesetzt. Auf bekannt gewordene Wechselwirkungen mit anderen organischen oder anorganischen Nahrungsbestandteilen gehen wir in Kap. 7 ein. Eisen passiert die Grenzfläche zwischen Darm und den Mukosazellen der Darmwand. Dort wird es zu Eisen(III) oxydiert. Die Eisen(III)-Ionen lagern sich ausschließlich an das Protein Apoferritin an. Dieser Komplex aus Protein und Eisen ist das Ferritin. Ferritin ist für die entsprechende Eisenversorgung von Organen über das Blut und für die Vermeidung einer Eisenintoxikation verantwortlich. An der Oberfläche der Mukosazellen wird Eisen(III) zu Eisen(II) reduziert und in das Blut eingespeist, wo es wieder oxydiert wird. Im Blutstrom bindet sich Eisen an das Protein Transferrin, das als Transportprotein zu den verschiedenen Geweben dient. Verhältnismäßig wenig Eisen wird aus dem Organismus ausgeschieden. Freigesetztes Eisen, zumeist aus abgebautem Hämoglobin, wird zum Neuaufbau von Hämoglobin resorbiert.

Schematisch zeigt Abb. 4.5 die Resorption (a) sowie den Auf- und Abbau eisenhaltiger Gewebe (b) [4].

Der Eisenbestand des Menschen ist zu 73% im Hämoglobin lokalisiert [5], dem roten Blutfarbstoff. Eisen kann auch in den Lebermitochondrien gespeichert werden.

Tabelle 4.4. Eisenbestand des Menschen. (Nach [5] aus Kap. 4)

Verbindung	Bestand (g)	Eisen (g)	Eisenanteil in der Verbindung (%)
Hämoglobin	900	3,1	72
Myoglobin	40	0,14	3,3
Cytochrome	0,8	0,0034	0,08
Katalase	5,0	0,0045	0,10
Siderophilin	7,5	0,063	1,5
Ferritin und Hämosiderin	5,0	0,69	16,0
nicht identifiziert		0,3	6,9
Zusammen		4,3009	

In Tabelle 4.4 ist die Art und Menge der Eisenverbindungen im menschlichen Körper zusammengestellt.

Die Regelung des Eisenversorgungsstatus erfolgt nicht durch Verringerung oder Erhöhung der Ausscheidung, sondern durch Kontrolle des Eisenstatus über die intestinale Absorption (Abb. 4.5.a). Vermutet wird ein besonderer Regelmechanismus der Eisenabsorption, der die experimentell beobachteten Unterschiede der Eisenabsorption bei Probanden erklärt [9]. An sich ist die Hämoglobinkonzentration für die Feststellung der Eisenabsorption nicht geeignet. Wenn aber die Hämoglobinkonzentration den Eisenstatus repräsentiert und der Eisen-

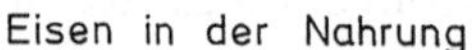

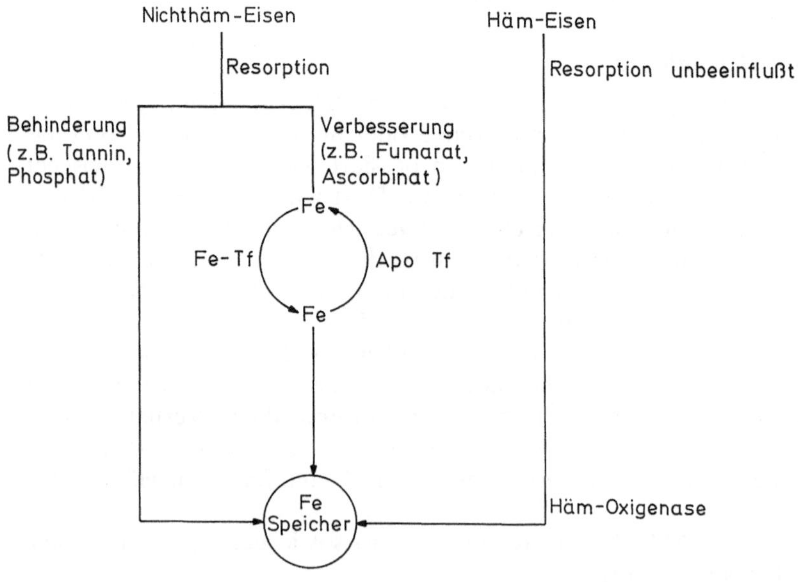

Abb. 4.5.a Ablauf der Eisenabsorption. (Nach [8])

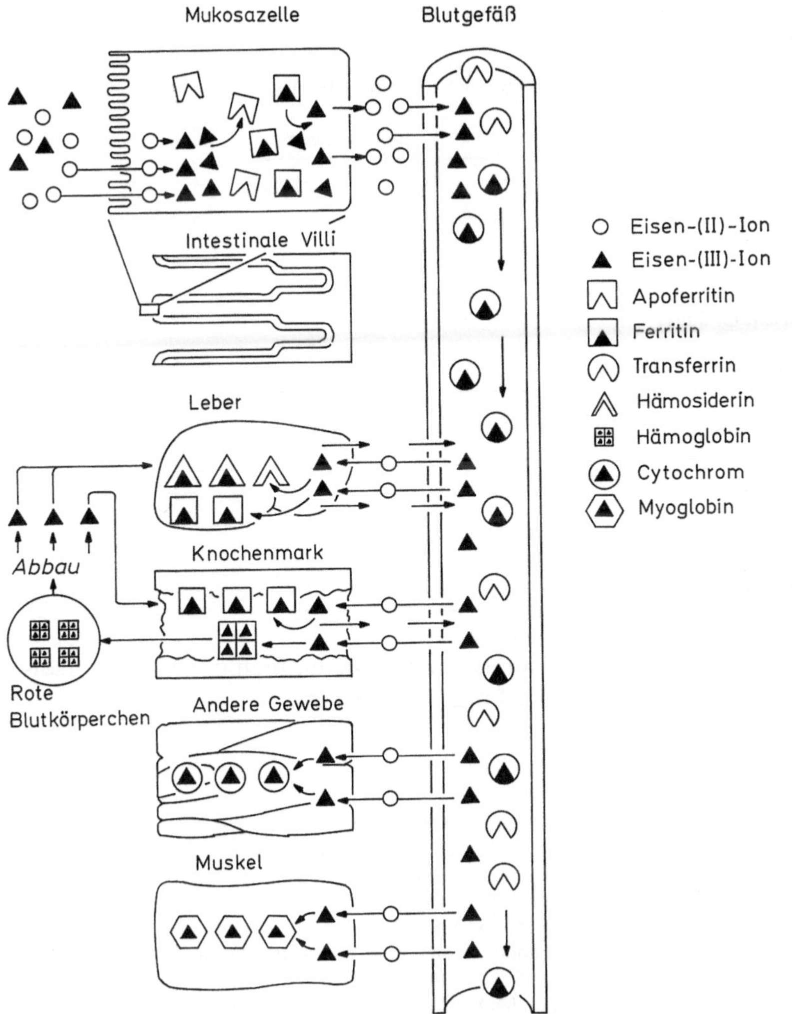

Abb. 4.5.b Resorption, Auf- und Abbau von Eisen im Gewebe. (Nach [4])

status die Eisenabsorption beeinflußt, dann wird eine Beziehung zwischen der Hämoglobinkonzentration und der Eisenabsorption offenkundig und der erwähnte besondere Regelmechanismus wahrscheinlich.

Für die Beurteilung der Bioverfügbarkeit von Eisen muß zwischen dem Anteil an Häm-Eisen und anderen in der Nahrung unterschieden werden. Eine Methode zur Berechnung des aktiven Eisens, die bereits in staatlichen Empfehlungen aufgenommen wurde, hat Monsen et al. [7] vorgeschlagen. Diese Berechnung berücksichtigt den Gesamteisengehalt, Häm-Eisen (etwa 40% des Gesamteisens tierischen Gewebes), Ascorbinsäure und die Menge des Verzehrs von Fleisch, Fisch und Geflügel. Absorptionsfaktoren werden für gut versorgte

Tabelle 4.5. Bioverfügbarkeit von Eisen in verschiedenen Mahlzeiten. (Nach [6, 7] aus Kap. 4)

Mahlzeit	% absorbiertes Eisen	% absorbiertes Eisen (nur Hämeisen)
Eisen gering verfügbar: < 30 g Fleisch, Fisch, Geflügel und < 25 mg Ascorbinsäure	3	23
Eisen mäßig verfügbar: 30–90 g Fleisch, Fisch, Geflügel oder 25–75 mg Ascorbinsäure	5	23
Eisen gut verfügbar: > 90 g Fleisch, Fisch, Geflügel oder > 75 mg Ascorbinsäure oder 30–90 g Fleisch, Fisch, Geflügel und 25–75 mg Ascorbinsäure	8	23

Frauen errechnet (Tabelle 4.5). Daraus sollen für Diätempfehlungen die Versorgung sicherstellende Verzehrmengen festgelegt werden.

Literatur

1. F. Kieffer: Spurenelemente steuern die Gesundheit. Sandoz Bulletin Nr. 51–53 (1979)
2. C. A. MacMunn: Phil. Trans. Roy. Soc. London 177: 267 (1885)
3. R. A. McCance, E. Widdowson: Lancet 2: 680 (1937)
4. N. S. Scrimshaw, V. R. Young: Sci. Am. 235: 51 (1976)
5. K. Lang: Biochemie der Ernährung, 3. Aufl., Steinkopff-Verlag, Darmstadt 1974
6. National Academic of Science: Recommended Dietary Allowances 9th edition, Washington 1980, p. 137 ff.
7. E. R. Monsen, L. Hallberg, M. Laylisse, D. M. Heysted, J. D. Cook, W. Mertz, C. A. Finch: Am. J. Clin. Nutr. 31: 134 (1978)
8. C. A. Finch, J. D. Cook: Am. J. Clin. Nutr. 39: 471 (1984)
9. S. J. Fairwether-Tait: Br. J. Nutr. 55: 279 (1986)

4.11 Fluor

Aufnahme und Metabolismus [1]

Die Aufnahme von Fluorid erfolgt als Anion zu etwa 90% im Gastrointestinaltrakt. Ein aktiver Transport erfolgt nicht. Gaben als Natriumfluorid oder Ammoniumhexafluorosilikat $(NH_4)_2SiF_6$ in Konzentrationen von 0,5–1,5 ppm in Trinkwasser haben positive Wirkung auf die Verhinderung von Zahnkaries. Aus pflanzlichen und tierischen Lebensmitteln ist Fluorid ionisch direkt für den Einbau in den Zahnschmelz verfügbar. Der Einbau erfolgt durch Ionenaustausch [2]. Milch vermindert die Absorption von Natriumfluoridgaben um 40%. Das konnte ebenso experimentell nachgewiesen werden wie die Interferenz mit anderen ionischen Bestandteilen [3]. Im Serum ist Fluorid sowohl als freies Anion als auch an Albumin gebunden vorhanden. Die Homöostase erfolgt über die rasche Ausscheidung überschüssigen Fluorids durch die Nieren und durch die Speicherung im harten Gewebe, vor allem in den Knochen. Hier wird die Hydroxidgruppe des Hydroxiapatits durch Fluorid ersetzt. Hauptweg der Ausscheidung von Fluorid ist der Harn (90%) sowie der Fäzes.

Die Fluoridisierung wird aber auch kritisch beurteilt, weil in Versuchen bei Ratten bereits über 2 ppm Fluorid im Futter toxisch wirkten. In den hochzivilisierten Ländern tritt infolge hohen Zuckerkonsums Zahnkaries gehäuft auf. Statistischen Erhebungen zufolge sind davon 99% aller Erwachsenen betroffen [3]. Die prophylaktische Maßnahme der Trinkwasserfluorierung ist die bei weitem wirksamste Methode und erzielt eine Reduktion der Karies um 50–70%. Allerdings bestehen nicht unbeträchtliche Auffassungsunterschiede, welche Mengen in den einzelnen Altersstufen erforderlich sind. Als empfehlenswerte Tablettendosierung wird heute ab dem 7. Lebensjahr 1 mg Fluorid/Tag angegeben.

Akute Vergiftungen treten bei Gaben von 5–10 g Natriumfluorid auf. Bei Dauerbelastung, etwa durch fluoridisiertes Trinkwasser, kann es zur Ausbildung von Fluorose, der Zahnschmelzfleckenkrankheit (Dentalfluorose) kommen.

Literatur

1. K. Lang: Biochemie der Ernährung, 3. Aufl., Steinkopff-Verlag, Darmstadt 1974
2. H. A. Cook: Vitalst. Ziv. Krankh. 14: 244 (1969)
3. C. Fuchs: In: „Spurenelemente: Grundlagen, Ätiologie, Diagnose-Therapie". H. Zumkley ed., G. Thieme Verl. Stuttgart, New York, 1983

4.12 Iod

Entdeckung [1]

Aus dem antiken Griechenland gibt es Berichte, daß um etwa 1000 v. Chr. bereits jodhaltige Asche von Meeresschwämmen bei der Therapie von Kropfgeschwulsten eingesetzt wurde. Das Analysenergebnis von Fyfe aus dem Jahre 1819 bestätigt dies erstmals analytisch: Iod wirkt der Kropfbildung entgegen. Ausführliche Beiträge über den Iodgehalt von Wasser, Böden und Lebensmitteln stammen von Chatin, der zwischen 1850 und 1854 bereits auf die Korrelation mit der Kropfbildung hinwies [2]. Den hohen Iodgehalt der Schilddrüse entdeckte Baumann 1896 [3] und Kendall gelang es 1919 erstmals Thyroxin zu isolieren und zu kristallisieren [4]. Die Synthese von Thyroxin gelang Harington und Barger 1927 [5].

Aufnahme und Metabolismus [6]

Iod wird ausschließlich ionisch aufgenommen. Die Aufnahme erfolgt sehr schnell direkt aus dem Magen. Oral zugeführtes Iodid wird in 2 h zu 80% resorbiert. Andere Iodverbindungen werden zu Iodid reduziert.

Die Schilddrüse konzentriert Iod gegenüber dem Blut um den Faktor 250–1000. Zunächst erfolgt in diesem Organ die Oxidation von Iodid zu Iod. Anschließend wird der Thyrosinrest des Thyreoglobulins jodiert und 2 Reste kondensieren zu Monoiodtyrosin oder Diiodtyrosin, aus denen proteingebundenes Thyroxin bzw. Triiodthyrosin entsteht. Proteinasen setzen die beiden hormonwirksamen Aminosäuren frei. Es sind das jeweils die L-Formen. Ihre Halbwertszeit beträgt 7–12 Tage. Im Plasma ist Thyroxin bzw. Triiodthyreonin an ein α-Globulin gebunden. Der Abbau des Thyroxins vollzieht sich über oxidative Desaminisierung zur Thyreobrenztraubensäure und Decarboxylierung zu Thyreoessigsäure. Aus Triiodthyreonin entsteht analog 3,5,3′-Thyreoessigsäure. Daneben ist ein enzymatischer Abbau durch iodabspaltende Dehalogenasen möglich. Die Ausscheidung von Iod erfolgt über den Urin.

Literatur

1. F. Kieffer: Spurenelemente steuern die Gesundheit Sandoz Bulletin Nr. 51–53 (1979)
2. A. Chatin: C. R. Acad. Sci. 30–39: (1980–54) (mehrere Beiträge)
3. E. J. Baumann: J. Physiol. Chem. 21: 319 (1986); 22: 1 (1986)
4. E. C. Kendall: JBC 39: 125 (1919)
5. C. R. Harington, G. Barger: Biochem. J. 21: 169 (1927)
6. K. Lang: Biochemie der Ernährung 3. Aufl. Steinkopff-Verlag, Darmstadt 1974

4.13 Mangan

Entdeckung [1]

Erstmals berichtet Bertrand [2] über das Vorkommen von Mangan in pflanzlichen und tierischen Geweben.

1962 erkannten Leach et al. [3] die spezifische Funktion von Mangan bei der Biosynthese von Kollagen, dem Bindegewebseiweiß. Als Bestandteil des Enzyms Pyruvatdecarboxylase wird Mangan von Scrutton et al. [4] entdeckt.

Aufnahme und Metabolismus

Im Tierexperiment erwies sich die Absorptionsgeschwindigkeit von Mangan proportional zur Konzentration an der intestinalen Mukosa. Die homöostatische Kontrolle besteht eher aus einer effizienten Ausscheidung des Metallüberschusses als auf dessen selektiver Absorption. Mangan liegt im Organismus im Unterschied zu anderen Metallen als leicht dissoziierbarer Komplex vor [5]. Im Blutplasma transportiert ein spezifisches Protein (Transmanganin) das Element.

Die Aufnahme bei Menschen, untersucht mittels der Gleichgewichtstechnik, schwankt zwischen 37 und 63%. Daten, die eine Manganaufnahme aus der Nahrung von weniger als 5% angeben [6] stehen solche Gleichgewichtsstudien bei Menschen gegenüber, die Werte von 40% [7] bzw. 37–65% [8] angeben. Die Resorptionsrate steigt, wenn Mangan in geringen Mengen mit der Nahrung zugeführt wird. In vitro wird die Mukosa durch Mangan in beide Richtungen durchwandert. Nach der erfolgten intestinalen Absorption, die im wesentlichen im Zwölffingerdarm erfolgt, wird Mangan (II) zu Mangan (III) oxidiert und an β-Globulin fixiert, das als Transmanganin bezeichnet wird. Mangan konzentriert sich in Geweben, die reich an Mitochondrien sind [9], wie z. B. Leber, Knochen, Pankreas und Niere.

In Knochenasche ist Mangan wegen seiner essentiellen Wirkung auf die Knochenentwicklung angereichert [10].

Hauptweg der Ausscheidung ist die Galle, wobei eine Bindung an Gallensäuren erfolgt. Die intenstinale Mukosa ist der zweitwichtigste Ausscheideweg.

Literatur

1. F. Kieffer: Spurenelemente steuern die Gesundheit Sandoz Bulletin Nr. 51–53 (1979)
2. G. Bertrand: Am. Inst. Pasteur 27: 282 (1913)
3. R. M. Leach, A.-M. Muenster: J. Nutr. 78: 51 (1962)
4. M. C. Scrutton, M. F. Utter, A. S. Mildvan: J. Biol. Chem. 241: 3480 (1966)
5. D. C. Borg, G. C. Cotzias: J. Clin. Invest. 37: 1269 (1958)
6. D. M. Greenberg, D. H. Copp, E. M. Cuthbertson: J. Biol. chem. 147: 749 (1943)
7. B. B. North, J. M. Leichsenring, L. M. Norris: J. Nutr. 72: 217 (1960)
8. H. H. Sandstead, R. F. Burker, G. H. Booth, W. J. Darby: Med. Clins. N. Am. 54: 159 (1970)
9. H. H. Sandstead: Progress Food Nutr. Sci 1: 371 (1975)
10. K. Lang: Biochemie der Ernährung 3. Aufl. Steinkopff-Verlag, Darmstadt 1974

4.14 Molybdän

Entdeckung

Die Funktion von Molybdän als Wachstumsfaktor für Bakterien und Schimmelpilze wurde erstmals 1930 [1] bzw. 1936 [2] beschrieben. Den Antagonismus von Molybdän und Cupfer bei Wiederkäuern beschreibt W. S. Ferguson 1938 [3]. Als Bestandteil der Xanthinoxidase wird Molybdän von 2 Arbeitsgruppen, unabhängig voneinander, 1953 entdeckt. Die Funktionsweise des Elements besteht darin, daß es an das Apoprotein angelagert wird und damit den Enzymen Xanthinoxidase, Aldehydoxidase und Sulfitoxidase ihre Aktivität verleiht [4, 5].

Aufnahme und Metabolismus

Molybdän kommt in der Nahrung als Molybdatanion vor. Das Enzym Xanthinoxidase, zu dessen Bildung Molybdän, wie Studien bei parenteraler Ernährung gezeigt haben, nötig ist [6], katalysiert die Bildung von Harnsäure aus überschüssigen Purinen wie Adenin, Guanin und Hypoxanthin, die mit der Nahrung aufgenommen oder während der Verdauung gebildet werden. Ohne diese Entgiftungsreaktion zerstört das akkumulierende Hypoxanthin die Niere. Bei Molybdänmangel kann im Versuch bei Ratten ein Anstieg des Harnsäurespiegels beobachtet werden. Es ist daher ein Zusammenhang zwischen der Molybdänversorgung und dem Auftreten der Gicht beim Menschen zumindest wahrscheinlich [7]. Molybdän reichert sich in Niere, Milz und Leber an, Orte an denen Purine zumeist oxidiert werden. Abumrad et al. [6] beschrieben einen auf Molybdänmangel zurückgehenden Spurenelementmangel an parenteral ernährten Patienten. Es zeigt sich sich eine schwere Unverträglichkeit bei Zufuhr von Aminosäurepräparaten. Es stellte sich heraus, daß die schwefelhaltigen Aminosäuren Methionin und Cystein toxisch wirken. Der Thiosulfat- und Sulfitgehalt des Harn war erhöht, während der Gehalt an Sulfat und Harnsäure stark abgesunken war. Durch Verabreichung von 0,3 mg Ammoniummolybdat/Tag i. v. konnte dieser offensichtliche Molybdänmangel innerhalb kürzester Zeit behoben werden. Die parenterale Eiweißernährung konnte erfolgreich und ohne nachteilige Wirkung fortgesetzt werden. Phänomenologisch wurde festgestellt, daß in Gegenden, in denen das Trinkwasser molybdänreich ist, das Auftreten der Zahnkaries sehr gering ist. Gründe dafür sind noch unbekannt, möglicherweise begünstigt Molybdän den Einbau von Fluorid in den Zahnschmelz [7]. Die Ausscheidung erfolgt mit dem Urin als Molybdat [8].

Die mit Abstand wichtigste Funktion übt Molybdän jedoch in der Natur durch die Mitwirkung an der Fixierung des atmosphärischen Stickstoffs in Algen und Bakterien aus. Ohne diese Tätigkeit könnte kein pflanzliches Protein synthetisiert werden. Nitritreduktase als molybdänhaltiges Enzym kommt in Pflanzen, vor allem in Leguminosen, vor. Molybdän ist eines der Schlüsselelemente des Lebens auf der Erde.

Literatur

1. K. Bartels: Arch. Mikrobiol. 1: 333 (1930)
2. R. A. Steinberg: J. Agr. Res. 52: 439 (1936)
3. W. S. Ferguson: Nature 141: 553 (1938)
4. E. C. de Renzo: J. Am. Clin. Soc. 75: 753 (1953)
5. D. A. Reichert: J. Biol. Chem. 203: 915 (1953)
6. N. N. Abumrad, A. J. Schneider, D. Steel, L. S. Rogens: Am. J. Clin. Nutr. 34: 2551 (1981)
7. F. Kieffer: Spurenelemente steuern die Gesundheit Sandoz Bull. 51–53: (1979)
8. J. F. Scaife: N. Z. J. Sci. Technol. A 38: 285 (1956)

4.15 Nickel

Entdeckung

Dieses Spurenelement wurde erstmals 1971 von Nielsen [1] beschrieben. Später wurde als nickelhaltiges Enzym die Urease in Pflanzenserum und niederen Tieren entdeckt [2]. Nickel ist essentiell für bestimmte metabolische Prozesse bei Bakterien und Pflanzen und beeinflußt dadurch die Flora des Verdauungstrakts. Dies ist besonders für Wiederkäuer wichtig. Dadurch wird auch die besondere Empfindlichkeit von Ziegen auf Nickelmangel im Vergleich zu Meerschweinchen erklärt [3]. Nickel steht in noch nicht näher bekanntem Zusammenhang mit dem Glukosestoffwechsel, da es im Blut parallel mit dem Insulin- und Chromspiegel steigt und fällt [3, 4].

Aufnahme und Metabolismus

Die geringe Aufnahme von Nickel, die zwischen 1 und 10% liegt wird noch zusätzlich durch Nahrungsbestandteile beeinflußt. Obwohl Phytate nach einer Untersuchung keinen Einfluß auf die Nickelabsorption haben [5], sinkt bei Aufnahme von Vollkornmehl die Nickelresorption auf Null ab [6]. Die Aufnahme bei Gabe von Nickelsulfat verringerte sich bei gleichzeitiger Verabreichung von Milch, Tee, Kaffee, Orangensaft und Ascorbinsäure. Die in Tee und

Kaffee enthaltenen Phenol- und Aminogruppierungen werden dafür verantwortlich gemacht. Die Komplexe sind wenig verfügbar [6, 7].

Die Ausscheidung erfolgt hauptsächlich über den Fäzes, zum Teil auch über die Gallenflüssigkeit. Die mit dem Harn und dem Schweiß ausgeschiedene Menge ist gering. Im Plasma ist Nickel an Albumin und als α_2-Makroglobulin, Nickelplasmin genannt, sehr stark gebunden [7].

Nickel wird nach radioanalytischen Untersuchungen im Knorpelgewebe gespeichert [8]; aber auch die Niere reichert Nickel an [9]. In der Niere wird die Bindung an metallothioneinähnliche Proteine postuliert [10]. Trotz einer relativ geringen Aufnahme von Nickel ins Knochengewebe stellt dennoch der Gehalt im Knochengerüst einen guten Anhaltspunkt für den Nickelversorgungsstatus dar [3].

Literatur

1. F. H. Nielsen: Essentiality and Function of Nickel in: Hoeksta, Suttic, Ganther, Mertz: Trace Elements Metabolism in Animals Vol 2 (Univ. Park Press, Baltimore 1974)
2. N. E. Dixon, C. Gazzola, R. L. Blakely, B. Zerner: Science 191: 114 (1976)
3. H. Anke, M. Grün, B. Groppel, H. Kronemann: In: Biological Aspects of Metals and Metal related Discases ed. B. Sarkar, Raven Press, New York 1983
4. F. Kieffer: Spurenelemente steuern die Gesundheit Sandoz Bull. 51–53: (1979)
5. P. Vohra, G. A. Gray, F. H. Kratzer: Proc. Sco. exp. Biol. Med. 120: 447 (1965)
6. V. W. Solomons, F. Viteri, T. R. Shuler, F. H. Nielsen: J. Nutr. 112: 39 (1965)
7. G. Weber, G. Schwedt: Analytica chim. Acta 134: 81 (1982)
8. F. W. Sundermann, M. I. Descy, N. D. Mc Necly: Am. N. Y. Acad. Sci. 191: 300 (1972)
9. A. Oskarsson, H. Tjälve: Am. Chin. Lab. Sci. 9: 47 (1979)
10. B. Sarkar: In: Nickel Toxicology. Ed.: S. S. Blown, F. W. Sundermann jr., Academic Press, London 1980

4.16 Selen

Entdeckung

1842 wird erstmals die toxische Wirkung von Selensalzen für Tiere beschrieben [1]. Massenerkrankungen bei Rindern werden 1933 als Selenvergiftung erkannt [2, 3]. 1957 entdecken Schwarz und Foltz die essentielle Wirkung von Selen im Tierexperiment. Lebernekrose bei Ratten, die an Vitamin E Mangel litten, konnte durch 0,1 ppm Selen im Futter völlig vermieden werden [4]. Die Muskeldystrophie bei Schafen und Kälber wies Muth [5] als Selenmangelerkrankung nach. Selengaben von nur 0,02 mg/kg Futter bei Hühnern beseitigten Mangelerscheinungen völlig [6]. 1972 finden Rothruck et al. das erste selenhaltige Enzym, die Glutathionperoxidase und erklärt die Wechselbeziehung zwischen Vitamin E und Selen [7].

Aufnahme und Metabolismus

Selen kann Schwefel in Aminosäuren ersetzen, weshalb eine Fülle von Selenoproteinen denkbar ist. Selenomethionin und Selenocystein werden in vielen Proteinen aufgefunden. Dies könnte auch ein Weg für die Aufnahme von Selen aus der Nahrung sein. Anorganisches Selen wird vom Körper nicht homoöstatisch kontrolliert [8]. Die Absorption von anorganischem Selen erfolgt rasch, sowohl Selenit als auch Selenat werden zu physiologisch aktiven Verbindungen umgewandelt. Radiotracer-Studien mit Selenit ergaben eine sehr starke Bindung von Selen an Blutplättchen und Erythrozyten. Der Einbau von Selen erfolgt über das Knochenmark [40].

Studien bei Hamstern zeigen, daß Selenomethionin gegen den Konzentrationsgradienten transportiert wird, wie es auch für Methionin der Fall ist. Für Selenit und Selenocystein trifft dies nicht zu [22]. Die Konzentration und die chemische Bindungsform von Selen kann die Aufnahme beeinflussen. So ist beispielsweise die Selenkonzentration des Brustmuskels eines Huhns bei Gabe von Selenit als Futterzugabe im Vergleich zur gleich großen Gabe von Selen im Futtermittel um ein Drittel [28] geringer. Untersuchungen anderer Autoren [29, 30] ergaben eine höhere Absorption von Selen aus dem Futter mit organisch gebundenem Selen als auch mit Selenit. Es ist aufgrund dieser Befunde anzunehmen, daß anorganisches Selen nicht in Aminosäuren eingebaut wird, es reagiert aber möglicherweise mit freien SH-Gruppen zu Selenotrisulfiden [31–33]. Diese Form kann offenbar auch rasch ausgeschieden werden und dient damit der homöostatischen Regulation des Selenspiegels [30]. Andererseits zeigen Studien bei Ratten, daß nach einer anfänglich unterschiedlichen Aufnahme Selenomethionin, Selenit und Selenat in denselben Pool eingespeist werden [34, 35].

Verteilungsstudien mit Natriumselenat, bei Ratten durchgeführt, ergaben eine Anreicherung von Selen in folgender Reihenfolge: Leber > Niere > Testes > Lunge > Gehirn.

Die Verfügbarkeit von Selen in verschiedenen Formen wurde von mehreren Arbeitsgruppen untersucht [11, 12, 38]. Aus selenhaltiger Nahrung werden nach verschiedenen Angaben 76–100% des Selens absorbiert.

Die Absorption von Selen bei Hühnern und Ratten zeigt unter experimentellen Bedingungen, daß 79–97% des Selen absorbiert wird, wenn es als Selenomethionin oder Selenit verabreicht wird [39]. Diese Studien zeigen, daß die Absorption von Selen nicht homöostatisch kontrolliert ist, sondern von der chemischen Form des Selens abhängt. Aus einer normalen Diät neuseeländischer Frauen werden 79% resorbiert [9], aus einer Mahlzeit bestehend aus Schweinefleisch supplementiert mit Selenomethionin werden zwischen 76 und 100% aufgenommen [10]. Mittels stabiler Selenisotope in Lebensmitteln wurde gefunden, daß Selenomethionin wirksamer absorbiert wird als Selenit (81–99%) [45]. Über die Aufnahme von Selen im Gastointestinaltrakt gibt es lediglich Angaben bei Weizen [41], Pilzen [42] und Hefe [43]. Aus Kohl wurden nach Applikation von ^{75}Se insgesamt 9 verschiedene Verbindungen isoliert [44]. Bezogen auf Natriumselenit zeigten Fisch und Sojapräparate bei Versuchstieren (Hühnern und Ratten) die geringste Verfügbarkeit des enthaltenen Selens. Die Verfügbarkeit von Natriumselenit wird von denen des dehydrierten Alfalfagrasmehls und der Vollweizenprodukte übertroffen (s. Tabelle 4.6). Die Untersuchungen wurden mit selenmangelernährten Ratten und Hühnern durchgeführt, wo der Anstieg der Glutathionperoxidaseaktivität in der Leber bzw. die Fähigkeit, ernährungsbedingte Krankheiten zu beheben, gemessen wurde [14, 15].

Die Ausscheidung von Selen erfolgt in erster Linie über die Niere, dann über Galle, Pankreas und durch endogene Sekretionen in den Darm. Die Ausschei-

Tabelle 4.6. Verfügbarkeit von Selen. (Nach [11]–[13] aus Kap. 4)

Selenhaltiges Futtermittel	Verfügbarkeit (%)
Selenit (Bezugsgröße)	100
Selenomethionin[a]	78,3
Fischmehl[a]	48
Makrelenmehl[a]	34
Heringsmehl[a]	25
Thunfischmehl[a]	22
Thunfisch gekocht[b]	47
Mais[a]	86
Maisgluten	25,7
Sojamehl	17,5[a]
	60[b]
Baumwollsamenmehl[a]	86
Brauhefe	89
Rinderniere gekocht[b]	97
Weizen	71[a]
	83[b]
Vollweizenmehl	217
Vollweizenbrot	142
Weizenkleie	151

[a] Hühner
[b] Ratten

dung von oral gegebenem Selenit oder Selenat wird von der zugeführten Menge mitbestimmt. Hauptausscheidungsweg ist der Harn. Im Urin von Ratten liegt Selen als Trimethylseleniumion, dem Stoffwechselprodukt des Selenomethionins vor. Die Homöostase erfolgt über die Urinausscheidung. Eine Wechselwirkung bei der Exkretion besteht mit Arsen, das die Gallenausscheidung stimuliert [51].

Wirkung von Selen

Die gegenwärtig vorhandenen Daten über die Bioverfügbarkeit in Lebensmitteln sind diffus und schwer zu interpretieren. Sicherlich trägt die unterschiedliche Form, in der das Spurenelement vorliegt, zur unterschiedlichen Bioverfügbarkeit bei. Demnach sind differierende Angaben Hinweise darauf, daß die Abschätzungsmethoden nicht immer übereinstimmende Resultate liefern. Im allgemeinen bleibt festzuhalten, daß Selen aus Lebensmitteln pflanzlichen Ursprungs besser verfügbar ist als aus Lebensmitteln tierischer Herkunft.

Cantor et al. [45] fassen zusammen, daß pflanzliche Lebensmittel etwa 60% und mehr verfügbares Selen aufweisen, tierische Lebensmittel hingegen um 25% oder weniger. Nun haben sich von dieser generellen Regel eine Reihe von Ausnahmen herausgestellt. Offenbar spielen hier auch Einflüsse, die sich aus der Wechselwirkung zwischen Spurenelement und Nahrungsbestandteilen ergeben, eine Rolle. Dies wird beispielsweise für den Fall der geringen Verfügbarkeit von Selen in manchen Fischen vermutet, wo eine Selen-Quecksilber-Komplexierung als Ursache vermutet wird. Hingegen ist Selen aus Thunfischen besser verfügbar, obwohl Thunfische auch Quecksilber anreichern können [45].

Selen wird in mäßiger Dosis auch eine kariostatische Wirkung zugeschrieben: 0,8 ppm im Futter reduzieren Karies bei Ratten im Vergleich zu Kontrolltieren

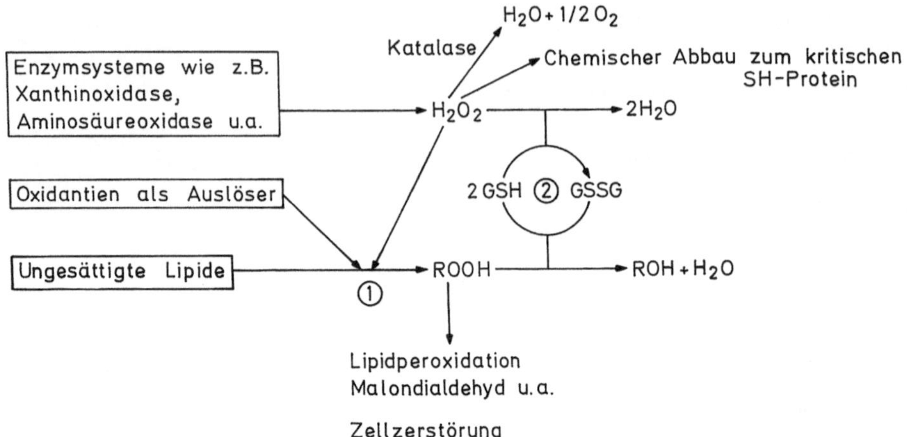

Abb. 4.6. Die Rolle von Selen bei der Chemoprävention von Krebs. Die Abbildung zeigt die postulierte Wechselwirkung zwischen Vitamin E und Selen bei der Vermeidung von oxidativem Abbau und der Ausbildung von krebserregenden Peroxiden. (Nach [18, 19])

und solchen Tieren, deren Futter mit 2,5 ppm supplementiert wurde [16]. Hier sieht man auch den engen Bereich zwischen optimaler Versorgung und toxischer Schwelldosis bei diesen essentiellen Spurenelementen. Selen übt einen bedeutsamen Einfluß auf den Metabolismus essentieller Fettsäuren aus. Die pathologische Wirkung eines Selenmangels läßt sich auf die Peroxidation ungesättigter Lipide in biologischen Membranen zurückführen. Hier spielt das selenenthaltende Enzym Glutathionperoxidase eine Rolle. Seine Wirkung besteht im Abfangen der niedermolekularen Hydroperoxide oder der Reduktion der Lipidperoxide [17, 18], die beim Abbau vor allem aus ungesättigten Fettsäuren entstehen. Glutathionperoxidase und Vitamin E vermögen die oxidative Zerstörung von empfindlichen Zellmembranen und anderen Zellbestandteilen zu verhindern. Das Schema in Abb. 4.6 [19] gibt am Beispiel der Ratte eine Erklärung für die Wechselwirkung zwischen Vitamin E, Selen, ungesättigten Fettsäuren, schwefelhaltigen Aminosäuren und zellzerstörenden Agentien. Selen wurde bisher in 3 Enzymen aufgefunden:

1. Glutathionperoxidase (Hydrogenperoxidoreduktase E. C. 1.11.1.9)

$$2\ GSH + H_2O_2 \rightarrow GSSG + 2\ H_2O$$

2. Glycinreduktase (Nach [20])

$$H_2N\text{-}CH_2\text{-}COOH + R(SH)_2 + P_i + ADP \rightarrow CH_3COOH + NH_3 + \underset{\underset{S}{\vee}}{R\text{–}S} + ATP$$

3. Formiatdehydrogenase (Nach [21])

$$HCOOH + A \rightarrow AH_2 + CO_2$$

Gleichgewichtsstudien bei Menschen

Levander und Morris [13] führten bei erwachsenen Nordamerikanern Gleichgewichtsstudien durch. Die Aufnahmemengen mit der Nahrung lagen bei Männern bei 90 ± 4 μg/Tag und bei Frauen bei 74 ± 3 μg/Tag. Die Plasmaselenwerte waren in beiden Gruppen jedoch gleich. Die Regression des Selengleichgewicht gegen die Aufnahme ergab einen Spurenelementbedarf von 80 μg Selen/Tag bei Männern und 57 μg Selen/Tag bei Frauen. Dieser geschlechtsspezifische Unterschied verschwindet bei Betrachtung des Bedarfs je kg Körpergewicht, der bei beiden Geschlechten 1 μg/Tag beträgt. Diese Daten liegen beträchtlich höher als die aus Neuseeland [9]. Neuseeland ist ein Gebiet mit besonders geringer Selenaufnahme über die Nahrung. Möglicherweise sind deshalb auch die Körperspeicher kleiner. Diese Ergebnisse weisen darauf hin, daß die Menge des mit der Nahrung zugeführten Selens, die erforderlich ist, um eine ausgewogene Bilanz zu erreichen, von der Gesamtmasse des Muskelfleischs und auch vom dauernden Pegel der Selenaufnahme abhängt.

4.16.1 Selen und Krebs

Die Rolle von Selen bei Krebsauslösung und -erkrankung wurde in der Vergangenheit vielfach unterschiedlich und kontrovers beurteilt. Die amerikanische Food and Drug Administration (FDA) hatte 1958 Selen sogar auf die Liste kanzerogener Substanzen gesetzt [47]. In umfangreichen epidemiologischen Studien wurde eine Korrelation zwischen geringer Selenaufnahme und der Tumorhäufigkeit beim Menschen festgestellt. In 10 amerikanischen Städten und Distrikten wurde der Blutselenspiegel gemessen. Die Krebssterblichkeit erwachsener Männer war statistisch signifikant umgekehrt proportional zum Selengehalt [23]. Eine Folgestudie in 17 gut und 17 gering versorgten Städten ergab folgendes:

1. Die Gesamtzahl der Krebstodesrate war in den gering mit Selen versorgten Gegenden größer als in den gut versorgten.
2. Der Blutselenspiegel korrelierte signifikant und negativ mit der Krebsmortalität.
3. Der Mechanismus des Schutzes von Selen vor Krebs scheint von der Konzentration des Selens in Leber und Niere abhängig zu sein.

Selen ist auch in der Lage, chemisch induzierte, transplantierte und auch spontan ausgebildete Tumore zu inhibieren [24–27].

Bei Mäusen wurde bei inokulierten Tumoren stark verringertes Wachstum bei Gaben von weniger als 2 μg/kg KG für eine Reihe von Selenverbindungen festgestellt [27]. Ip und Sinha [48] berichteten, daß bei Ratten, die an ungesättigten Fettsäuren reiche Diät erhalten hatten und bei denen ein Selenmangel herbeigeführt worden war, eine Zunahme von Adenokarzinomen zu verzeichnen war. Eine Vergleichsgruppe, die in Fetten lediglich 0,1 mg Selen/kg verabreicht erhielt, zeigte keine solche Zunahme. Dieser Befund zeigt zum ersten Mal eine physiologische und eindeutig nicht pharmakologische, antineoplastische Wirkung von Selen. Diese Arbeit [48] beschreibt auch einen plausiblen Mechanismus für die Wirkung von Selen bei der Krebsvermeidung. Mehrfach ungesättigte Fettsäuren sind empfindlich für die Lipidoxidation. Die Kettenreaktion der Lipidperoxide erzeugt Mutagene und Kanzerogene [49]. Eine ausführliche Übersicht über die Rolle von Selen bei der Chemoprävention von Krebs hat Griffin veröffentlicht [52].

Möglicherweise verstärkt Arsen noch die Wirkung von Selen. Spuren von Arsen verbessern die Wirkung von Selen als Antidot gegen die Toxizität von anorganischem Quecksilber und Methylquecksilber [36]. Arsen katalysiert auch die Glutathionbiosynthese, womit eine antikanzerogene Wirkung gemeinsam mit Glutathion erklärt werden kann [37]. Es ergibt sich die Notwendigkeit, auf breiter Basis intensive epidemiologische Untersuchung zur Korrelation der Spurenelementaufnahme und der Morbidität menschlicher Krebserkrankungen durchzuführen. Es ist allerdings zu beachten, daß Selen von den essentiellen Spurenelementen jenes mit dem höchsten toxischen Potential ist, und in Tierversuchen – allerdings bei hohen Dosierungen von 5 mg Selen/kg Futter – Wachstumsverringerung, teratogene Effekte und Lebernekrose hervorgerufen hat [50].

4.16.2 Selen und Zusammenhänge mit anderen Erkrankungen

In den letzten Jahren mehren sich Hinweise darauf, daß der Selenversorgungsstatus des Menschen in gewissenem Zusammenhang mit einer Anzahl von Erkrankungen steht.

Die Entstehung des Katarakts (grauer Star) soll auf Selenmangel infolge Vernetzung der normalerweise gelösten Proteine in der Augenlinse durch die Einwirkung von Peroxidasen basieren [53]. Da in der Nahrung enthaltene Lipidperoxide als eine Hauptursache für den Zelltod der artiellen Gefäßzellen angesehen werden und diese der Ablagerung artheriosklerotische Plaques vorausgehen, wird auch hier Selen als fehlender Schutzfaktor angesehen [53, 54]. Hypertonie, Folgeschäden bei Zöliakie, zystische Fibrosen, chronische Pankreatitis, Diabetes, Leberzirrhose, Alterspigmentierung, die Parkinson-Krankheit sowie eine Reihe von Erkrankungen, die sich in einer verringerten Immunabwehr des Organismus äußern, werden mit Selenmangel in Beziehung gebracht. Eine ausführliche mit zahlreichen Literaturangaben versehene Übersicht findet sich bei Kieffer [55].

Literatur

1. A. Japha: Physiol. Rev. 23: 305 (1843)
2. W. O. Robinson: J. Ass. Off. Agr. Chem. 16: 423 (1933)
3. O. A. Beath: Wyoming Agr. Exp. Sta. Bull. 206: (1935)
4. K. Schwarz, C. M. Foltz: J. Am. Chem. Soc. 79: 3292 (1957)
5. O. H. Muth: Science 28: 1090 (1958)
6. J. N. Tompson, M. L. Scott: J. Nutr. 100: 797 (1970)
7. J. T. Rothruck, A. L. Pope, H. E. Ganther, A. B. Swanson, D. G. Haferman, W. G. Hoekstra: Science 179: 588 (1973)
8 O. E. Levander: Fed. Proc. 42: 1721 (1983)
9. R. D. H. Stewart, N. M. Griffiths, D. C. Thomson, M. F. Robinson: Br. J. Nutr. 40: 45, (1978)
10. H. C. Heinrich, E. E. Gabbe, Ch. Bender-Gotze, A. A. Pfau: Klin. Wochenschr. 55: 595 (1977)

11. B. O. Gabrielsen, J. Opstvedt: J. Nutr. 110: 1096 (1980)
12. O. E. Levander (Manuskript)
13. O. E. Levander, V. C. Morris: Am. J. Clin. Nutr. 39: 809 (1984)
14. D. Miller, J. H. Soares jun., P. Bauersfeld jr., S. L. Cuppet: Poultr. Sci 51: 1669 (1972)
15. E. E. Cary, W. H. Allaway, M. Miller: J. Animal Sci. 36: 285 (1973)
16. J. L. Britton, T. R. Shearn, D. J. De Sart: Arch. Environm. Health 35: 74 (1980)
17. L. Flohe: Klin. Wochenschr. 49: 669 (1971)
18. W. G. Hoekstra: Fed. Proc. 34: 2083 (1975)
19. A. C. Griffin: Arch. Cancer Res. 29: 419 (1979)
20. D. C. Turner, T. C. Stadtman: Arch. Biochem. Biophys. 154: 366 (1973)
21. A. C. Shum, J. C. Murphy: J. Bateriol. 110: 447 (1972)
22. Mei-Tei Lo, E. Sandi: J. Environm. Pathol. Toxicol. 4: 193 (1980)
23. R. J. Shamberger, D. V. Frost: Can. Med. Assoc. J. 100: 682 (1969)
24. R. J. Shamberger: J. Natl. Cancer Inst. 44: 931 (1970)
25. K. A. Poirier, J. A. Milner: Biol. Trace Elem. Res. 1: 25 (1979)
26. G. N. Schrauzer, D. Ishmael: Am. Clin. Lab. Sci. 2: 441 (1974)
27. G. A. Greeder, J. A. Milner: Science 209: 825 (1980)
28. J. D. Latshaw: J. Nutr. 105: 32 (1975)
29. M. Osman, J. D. Latshaw: Poulty Sci. 55: 987 (1976)
30. E. E. Cary, W. A. Allaway, M. Miller: J. Anim. Sci. 36: 285 (1973)
31. L. M. Cummings, J. L. Martin: Biochemistry 6: 3162 (1967)
32. H. E. Ganther: Biochemistry 7: 2898 (1968)
33. K. J. Jenkins: Can. J. Biochem. 46: 1417 (1968)
34. C. D. Thomson, R. D. H. Stewart: Br. J. Nutr. 30: 139 (1973)
35. K. K. Millar, M. A. Gardener, A. D. Sheppard: N. Z. J. agric. Res. 16: 115 (1973)
36. M. El.-Begiarmi, H. Ganther, M. Sunde: Rev. Toxicol. Environment. Sci. 8: 585 (1980)
37. D. V. Frost: In: Proceedings des 3. Spurenelement-Symposiums: Arsen Jena 1980 Ed. M. Anke, H.-J. Schneider, Ch. Brückner
38. S. D. Kruse-Jarres: In: Spurenelemente: Grundlagen-Ätiologie; Diagnose-Therapie, H. Zumkley ed., G. Thieme Vlg. Stuttgart-New York 1983
39. M. Mutanen: Ann. Clin. Res. 18: 48 (1986)
40. J. Kiem, G. Koslowski, H. Weese, L. E. Feinendegen: 4 th Int. Workshop on Trace Element Analysis in Medicin and Biology Neuherberg/München 1986
41. O. E. Olson, E. J. Novacek, E. I. Whitehead, I. S. Palmer: Phytochemistry 9: 1181 (1970)
42. S. Piepponen, M. J. Pellinen, T. Hattula: Trace Elem. Anal. Chem. Med. Biol. 3: 159 (1984)
43. M. Korbhola, A. Vaino, K. Edelmann: Clin. Res. 18: 65 (1986)
44. J. W. Hamilton: J. Agric. Food Chem. 23: 1150 (1975)
45. P. A. McAdam, S. A. Levis, K. Helzlsour, C. Veillon, B. Patterson, G. A. Levander: Fed. Proc. 44: 1671 (1985)
46. A. H. Cantor, M. L. Langevin, T. Noguchi, M. L. Scott: J. Nutr. 105: 106 (1975)
47. D. V. Frost: Nutr. Rev. 18: 129 (1960)
48. C. Ip, D. K. Sinha: Cancer Res. 41: 31 (1981)
49. B. N. Ames: Science 221: 1256 (1983)
50. C. Swanson: Nestle Research News 1984/85 ed.: Nestec Ltd. Vevey, Schweiz, 1986
51. O. A. Levander, C. A. Baumann: Toxicol. Appl. Pharmacol. 9: 106 (1966)
52. A. C. Griffin: Adv. Cancer Res. 29: 419 (1979)
53. G. N. Schrauzer: Selen. Verlag für Medizin E. Fischer, Heidelberg 1983
54. J. T. Salonen, J. K. Huttanen: Ann. Clin. Res. 18: 30 (1986)
55. F. Kieffer: Ars Medici 2: 60 (1987)

4.17 Silicium

Entdeckung

Silicium wurde schon 1939 als essentiell für Pflanzen vermutet [1, 2]. 1972 wurden Hinweise auf die wachstumsfördernde Wirkung von Kieselsäure gefunden [3].

Silicium ist aktiv am Verkalkungsprozeß der Knochen beteiligt, denn die Verkalkungszone ist erheblich reicher an Silicium als deren Umgebung. Silicium übt einen wichtigen Einfluß auf die Biosynthese von Knorpeln und Bindegewebe aus. Die Mukopolysaccharidbildung ist bei Siliciummangel gehemmt. Ausreichend Silicium und Cupfer sind zur Aufrechterhaltung der Elastizität der Bindegewebe erforderlich.

Aufnahme und Metabolismus

Die Aufnahme hängt von der Löslichkeit der aufgenommenen Siliciumverbindung ab. In der Nahrung kommt Silicium als Kieselsäure gelöst, fest oder an Zellwände von Pflanzen deponiert vor, wird aber auch als Verunreinigung durch Staub aufgenommen. Silicium wird in organisch gebundener Form aufgenommen [4]; es ist in das Pektin von Pflanzen eingebaut oder stammt aus Mukopolysacchariden tierischer Gewebe. Im Blut wird bei Gabe von löslicher Kieselsäure eine rasche Resorption und ein Anstieg des monomeren „molybdataktiven" Teils registriert [5]. Kieselsäure wird durch die Darmwand rasch resorbiert und im extrazellulären Raum ebenfalls rasch und gleichmäßig verteilt. Im Zellwasser liegt Kieselsäure sowohl gelöst als auch frei vor. Es wird vermutet, daß mit der Nahrung zugeführtes Silicium besser resorbiert wird als das ebenfalls gut resorbierbare lösliche Metasilikat oder die Kieselsäure. Untersuchungen an synthetischen siliciumorganischen Verbindungen ergaben, daß Kieselsäure, die kovalent an Ester oder Ätherbindungen oder an bifunktionellen Alkohol gebunden war, bis zu 10mal bessere Wachstumsbeschleunigung bei Ratten ergab, die an Siliciummangel litten, als anorganische Silikate [6].

Die Ausscheidung von Kieselsäure erfolgt über die Niere. Hohe Konzentrationen über 100 ppm Monokieselsäure schädigen den Zellstoffwechsel. Als mögliche Ursache kommt eine Entkopplung der oxydativen Phosphorylierung in Betracht.

Literatur

1. G. J. Raleigh: Plant Physiol. 14: 883 (1939)
2. C. H. Chen, J. C. Lewin: Can. J. Botany 47: 125 (1969)
3. E. M. Carlisle: „Essentiality and Function of Silicon" pp. 231. In: G. Benz, I. Lindquist (eds.) „Biochemistry of Silicon and Related Problems" Plenum Press, N. 4., 1978
4. K. Schwarz: Proc. natl. Acad. Sci. USA 70: 1608 (1973)
5. K. Lang: Biochemie der Ernährung, 3. Aufl. (1974)
6. K. Schwarz: Nobel Symposium 40: 207 (1978)

4.18 Vanadium

Entdeckung

1971 beschrieben Schwarz und Milner [1] den Einfluß von Vanadium auf das Rattenwachstum. Natrium- oder Ammoniumvanadatverbindungen können die Mangelerscheinungen rückgängig machen.

Aufnahme und Metabolismus

Die Hauptmenge Vanadium ist in Leber, Milz, Niere, Hoden und Schilddrüse konzentriert. In der Zelle ist Vanadium an den Zellkern und die Mitochondrien, im menschlichen Serum dagegen an Transferrin gebunden [2].

Symptome des Mangels konnten beim Menschen nicht mit Sicherheit festgestellt werden. Allerdings gibt es Hinweise bei Säugetieren und Vögel, daß Vanadium für die Federn und Zahnbildung von essentieller Bedeutung ist [3, 4]. Bei Ratten wurden bei Vanadiummangel eine herabgesetzte Fortpflanzung konstatiert [5].

Literatur

1. K. Schwarz, D. B. Milne: Science 174: 426 (1971)
2. E. J. Underwood: In: Trace Elements in Human Nutrition Academic Press, London, 1977
3. K. Schwarz. In: Spurenelemente in der Entwicklung von Mensch und Tier. Ed.: K. Betke, F. Bidlingmeier, Urban & Schwarzenberg, München, 1975
4. C. Zenz: Vanadium, in: Metals in the Environment. Ed.: H. Waldron, Academic Press, London, 1980 p. 293
5. H. U. Meisch, H. J. Bielig: Basic Res. Cardiol. 75: 413 (1980)

4.19 Zinn

Entdeckung

1970 entdeckten Schwarz, Milne und Vinyard den essentiellen Einfluß von Zinn auf das Wachstum von Ratten [1]. Später wurde entdeckt, daß Gastrin, ein vom Magen produziertes Enzym, zinnhaltig ist.

Aufnahme und Metabolismus

Zinn wird nur schlecht resorbiert und ist daher auch in höherer Dosis ungiftig. Eine Zinnakkumulation in bestimmten Organen oder Geweben konnte nicht nachgewiesen werden. Auch konnte Zinn in Föten nicht nachgewiesen werden, die Plazenta erwies sich als wirkungsvolle Barriere. Bei Versuchen an Ratten wurde eine verbesserte Aufnahme von Zinn durch Komplexbildner wie Ascorbinsäure [2] festgestellt. Hauptausscheidungsweg für Zinn ist der Fäzes.

Intoxikationen mit anorganischem Zinn sind praktisch auszuschließen. Hingegen sind Organozinnverbindungen hochtoxisch, vor allem die in der Landwirtschaft und Industrie eingesetzten Alkylzinnverbindungen. Trimethylzinnhydroxid, Dibutylzinnmalat und Zinnsulfat sowie Kaliumstannat vergrößerte das Wachstum von Ratten auf einem Pegel der Supplementierung von 1 mg/kg [1]. Dieser Gehalt findet sich im Durchschnitt auch in Lebensmitteln, Futtermitteln und Geweben. Über die biologisch aktive Verbindung besteht keine Klarheit. Jedoch wird die Fähigkeit von Zinn, Komplexverbindungen zu bilden und die gleichfalls mögliche Ausbildung von Verbindungen mit Proteinen als wahrscheinlicher Weg für die Synthese biologisch aktiver Verbindungen vermutet [1].

Literatur

1. K. Schwarz, D. B. Milne, E. Vinyar: Biochem. biophys. Res. Comm. 40: 22, (1970)
2. P. Fritsch, G. de Saint Blanquat, R. Deroche Fd. Cosmet: Toxicol. 15: 147 (1977)

4.20 Zink

Entdeckung [1,2]

Der erste Hinweis auf die essentielle Wirkung von Zink ergab sich 1896 bei Untersuchungen von Raulin an Pilzen der Sorte Aspergillus niger [3]. 1934 finden Todd et al. einen Zusammenhang zwischen dem Wachstum von Ratten und der Zinkzufuhr mit der Nahrung [4]. Kurz danach wird das erste zinkhaltige Enzym entdeckt, die Carboanhydrase [5]. Parallel dazu gelangen erstmals Hinweise auf Wirkungen des Zinkmangels an die Öffentlichkeit [6]. Derzeit kennt man etwa 160 verschiedene zinkhaltige Enzyme.

Den wesentlichen Einfluß von Zink auf die Wundheilung entdecken Pories und Strain [7]. Experimentelle und natürliche Mangelerscheinungen wurden auch beim Menschen demonstriert [8]. Heute kennt man den Einfluß von Zink auf die Synthese der Nukleinsäuren, Proteine, Kohlenhydrate und Lipide [9], seinen Einfluß auf das Zwergenwachstum (Dwarfismus) [10] und die Gehirnentwicklung bei Föten und Säuglingen [11].

Zink hat sich als in der Physiologie des Organismus vielseitig wirkendes, essentielles Spurenelement erwiesen. In letzter Zeit wird ein Zinkmangel auch mit der geschwächten Immunantwort [12], insbesondere bei älteren Menschen, in Verbindung gebracht. Zink ist nach Eisen das zweithäufigste Spurenelement im Säugetierorganismus.

Aufnahme und Metabolismus

Untersuchungen am isoliertem Dünndarm mit perfundierten Gefäßen ergaben, daß mehrere Faktoren für die Zinkresorption von Bedeutung sind:

1. Hohe Zinkkonzentrationen in Darmlumen steigern den Transport in die perfundierten Gefäße.
2. Zinkmangel stimuliert die Zinkaufnahme.
3. Parenterale Zinkzufuhr führt zu einer Abnahme der Absorption.

Es wird aufgrund dieser Befunde angenommen, daß der Zinkstatus regulativ in den Zinkhaushalt eingreift, indem erhöhte Spiegel zu einer vermehrten Bildung eines Metallothioneins führen, mit dessen Hilfe Zink in die Intestinalzellen abgegeben wird. Weiter hat der erhöhte Metallothioneinspiegel eine verminderte Zinkresorption zur Folge. Ein Modell [13] läßt den Schluß zu, daß die Menge metallfreien Albumins – Zink liegt an der basolateralen Seite der Membran an Albumin gebunden vor – die Zinkmenge bestimmt, die von den intestinalen Zellen weitergegeben wird. Auch dies stellt also einen regulativen Faktor der Zinkaufnahme dar. Die Zinkabsorption bei Ratte und Hund zeigt, daß niedermolekulares Zink bindende Liganden in der Pankreasflüssigkeit, im intestinalen Lumen und im Zytosol der intestinalen Epithelzellen vorkommen. Diese Liganden erleichtern den Austausch von Zink mit der Plasmamembran der Epithelzellen. Die Plasmamembrane gibt Zink an Albumin ab. Innerhalb der Epithelzellen bildet Zink mit verschiedenen Proteinen Komplexe. Ein Zinkdepot analog zum Ferritin des Eisens existiert nicht. Zink wird in erster Linie mit der Pankreasflüssigkeit ausgeschieden [14], wobei ein niedermolekulares Peptid zinkbindend ist.

Der Schwankungsbereich des Zinks im Serum ist unter Normalbedingungen sehr eng und liegt zwischen 0,85 und 1,20 µg/ml [15]. Im Alter sinkt der Zinkspiegel leicht ab. Säuglinge nehmen 1–1,5 mg Zink/Tag mit der Milch auf und speichern praktisch die gesamte Menge [17]. Die Absorption von Zink erfolgt im Dünndarm und zwar in dessen proximalen Abschnitten [18]. Zink wird intraluminal an niedermolekularen Liganden gebunden in die Zelle aufgenommen. Einzelne Aminosäuren und bestimmte Liganden in der Muttermilch können die Zinkabsorption stark verbessern [19, 20].

Intestinales Zinkmetallothionein, dessen Synthese durch Zink stimuliert wird, spielt bei der homöostatischen Regulierung der Zinkabsorption eine bedeutende Rolle [21]. Die Absorbierbarkeit ist aus tierischen Lebensmitteln deutlich höher als aus pflanzlichen, bedingt durch verschiedene Inhaltsstoffe, die die Resorption behindern. Milch, zusätzlich verabreicht mit Getreideprodukten, z. B. Vollkornbrot, verbessert infolge der Ausbildung von Eiweißkomplexen die Resorption [22].

Allgemein gültige Resorptionsraten sind schwer anzugeben. Die scheinbare Absorption wird auf 20–50% bei Kindern und Jugendlichen mit hohem Anteil von Fleisch und Milchprodukten in der Nahrung geschätzt, für Erwachsene dagegen auf 10%. Die wahre Absorptionsrate liegt infolge des über den Darm abgegebenen, endogenen Zinks wesentlich höher [23].

Zink, das injiziert wird, verschwindet rasch aus dem Plasma und wird in der Leber gespeichert. Aber auch Pankreas, Milz und Niere speichern Zink, geben es jedoch rasch wieder ab. Der Hauptausscheidungsweg von Zink ist der Fäzes [16]. Auch über Schweiß können z. T. beträchtliche Mengen Zink ausgeschieden werden.

Literatur

1. F. Kieffer: Spurenelemente steuern die Gesundheit Sandoz Bulletin Nr. 51–53 (1979)
2. N. S. Scrimshaw, V. R. Young: Sci. Am. 235: 51 (1976)
3. J. Raulin: Am. Sci. Nat. Bot. Biol. Veg 11: 93 (1896)
4. W. R. Todd: Am. J. Physiol. 107: 146 (1934)
5. D. Keilin, T. Mann: Nature 144: 442 (193)
6. W. G. E. Eggleton: Biochem. J. 24: 991 (1940)
7. W. J. Pories, W. H. Strain: In: A. S. Prasad (ed.): Zinc Metabolism, p. 250, Thomas Springfield, Illionois, 1966
8. E. J. Underwood: Trace Elements in Human Nutrition Academic Press 1976 pp. 196
9. B. L. Vallee, K. H. Feldchuk: In: B. Sakar ed. „Biochemical Aspects of Metal and Metalrelated Diseases", Rown Press, New York, 1983
10. A. S. Prasad: In: Biochemical Aspects of Metal and Metalreleted Diseases B. Sakar ed., Rown Press, New York, 1983
11. H. H. Sandstead: Nutr. Res. Suppl. I., p. 324 (1985)
12. B. L. O'Dell et al.: Proc. Soc. Exp. Biol. Med. 108: 402 (1961)
13. G. W. Evans: In: Trace Elements in Human Health and Diseases Vol. 1, ed: A. S. Prasad, D. Oberleas, Academic Press New York 1976 (p. 181)
14. H. H. Sandstead: Progress Food Nutr. Sci. 1: 371 (1975)

15. J. Versieck, R.. Cornelis: Anal. Chim. Acta 116: 217 (1980)
16. K. Lang: Biochemie der Ernährung 3. Aufl. Steinkopff-Verlag, Darmstadt 1974
17. R. Berbenstam: Acta paediatr. 41, Suppl. 87 (1952)
18. H. P. Roth, M. Kirchgessner: Inst. Z. Vitaminforsch. 45: 201 (1975)
19. F. J. Schwarz, M. Kirchgessner: Z. Tierphysiol. Tierern. Futtermittelkde. 39: 68 (1977)
20. L. S. Hurley, J. R. Duncan, C. D. Ekhert, M. V. Sloan: In: M. Kirchgessner (ed.): Trace Element Metabolism in Man and Animal -3, p. 448, ATW-Freising-Weihenstephan, 1978
21. R. J. Cousins in M. Kirchgessner (ed.): Trace Element Metabolism in Man and Animals-3. ATW, Freising-Weihenstephan, 1978
22. D. Sandström, B. Arvidson, E. Björn-Rasmussen, A. Cedderblad: In: M. Kirchgessner (ed.): Trace Element Metabolism in Man and Animals-3, ATW, Freising-Weihenstephan, 1978
23. M. Kirchgessner, E. Weigand, A. Schnegg, E. Graßmann, F. J. Schwarz, H. P. Roth: In: H. D. Cremer, D. Hötzel, J. Kühnau (eds.) Ernährungslehre und Diätetik, Bd. 4 Teil 2 S. 275ff.

5 Gehalt essentieller Spurenelemente in Lebensmitteln

In diesem Abschnitt sind Daten über den Gehalt an einzelnen essentiellen Spurenelementen in Lebensmitteln zusammengestellt. Ein wesentlicher Teil dieser Daten stammt aus der Zusammenstellung von Schlettwein-Gsell und Mommsen-Straub [1].

Es wurden lediglich die ältesten, vermutlich analytisch unzulänglichen Daten nicht berücksichtigt. Ergänzt werden diese Tabellen aber durch die in der Zwischenzeit publizierten Daten und Ergebnisse von eigenen Untersuchungen. Für jene Elemente, deren essentielle Wirkung erst kürzlich nachgewiesen wurde bzw. wahrscheinlich ist, gibt es auch nur sehr wenig Daten über deren Gehalt in Lebensmitteln.

Für jedes Spurenelement erfolgt die Gliederung der Daten nach einzelnen Lebensmitteln, bestimmten Lebensmittelgruppen und Diätuntersuchungen, aus denen sich die Daten über die tägliche Aufnahme des Spurenelements ergeben.

Die *Einzeldaten* sind in Gruppen nach dem Schweizer Lebensmittelbuch [2] geordnet; s. Tabelle 5.1.

In der *ersten Spalte* ist das Lebensmittel entsprechend seiner Bezeichnung in der zitierten Originalliteratur angeführt. In der *zweiten Spalte* ist der Gehalt wie in der Originalliteratur entweder mit dem Bereich (niedrigster bis höchster Wert) oder der Angabe des Mittelwertes ± Standardabweichung angeführt. Bei nur einem Wert ohne weitere Angabe handelt es sich um einen Einzelwert, ansonsten gibt n die Zahl der zugrundeliegenden Analysen an. *Spalte 3* führt in der Bemerkung nähere Angaben über das Produkt, das Land, die Zahl, den Mittelwert x und das Jahr der Untersuchungen an, soweit es der Literatur entnommen werden konnte. *Spalte 4* enthält die Originalliteratur bzw. den Hinweis auf das erwähnte Buch von Schlettwein-Gsell [1].

Bewußt wurde darauf verzichtet, Angaben verschiedener Autoren für bestimmte Lebensmittel zusammenzufassen, um dem Leser eine eigene Einschätzung der einzelnen Angaben zu erlauben. Auch wurde die Zusammenfassung der älteren Daten vor 1973 von Schlettwein-Gsell direkt übernommen und auf die Zitierung der dort angeführten Originalliteratur verzichtet.

Daten über Untersuchungen an *Lebensmittelgruppen* (s. Tabelle 5.2) sind aufgeführt, weil aus diesen Angaben oft auch durchschnittliche tägliche Gesamtaufnahmen errechnet werden. Zur Abschätzung des Beitrags bestimmter Gruppen von Lebensmittel zur Gesamtaufnahme sind derartige Daten geeignet, aber eine Berechnung der täglichen Gesamtaufnahme daraus ist wenig verläßlich. In Tabelle 5.3 sind für jedes Element – sofern vorhanden und/oder in der Literatur verfügbar – Angaben über die durchschnittliche *tägliche Spurenelementaufnahme* mit der Nahrung aus Diätuntersuchungen angeführt.

Diese Daten geben im Vergleich mit den „Recommended Dietary Allowances" (RDA) und durch Vergleiche zwischen den einzelnen Ländern Anhaltspunkte für den Versorgungsstatus der Bevölkerung bzw. bestimmter Bevölkerungsgruppen.

An dieser Stelle sei angemerkt, daß Untersuchungen der täglichen Gesamtnahrung als Basis für die Beurteilung des Versorgungsstatus mit Spurenelementen nur dann relevant sind, wenn sie aus dem aktuellen Verzehr und nicht allein aus Tabellen über den Gehalt der einzelnen Lebensmittel hochgerechnet wurden. Vor- und Zubereitung der Speisen im Haushalt und der tatsächliche Verzehr ergeben zumeist recht unterschiedliche Werte gegenüber reinen Berechnungen aufgrund von Einzellebensmitteln [3, 4]. In einzelnen Fällen wurden auch Daten von Bevölkerungsgruppen mit besonderen Ernährungsgewohnheiten (Vegetarier, Makrobiotiker, Kinder) aufgenommen, um deren Versorgungszustand abschätzen zu können.

Literatur

1. D. Schlettwein-Gsell, S. Mommsen-Straub: Int. Z. für Vitamin- u. Ernährungsforschung, Beiheft 13, Spurenelemente in Lebensmitteln, Verlag H. Huber, Bern, Stuttgart, Wien 1973
2. Schweizerisches Lebensmittelbuch –Methoden für die Untersuchung und Beurteilung von Lebensmitteln und Gebrauchsgegenständen, Eidgen. Drucksachen und Materialienzentrale Bern, 1964
3. W. Pfannhauser, H. Woidich: Toxicol. Environm. Chem. Rev. 3: 131 (1980)
4. R. Schelenz: Essentielle und toxische Inhaltsstoffe in der täglichen Gesamtnahrung. Berichte d. BFA f. Ernährung, Karlsruhe, BFE-R-83-02, 1983

5.1 Arsen

Hauptquelle für die nahrungsbedingte Arsenzufuhr sind Fische. Die nahrungsbedingte Arsenaufnahme durch Fischverzehr beträgt mehr als 50% [1], das ist wenigstens ein Faktor 10 mehr im Vergleich zu allen anderen Lebensmitteln.

Aufgrund der ursprünglichen Annahme, Arsen sei nur als potentiell toxischer Schadstoff zu betrachten, kann eine eklatante Abnahme der Arsengehalte in der Ernährung festgestellt werden. Schätzungen über die Aufnahme in der USA und Kanada zeigen, daß um 1960 etwa 70 μg Arsen/Tag, um 1970 lediglich 20–30 μg Arsen/Tag mit der Nahrung aufgenommen wurden [2]. Frost knüpft daran die Überlegung, ob nicht aufgrund verschiedener Hinweise auf eine katalysierende Funktion von Arsen bei wichtigen biologischen Vorgängen die Strategien, Arsenspuren in der Nahrung und auch im Trinkwasser zu vermeiden, neu überdacht werden sollten (vgl. Kap. 4) [3, 4].

Literatur

1. Ministry of Agriculture, Fisheries and Food „The Survaillance of Food Contamination in the UK“ HMSO 1978
2. D. V. Frost: Sci. Total Environm. 28: 455 (1983)
3. D. V. Frost: In: Proceedings des 3. Spurenelement-Symposiums: Arsen, Jena 1980, eds. M. Anke, M. S.-Schneider, Ch. Brückner
4. D. V. Frost: Feedstuffs 47: 14, April 7 (1978)
5. W. Pfannhauser: Toxicol. Environm. Chem. Rev. 3: 131 (1980)
6. E. J. Underwood: Trace Elements in Human Nutrition 3 rd ed. Academic Press, New York 1971
7. K. R. Mahaffy, P. E. Corneliussen, C. F. Jelinek, J. A. Fiorino: Env. Health Perspectives 12: 63 (1975)
8. R. Schelenz: In: Berichte d. BFA f. Ernährung BFE-R.8302 – Karlsruhe 1983
9. A. Wyttenbach, S. Bajo, L. Tobler, B. Zimmerli: 4th Int. Workshop on Trace Element Chemistry in Medicin and Biology. Neuherberg, BRD, 1986
10. H. Woidich, W. Pfannhauser, I. Galhaup, A. Piopiunik: Beiträge Umweltschutz, Lebensmittelangelegenheiten, Veterinärverwaltung 5: 99 (1985) Herausg. Bundesministerium für Gesundheit und Umweltschutz der Republik Östereich
11. H. Woidich, W. Pfannhauser, U. Pechanek: Beiträge Umweltschutz, Lebensmittelangelegenheiten, Veterinärverwaltung 4: 88 (1977) Forschungsbericht des Bundesministeriums für Gesundheit und Umweltschutz, Wien
12. H. A. M. G. Vaessen, G. Ellen: Neth. J. Nutr. 46: 286 (1985)
13. J. Holm: Fleischwirtschaft 58: 1545 (1978)
14. E. Forschner, H. O. Wolf: Forsch. Ber. BMfJGF, Bonn 1977
15. G. Crossmann: Arch. Lebensm. Hyg. 32: 87 (1981)
16. J. J. Doyle, J. E. Spandling: J. Animal Sci. 47: 398 (1978)
17. M. Nuurtano, P. Varo, E. Saari, P. Koivistoinen: Acta Agric. Scand., Suppl. 22: 57 (1980)
18. G. Vos, J. J. M. H. Teeuwen, W. van Delft: Z. Lebensm. Unters. Forsch. 183: 397 (1986)

Tabelle 5.1. Arsengehalt einzelner Lebensmittel

Lebensmittel	Gehalt (µg/g)	Bemerkung	Literatur (aus Kap. 5)
Getreide, Getreideprodukte			
Reis	0,074–0,422	n = 38, 1984 Österreich	[10]
	0,041–0,521	n = 45, 1977 Österreich	[11]
Mehl	0,007–0,018	n = 10, 1977 Österreich	[11]
Mais	0,009–0,270	n = 7, 1977 Österreich	[11]
Brot	< 0,005–0,018	n = 22, 1977 Österreich	[11]
Zucker, Zuckerwaren, Honig			
Zucker	< 0,005	n = 7, 1977 Österreich	[11]
Hülsenfrüchte, Nüsse			
Diverse Nüsse	< 0,005–0, 031	n = 7, 1977 Österreich	[11]
Wurzeln, Knollen, Gemüse			
Gemüse	< 0,005–0,019	n = 11, 1977 Österreich	[11]
Gemüsekonserven	< 0,005–0,020	n = 33, 1977 Österreich	[11]
Kartoffeln	1,400–32,84	n = 11, 1977 Österreich	[11]
Obst			
Obst	< 0,005–1,012	n = 31, 1977 Österreich	[11]
Obstkonserven	< 0,005–0,034	n = 25, 1977 Österreich	[11]

Tabelle 5.1. (Fortsetzung)

Lebensmittel	Gehalt (μg/g)	Bemerkung	Literatur (aus Kap. 5)
Fleisch, Wurst			
Rindfleisch	0,005–0,101	n = 17, 1977 Österreich	[11]
Schweinefleisch	< 0,005–0,015	n = 10, 1977 Österreich	[11]
	0,002	Niederlande 1980–1985	[18]
	0,014	Niederlande	
	0,003	BR Deutschland	[14]
	< 0,005	BR Deutschland	[15]
	< 0,02	Finnland	[17]
	0,01	USA	[16]
Geflügel	< 0,005	n = 7, 1977 Österreich	[11]
Würste	< 0,005–0,024	n = 24, 1977 Österreich	[11]
Organe			
Innereien	< 0,005–0,093	n = 18, 1977 Österreich	[10]
Rinderleber	< 0,005–0,053	n = 2, 1984 Österreich	[10]
	< 0,005	n = 1, 1984 Österreich	[10]
Schweineleber	< 0,005–0,035	n = 3, 1984 Österreich	[10]
	0,006	Niederlande	[18]
	< 0,1	Niederlande	[12]
	0,016	BR Deutschland	[14]
	0,005	BR Deutschland	[13]
	0,026	BR Deutschland	[15]
	< 0,02	Finnland	[17]
	0,19	USA	[16]
Schweineniere	< 0,005	n = 2, 1984 Österreich	[10]
	0,005	Niederlande	[18]
	0,012	Niederlande	[12]
	0,014	BR Deutschland	[14]
	0,008	BR Deutschland	[13]
	0,037	BR Deutschland	[15]
	< 0,02	Finnland	[17]
	0,13	USA	[16]
Leberaufstrich	0,025–0,048	n = 2, 1984 Österreich	[10]
Fische, Schalentiere, Weichtiere, Muscheln			
Garnelen	1,740–9,800	n = 3, 1984 Österreich	[10]
Scholle	2,600–15,02	n = 3, 1984 Österreich	[10]
Dorsch	0,170–7,760	n = 6, 1984 Österreich	[10]
Tintenfisch	0,297–1,150	n = 3, 1984 Österreich	[10]
Seeaal	6,310–8,820	n = 3, 1984 Österreich	[10]
Aal	0,153–34,75	n = 5, 1977 Österreich	[11]
Meeresaal	3,170–31,89	n = 1, 1984 Österreich	[10]
Zander	0,139	n = 1, 1984 Österreich	[10]
Forelle	0,597	n = 1, 1984 Österreich	[10]
Karpfen	0,128	n = 1, 1984 Österreich	[10]
Hering	0,830–2,580	n = 14, 1984 Österreich	[10]
	0,427–1,837	n = 21, 1977 Österreich	[11]
Sardinen	1,600–4,250	n = 11, 1984 Österreich	[10]
	1,020–4,182	n = 17, 1977 Österreich	[11]
Sardellen	0,630–2,610	n = 5, 1984 Österreich	[10]
	0,917–1,435	n = 4, 1977 Österreich	[11]
Thunfisch	0,610–1,500	n = 6, 1984 Österreich	[10]

Tabelle 5.1. (Fortsetzung)

Lebensmittel	Gehalt (µg/g)	Bemerkung	Literatur (aus Kap. 5)
Thunfisch (Forts.)	0,039–0,970	n = 12, 1977 Österreich	[11]
Seezunge	3,53	n = 1, 1984 Österreich	[10]
Shrimps	2,700–12,09	n = 3, 1984 Österreich	[10]
	0,410–1,310	n = 24, 1977 Österreich	[11]
Muscheln	1,420–4,560	n = 10, 1984 Österreich	[10]
	0,542–3,956	n = 25, 1977 Österreich	[11]
Dorschleber	2,040–2,690	n = 5, 1984 Österreich	[10]
	0,612–3,204	n = 9, 1977 Österreich	[11]
Makrelen	1,220–2,980	n = 3, 1984 Österreich	[10]
Krabben	4,150–28,21	n = 2, 1984 Österreich	[10]
Hummer	5,220	n = 1, 1984 Österreich	[10]
Sprotten	1,740	n = 1, 1984 Österreich	[10]
Schellfisch	23,310	n = 1, 1984 Österreich	[10]
Rotbarsch	2,520	n = 1, 1984 Österreich	[10]
Eier			
Eier	< 0,005–5,980	n = 9, 1977 Österreich	[11]
Milch, Milchprodukte			
Milch	< 0,005–0,018	n = 15, 1977 Österreich	[11]
Milch konserviert	< 0,005–0,019	n = 7, 1977 Österreich	[11]
Joghurt	< 0,005–0,088	n = 12, 1977 Österreich	[11]
Quark	0,008–0,014	n = 5, 1977 Österreich	[11]
Käse	< 0,005–0,015	n = 27, 1977 Österreich	[11]
Butter	< 0,005–0,040	n = 10, 1977 Österreich	[11]
Fette, Öle			
Öl	< 0,005–0,029	n = 13, 1977 Österreich	[11]
Margarine	< 0,005–0,008	n = 10, 1977 Österreich	[11]
Schmalz	< 0,005–0,012	n = 10, 1977 Österreich	[11]
Verschiedenes			
Essig	< 0,005–0,029	n = 10, 1977 Österreich	[11]
Salz	0,005–0,056	n = 21, 1977 Österreich	[11]
Bier	< 0,005–0,014	n = 10, 1977 Österreich	[11]
Wein	< 0,005–0,047	n = 13, 1977 Österreich	[11]
Säfte	< 0,005–0,030	n = 16, 1977 Österreich	[11]
Kaffee	< 0,005–0,041	n = 16, 1977 Österreich	[11]
Hefe	0,060–0,223	n = 1, 1984 Österreich	[10]
Speisegelatine	0,041	n = 1, 1984 Österreich	[10]
Oliven	0,018–0,054	n = 3, 1984 Österreich	[10]
	< 0,005–0,144	n = 7, 1977 Österreich	[11]
Pilze	< 0,005–0,081	n = 3, 1984 Österreich	[10]
	< 0,005–0,036	n = 15, 1977 Österreich	[11]
Schokolade	0,034–0,250	n = 5, 1984 Österreich	[10]
	< 0,005–0,050	n = 17, 1977 Österreich	[11]
Marmelade	< 0,005–0,012	n = 9, 1977 Österreich	[11]
Tee	< 0,005–1,225	n = 17, 1984 Österreich	[10]
	< 0,005–0,603	n = 31, 1977 Österreich	[11]
Salbei	0,112	n = 1, 1984 Österreich	[10]
Estragon	0,160	n = 1, 1984 Österreich	[10]
Majoran	0,473	n = 1, 1984 Österreich	[10]

Tabelle 5.1. (Fortsetzung)

Lebensmittel	Gehalt (μg/g)	Bemerkung	Literatur (aus Kap. 5)
Paprika	0,052–0,332	n = 5, 1984 Österreich	[10]
	0,025–0,234	n = 27, 1977 Österreich	[11]
Senfmehl	0,079	n = 1, 1984 Österreich	[10]
Wacholderbeeren	0,084	n = 1, 1984 Österreich	[10]
Pfeffer	0,057	n = 1, 1984 Österreich	[10]
Kümmel	0,251	n = 1, 1984 Österreich	[10]
Muskatblüte	0,022	n = 1, 1984 Österreich	[10]
Muskatnuß	0,039	n = 1, 1984 Österreich	[10]
Curry	0,200	n = 1, 1984 Österreich	[10]
Petersilie	0,197	n = 1, 1984 Österreich	[10]
Thymian	1,100	n = 1, 1984 Österreich	[10]
Lorbeer	0,078–0,097	n = 3, 1984 Österreich	[10]
Selleriesalz	0,199	n = 1, 1984 Österreich	[10]
Saucen	0,041–0,063	n = 2, 1984 Österreich	[10]
Liköre	< 0,005–0,024	n = 11, 1977 Österreich	[11]
Spirituosen	0,005–0,038	n = 12, 1977 Österreich	[11]

Tabelle 5.2. Untersuchungen bestimmter Lebensmittelgruppen auf ihren Arsengehalt. (Nach [5] aus Kap. 5)

Lebensmittelgruppe	Anteil an der Nahrung (%)	Aufnahme (μg/Person/Tag)	Durchschnittlicher Gehalt (μg/g)
Milch und Käse	6	8,0	0,02
Fleisch	7	10,5	0,07
Fisch	52	72,0	3,6
Fette	3	4,0	0,05
Getreide	9	11,5	0,05
Wurzelgemüse	9	9,0	0,05
Blattgemüse	6	5,5	0,05
Obst, Zucker	8	8,5	0,05
Gesamtaufnahme		129,0	

Tabelle 5.3. Tägliche Arsenaufnahme mit der Nahrung in einzelnen Ländern

Aufnahme (μg/Person/Tag)	Land	Literatur (aus Kap. 5)
129,5	England	[1]
26,7	Österreich	[5]
70–170	Japan	[6]
67±1,6	BR Deutschland	[8]
830	BR Deutschland	[5]
80	BR Deutschland	[5]
8	Schweiz (4 verschiedene Diäten)	[9]
55	Kanada	[5]
10	USA	[7]
900	USA	[5]
100–300	USA	[5]
30	USA	[5]

5.2 Cobalt

Obwohl nur Lebensmittel tierischer Herkunft über den essentiellen Vitamin B_{12}-Komplex (er enthält Cobalt als Zentralatom) verfügen, enthalten auch pflanzliche Lebensmittel z. T. erhebliche Cobaltmengen. Zieht man eine Aufnahmebilanz, so stammen nach japanischen Untersuchungen [1, 12] etwa 88% der gesamten Cobaltaufnahme aus pflanzlicher Nahrung. Es ist jedoch zweckmäßig, sich bei der Untersuchung der nahrungsbedingten Aufnahme von Cobalt auf das wirksame Vitamin B_{12} zu beschränken. Hier fehlen jedoch mit einer Ausnahme Daten [2]. Das „WHO Expert Committee on Food Contaminants" hat besonders auf die Bedeutung der Erfassung der Gehalte an Spurenelementen in der Nahrung verwiesen. Von der WHO wurde die Cobaltaufnahme bezogen auf Vitamin B_{12} mit 2 µg/Person/Tag festgelegt. Die Gesamtzufuhr von Cobalt überschreitet jedoch diesen Wert.

Eine streng vegetarische Kost ohne tierische Produkte führt kein Vitamin B_{12} zu, vorausgesetzt es wurden nicht fermentierte Produkte aufgenommen, in denen Mikroorganismen B_{12} synthetisieren. Es besteht jedoch auch bei strengen Vegetariern die Möglichkeit der Aufnahme von Vitamin B_{12} durch Verdauung der eigenen intestinalen Flora [17].

Hauptquellen für Cobalt sind aufgrund der vorliegenden Analysen von Lebensmitteln: Innereien, Fleisch, Milch und Molkereiprodukte [2, 14].

Literatur

1. H. Gunshin, M. Yoshikawa, T. Dondon, N. Kato: Agric. Biol. Chem. 49: 21 (1985)
2. S. A. Spring, J. Robertson, D. H. Buss: Br. J. Nutr. 41: 487 (1979)
3. D. Schlettwein-Gsell, S. Mommsen-Straub: Int. Z. für Vitamin- u. Ernährungsforschung, Beiheft 13, Spurenelemente in Lebensmitteln, Verlag H. Huber, Bern, Stuttgart, Wien, 1973
4. R. Schelenz: J. Radioanal. Chem. 37: 529 (1977)
5. J. Schormüller: Lehrbuch d. Lebensmittelchemie, Springer, Berlin 1961
6. M. J. Harp, F. I. Scouclar: J. Nutr. 47: 67 (1952)
7. L. Belz: Voeding 21: 236 (1960)
8. L. P. Resintkina: Vop. Pitan. 24/5: 68 (1965)
9. G. F. Clemente: J. Radioanal. Chem. 32: 25 (1976)
10. R. Schelenz: In: Berichte d. BFA f. Ernährung BFE-R-8302, Karlsruhe 1983
11. A. Wyttenbach, S. Bajo, L. Tobler, B. Zimmerli: 4th Int. Workshop on Trace Element Chemistry in Medicin and Biology, Neuherberg, BRD, 1986
12. N. Jamagata, W. Kurioka, T. Shimizu: J. Radiat. Res. Tokio 4: 8 (1963)
13. P. I. Nodya: Hyg. Sanit (USSR) 37: 108 (1982)
14. R. Barbera, R. Farre: Nahrung 30: 565 (1986)
15. D. C. Kirkpatrick, D. E. Coffin: J. Inst. Can. Sci. Technol. Aliment. 7: 56 (1974)
16. K. Lindner-Szotyori, A. Gergely: Nahrung 24: 829 (1980)
17. E. L. Smith: Cobalt: In: Cosmar, Bronner, Mineral Metabolism Vol. II, part B, cap. 31, Academic Press, London 1962
18. G. Knezevic: Deut. Lebensm. Rdsch. 83: 16 (1987)

Tabelle 5.4. Cobaltgehalt einzelner Lebensmittel

Lebensmittel	Gehalt (μg/g)	Bemerkung	Literatur (aus Kap. 5)
Getreide, Getreideprodukte			
Getreide	26	Spanien	[14]
Buchweizen	36,0	Vollkorn	[3]
	28,0–45,0		[3]
	35,5		[3]
	30,0–41,0		[3]
Gerste	34,0	Vollkorn	[3]
	27,0–43,0		[3]
	10,0	entspelzt	[3]
Hafer	29,0	Vollkorn	[3]
	11,0–58,0		[3]
	14,0–40,0		[3]
	10,0	entspelzt	[3]
Hafergrütze	14,5		[3]
	9,0–27,1		[3]
Haferflocken	10,0		[3]
Mais	24,5	Vollkorn	[3]
	16,0		[3]
	36,0		[3]
	2,0–80,0		[3]
	10,0–20,0		[3]
	24,2		[3]
	22,5–27,5		[3]
	43,0		[3]
	0,1		[3]
Maismehl	7,0		[3]
	5,0–10,0		[3]
Reis	10,0	Vollkorn	[3]
	7,2		[3]
	5,0		[3]
	15,0		[3]
	6,0	glaciert	[3]
	5,0		[3]
Reismehl	15,0		[3]
Roggen	25,0	Vollkorn	[3]
	3,0–46,0		[3]
	110,0		[3]
Roggenmehl	80,0		[3]
	290,0		[3]
	41,1		[3]
	37,5–45,0		[3]
Weizen	750,0	Vollkorn	[3]
	26,0		[3]
	44,0		[3]
	29,0		[3]
	11,0–42,0		[3]
	36,8		[3]
	32,5–41,0		[3]
	10,0		[3]
Weizenmehl	3,0		[3]
	23,0		[3]
	12,0–30,0		[3]

Tabelle 5.4. (Fortsetzung)

Lebensmittel	Gehalt (µg/g)	Bemerkung	Literatur (aus Kap. 5)
Weizenmehl (Forts.)	39,8		[3]
	36,0–43,5		[3]
	750,0	grob	[3]
	260,0	sehr fein	[3]
	360,0	weiß	[3]
	60,0	60%	[3]
Weizengriessorten	21,0		[3]
	90,0–34,0		[3]
Weizenkeime	500,0		[3]
	500,0		[3]
	17,0		[3]
Weizenkleie	1240,0		[3]
	109,0		[3]
	97,0	grob	[3]
Vollkornbrot	20,0	Weizen	[3]
	10,0–30,0		[3]
	15,0		[3]
Weißbrot	110,0	Weizen	[3]
	110,0		[3]
	22,0		[3]
	5,0		[3]
Roggenbrot	24,00		[3]
	15,0–30,0		[3]
	20,0	dunkel	[3]
	15,0	hell	[3]
Graubrot	10,0	holländisch	[3]
Bisquits	15,0	holländisch	[3]
Teigwaren	22,0	allgemein	[3]
	14,0–29,9		[3]
Nudeln	110,0		[3]
Kartoffeln			
Kartoffeln	70,0	roh	[3]
	140,0		[3]
	12,0		[3]
	0–31,0		[3]
	8,7		[3]
	15,0		[3]
	44,2		[3]
	40,0–48,5		[3]
	13,0		[3]
	15,0	geschält	[3]
	8,0		[3]
	5,0		[3]
	20,0	gekocht	[3]
	21,2		[3]
	7,0		[3]
	5,0		[3]
	19,0	Spanien	[14]
Zucker, Zuckerwaren, Honig			
Schokolade	90–150	Milchschokolade (n = 3)	[18]

Tabelle 5.4. (Fortsetzung)

Lebensmittel	Gehalt (µg/g)	Bemerkung	Literatur (aus Kap. 5)
Schokolade (Forts.)	110–150	Milchschokolade mit Nüssen (n = 3)	[18]
	250–400	Halbbitter (n = 3)	[18]
	410–670	Edelbitter (n = 3)	[18]
Zucker	80,0	Puerto Rico	[3]
Kristallzucker	< 50,0	weiß	[3]
Zuckerrohr	30,0	inneres	[3]
Zuckerrohr	40,0	Rinde	[3]
Melasse	100,0	Haushalt	[3]
Melasse	1260,0	aus Rüben	[3]
Konfitüre	40,0	Apfelgelee	[3]
	< 60,0	Kirschengelee	[3]
	7,0	Hagebuttenkonfitüre	[3]
Honig	< 10,0–340,0		[3]
Hülsenfrüchte, Nüsse			
Weiße Bohnen	3500,0		[3]
	2000,0–5000,0		[3]
	10,0		[3]
Erbsen	42,0		[3]
Linsen	300,0	frisch	[3]
	350,0	getrocknet	[3]
Erdnüsse	370,0		[3]
Haselnüsse	123,0		[3]
Kokosnüsse	40,0	grün	[3]
	110,0	jung	[3]
	240,0		[3]
	80,0	reif	[3]
Paranüsse	560,0		[3]
Pekannüsse	550,0		[3]
Pinienkerne	155,0		[3]
Walnüsse	150,0		[3]
	85,0		[3]
	50,0		[3]
Gemüse			
Gemüse	11		[14]
Karotten	30,0–160,0	roh	[3]
	7,0		[3]
	0–10,0		[3]
	13,3		[3]
	20,0		[3]
	3,0		[3]
	4,0		[3]
	10,0	gekocht	[3]
	2,0		[3]
Karottensaft	70,0		[3]
Knoblauch	320,0		[3]
Knollensellerie	20,0	roh	[3]
	20,0	gekocht	[3]
Selleriesaft	40,0		[3]

Tabelle 5.4. (Fortsetzung)

Lebensmittel	Gehalt (µg/g)	Bemerkung	Literatur (aus Kap. 5)
Kohlrabi	60,0		[3]
	10,0		[3]
	7,0–15,0		[3]
Lauch	70,0		[3]
	230,0		[3]
Pastinake	180,0	roh	[3]
	10,0	gekocht	[3]
Pastinaksaft	150,0		[3]
Radieschen	40,0–110,0		[3]
	17,3		[3]
	291,4		[3]
	284,0–300,0		[3]
Rettich	35,0		[3]
	33,0–48,0		[3]
	291,4		[3]
	284,0–300,0		[3]
Rüben	60,0		[3]
	23,0		[3]
	7,0–49,0		[3]
	25,6		[3]
Rote Beete	245,0		[3]
	234,0–254,0		[3]
	7000		[3]
	5000–9000		[3]
	130,0		[3]
Schalotten	80,0		[3]
	490,0		[3]
	60,0–180,0		[3]
	31,0		[3]
	9,0–51,0		[3]
	11,2		[3]
	20,0		[3]
	166,2		[3]
	160,0–172,0		[3]
	130,0		[3]
Artischocken	90,0		[3]
Bohnen	80,0	grün	[3]
	110,0		[3]
	87,0		[3]
	12,0–142,0		[3]
	140,0–180,0		[3]
	10,0		[3]
	5,0		[3]
	7,0	gekocht	[3]
Limabohnen	100,0		[3]
	190,0		[3]
Broccoli	60,0		[3]
Endivie	5,0		[3]
	2,0	gekocht	[3]
Erbsen	240,0	grün	[3]
	260,0		[3]
	59,0		[3]

Tabelle 5.4. (Fortsetzung)

Lebensmittel	Gehalt (µg/g)	Bemerkung	Literatur (aus Kap. 5)
Erbsen (Forts.)	25,0–78,0		[3]
	30,0		[3]
	25,0		[3]
	14,0–48,0		[3]
Kohl	10,0		[3]
	0–23,0		[3]
	12,7		[3]
	228,5		[3]
	220,0–237,0		[3]
	4,0		[3]
	2,0		[3]
	4,0	gekocht	[3]
Rotkohl	70,0–240,0		[3]
Weißkohl	550,0		[3]
	76,0–240,0		[3]
Kopfsalat	100,0–140,0		[3]
	18,0		[3]
	41,0		[3]
	31,0–47,0		[3]
	50,0–1000,0		[3]
	2,0		[3]
	2,0		[3]
Petersilie	250,0		[3]
	30,3		[3]
Spinat	340,0		[3]
	35,2		[3]
	50,0–130,0		[3]
	5,0		[3]
	15,0		[3]
	4,0–5,0		[3]
	6,0		[3]
Schnittlauch	254,2		[3]
	250,0–260,0		[3]
Auberginen	30,0		[3]
	100,0		[3]
	24,0		[3]
	19,0–32,0		[3]
	7,7		[3]
Blumenkohl	120,0		[3]
	3,0		[3]
	2,0	gekocht	[3]
Gurken	60,0		[3]
	220,0		[3]
	8,0		[3]
	n. n.–11,0		[3]
	6,7		[3]
	110,0		[3]
	102,0–117,0		[3]
Kürbis	110,0		[3]
Tomaten	50,0		[3]
	60,0		[3]
	9,1		[3]

Tabelle 5.4. (Fortsetzung)

Lebensmittel	Gehalt (µg/g)	Bemerkung	Literatur (aus Kap. 5)
Tomaten (Forts.)	7,0		[3]
	n. n.–12,0		[3]
	90,0		[3]
	5,0		[3]
	165,9		[3]
	157,0–172,0		[3]
	3,0	gekocht	[3]
Tomatensaft	40,0		[3]
Peperoni	40,0–200,0		[3]
	14,0		[3]
	5,0–20,0		[3]
	14,5		[3]
Bohnen	230,0	grün, gedörrt	[3]
	10,0	grün	[3]
Rüben	20,0	rot	[3]
Spargelspitzen	40,0		[3]
Spinat	90,0		[3]
	120,0		[3]
Obst			
Obst	10		[14]
Mandarinen	7,1		[3]
Orangen	9,2		[3]
Orangensaft	2,0–90,0		[3]
Zitronen	11,2		[3]
Äpfel	<200,0		[3]
	5,0		[3]
	3,0–8,0		[3]
	9,4		[3]
	91,3		[3]
	82,5–107,5		[3]
	3,0		[3]
Birnen	320,0		[3]
	5,0		[3]
	3,0–9,0		[3]
	14,9		[3]
	180,0		[3]
	77,8		[3]
	70,0–81,0		[3]
	6,0		[3]
Quitten	60,0		[3]
Aprikosen	15,0		[3]
	10,0–19,0		[3]
	10,8		[3]
	3000		[3]
Kirschen	21,1		[3]
	24,4		[3]
	12,0		[3]
	7,0–19,0		[3]
	139,5		[3]
	132,0–147,0		[3]
	5,0		[3]

Tabelle 5.4. (Fortsetzung)

Lebensmittel	Gehalt (μg/g)	Bemerkung	Literatur (aus Kap. 5)
Zwetschen	9,0		[3]
	5,0–17,0		[3]
	8,5		[3]
Erdbeeren	16,0	Garten	[3]
	13,0–25,0	Wald	[3]
	47,0		[3]
	43,0–52,0		[3]
Himbeeren	13,0		[3]
	1,0–21,0		[3]
Bananen	50,0		[3]
	2,0–3,0		[3]
Feigen	200,0		[3]
Melonen (Kantalupen)	28,7		[3]
	26,0–31,0		[3]
Trauben	19,0		[3]
	4,0–28,0		[3]
	8,7		[3]
Wassermelonen	3,9		[3]
	46,2		[3]
	35,0–55,0		[3]
Apfelkompott	1,0	Büchsen	[3]
Aprikosen	30,0	Büchsen	[3]
Fleisch (Muskelfleisch, frisch)			
Fleisch und Geflügel	21		[14]
Rindfleisch	18,0		[3]
	11,0–26,0		[3]
	15,9		[3]
	10,0		[3]
	58,6		[3]
	55,1–63,4		[3]
	5,0–8,0		[3]
	100,0	Steak	[3]
	21,3	Hirn	[3]
	9,0–38,7		[3]
	< 160,0	Leber	[3]
	168,1		[3]
	98,9–216,3		[3]
	65,0		[3]
	39,0–79,0		[3]
	145,0		[3]
	105000		[3]
	44,0–200,0		[3]
	200,0		[3]
	40,0	Niere	[3]
	69,9		[3]
	32,8–88,3		[3]
Kalbfleisch	470,0		[3]
	17,0		[3]
	5,0–8,0		[3]
	10,0		[3]
	470,0		[3]

Tabelle 5.4. (Fortsetzung)

Lebensmittel	Gehalt (µg/g)	Bemerkung	Literatur (aus Kap. 5)
Kalbfleisch (Forts.)	470,0	Milz	[3]
	100,0		[3]
Schweinefleisch	19,6		[3]
	8,9–30,0		[3]
	11,0		[3]
	7,0–21,0		[3]
	12,0		[3]
	230,0	Kotelett	[3]
	110,0	Lendenstück	[3]
	20,3	Herz	[3]
	18,1–22,5		[3]
	410,0		[3]
	118,1		[3]
	717,0–186,0		[3]
	46,0		[3]
	37,0–58,0		[3]
	100,0		[3]
Schaffleisch	110,0	Kotelett	[3]
	270,0		[3]
	20,5	II. Qualität	[3]
	11,1–24,6		[3]
	12,0		[3]
	8,0–18,0		[3]
	15,5		[3]
	370,0		[3]
	194,0		[3]
	106,0–269,0		[3]
Hammel	60,0		[3]
	21,3		[3]
	11,7–32,4		[3]
	125,0		[3]
	680,0		[3]
Kaninchen	47,7	II. Qualität	[3]
	35,4–57,8		[3]
Ente	31,7		[3]
	24,4–44,4		[3]
Gans	27,4		[3]
	13,2–48,2		[3]
Huhn	210,0–290,0		[3]
	29,8		[3]
	21,1–41,1		[3]
	25,0		[3]
Truthan	14,7		[3]
	7,2–26,8		[3]
	25,0	Muskel	[3]
	250,0		[3]
Fische, Schalentiere, Muscheln			
Fische	21		[14]
Fischkonserven	20,0–50,0		[3]
Barsch	20,8		[3]
	11,2–32,3		[3]

Tabelle 5.4. (Fortsetzung)

Lebensmittel	Gehalt (µg/g)	Bemerkung	Literatur (aus Kap. 5)
Colin	28,0		[3]
Heilbutt	43,0		[3]
Hering	17,0	ganz	[3]
Kabeljau	1210,0		[3]
Lachs	74,0		[3]
Muscheln	330,0	allgemein	[3]
	110,0		[3]
Austern	140,0		[3]
	180,0		[3]
	7,0–120,0		[3]
Garnelen	1810,0	ganz	[3]
	120,0	gefroren	[3]
Hummer	70,0	gefroren	[3]
Kammuscheln	2250,0		[3]
Langusten	2000,0		[3]
Eier			
Hühnereier	100,0	ganz	[3]
	26,9		[3]
	12,2–45,8		[3]
	17,0		[3]
	1,0–35,0		[3]
	5,0		[3]
	10		[14]
Eigelb	120,0		[3]
	350,0		[3]
	200,0–500,0		[3]
	15,0		[3]
Eiweiß	60,0		[3]
Milch, Milchprodukte			
Milch u. Milchprodukte	4		[14]
Muttermilch	6,3		[3]
	27,0		[3]
	0,5–1,0		[3]
	1,4		[1]
Kuhmilch	2,4		[3]
	60,0	Vollmilch	[3]
	6,0		[3]
	3,0–10,0		[3]
	7,0		[3]
	0,72		[3]
	2,3		[3]
	10,0–20,0		[3]
	17,1		[3]
	7,8–26,7		[3]
	0,8		[3]
	0–2,3		[3]
	0,8–1,0		[3]
	5,0		[3]
	2,0–11,0		[3]
	0,6		[3]

Tabelle 5.4. (Fortsetzung)

Lebensmittel	Gehalt (µg/g)	Bemerkung	Literatur (aus Kap. 5)
Kuhmilch (Forts.)	5,0		[3]
	4,0–7,0		[3]
	6,0		[3]
	20,0	homogenisiert	[3]
	40,0		[3]
	2,3	Magermilch	[3]
Milchpulver	0–24,0	Magermilch	[3]
Rahm	10,3		[3]
	1,9–18,9		[3]
	8,5		[3]
	0,6		[3]
	0–2,0		[3]
	57,8		[3]
	46,0–65,0		[3]
Schafsmilch	50,0–70,0		[3]
Käse	22,8	süß	[3]
	9,5–30,0		[3]
	4,0–5,0	vollfett, jung	[3]
Emmentaler	500,0	45% fett	[3]
Schmelzkäse	34,6		[3]
	20,4–45,2		[3]
Quark	19,7		[3]
	10,5–37,9		[3]
Speiseeis	15,8		[3]
	6,5–18,2		[3]
Butter	350,0		[3]
Fette, Öle			
Fette und Öle	15		[14]
Erdnußöl	180,0		[3]
Sonnenblumenöl	170,0		[3]
Senf	550,0		[3]
Lebertran	40,0–70,0		[3]
Schweineschmalz	350,0		[3]
Verschiedenes			
Pfifferlinge	170,0		[3]
	110,0		[3]
Champignons	60,0	in Dosen	[3]
Nelken	1150,0		[3]
Zimt	700,0		[3]
Kakaopulver	1710		[3]
	300		[3]
Rohkakao	270–3410	Bohnen, verschiedene Länder	[18]
Kaffee	340,0–880,0		[3]
Teeblätter	620		[3]
	70		[3]
Tee	< 10	Aufguß	[3]
Bier	30	in Dosen	[3]
Rotwein	30		[3]
Rotwein	n. n.–12,0	leicht	[3]

Tabelle 5.4. (Fortsetzung)

Lebensmittel	Gehalt (μg/g)	Bemerkung	Literatur (aus Kap. 5)
Rotwein	7	schwer	[3]
Weißwein	80		[3]
Weißwein	n. n.–12,0	mittel	[3]
Gin	< 25,0		[3]
Vermouth	< 25,0		[3]
Wisky, Scotch/Bourbon	< 25,0		[3]
Getränke	7		[14]
Trinkwasser	4		[14]

Tabelle 5.5.1. Untersuchungen bestimmter Lebensmittelgruppen auf ihren Cobaltgehalt; Aufnahme über Vitamin B_{12}. (Nach [2] aus Kap. 5)

Lebensmittelgruppe	Anteil an der Nahrung (%)	Aufnahme in England (μg/Person/Tag)
Milch und Käse	20	1,4
Fleisch	55	3,9
(aus Innereien		2,5)
Fisch	8	0,6
Eier	7	0,5
Getreide	–	–
Blattgemüse	–	–
Wurzelgemüse	–	–
Obst	–	–
Getränke	7	0,5
andere	1,5	0,1
Gesamtaufnahme		7,0

Tabelle 5.5.2. Untersuchungen bestimmter Lebensmittelgruppen auf ihren Cobaltgehalt; Gesamtcobaltaufnahme. (Nach [14] aus Kap. 5)

Lebensmittelgruppe	Anteil an der Nahrung (%)	Aufnahme in Spanien (μg/Person/Tag)	
	Warenkorb	Warenkorb	Diät
Getreide	22,5	5,38	6,32
Fleisch und Geflügel	15,6	3,74	3,25
Fisch	4,2	0,99	0,95
Öle und Fett	3,3	0,78	0,70
Eier	1,8	0,42	0,42
Obst	8,9	2,13	2,08
Gemüse	16,0	3,83	2,58
Kartoffel	17,9	4,29	1,52
Milch- und Milchprodukte	5,9	1,44	1,26
Getränke	3,9	0,93	0,60
Trinkwasser	–	–	4,00
Zusammen		23,93	23,68

Tabelle 5.6. Gesamtaufnahme von Cobalt mit der Nahrung

Aufnahme (μg/Person/Tag)	Land	Literatur (aus Kap. 5)
7,0	England (nur Vitamin B_{12})	[2]
17	BR Deutschland	[5]
15±5	BR Deutschland (3–46 μg)	[11]
5–10	BR Deutschland	[6]
5,11–5,63	USA	[7]
5–7	Niederlande	[8]
1,7	Sowjetunion	[9]
31	Sowjetunion	[13]
9	Italien	[10]
19	Schweiz (4 verschiedene Diäten)	[12]
10	Japan	[13]
23,93	Spanien (Warenkorb)	[14]
23,68	Spanien (Diät)	[14]
45–55	Canada	[15]
100	Ungarn	[16]

5.3 Chrom

Die höchsten Gehalte an Chrom finden sich in Leber, Brauhefe, Käse, Brot, Rindfleisch und in Maiskeimöl. Eine stärkere Verringerung des Chromgehalts tritt bei gemahlenem Getreide auf; sie kann 40% betragen [1].

Die Aufnahmedaten schwanken in den Literaturangaben. Die neueren Daten sind Minimalwerte bzw. liegen unterhalb der als empfohlene Aufnahmemenge angegebenen Werte. Ältere Daten dürften aufgrund der analytischen Nachweisschwierigkeiten unzuverlässig sein (s. Kap. 8). Sie wurden deshalb nicht in die Tabellen aufgenommen.

Literatur

1. H. A. Schroeder: Am. J. Clin. Nutr. 24: 562 (1971)
2. O. Ruttner, H. Jarc: Wiener Tierärztl. Monatschr. 66: 259 (1979)
3. E. W. Toepfer, W. Mertz, E. E. Roginski, M. M. Polansky: J. Agric Fd. Chem. 21: 69 (1973)
4. W. J. Garcia, C. W. Blessin, G. E. Inlett: Cereal Chem. 51: 779 (1974)
5. W. Pfannhauser: Ernährung (Nutrition) 3: 222 (1979)
6. W. Pfannhauser (unveröffentlicht)
7. W. Kreuzer, A. Rosopulo, P. Petrly, D. Schünemann: Fleischwirtschaft 65: 1255 (1985)
8. G. B. Jones, R. A. Buckley: J. Sci. Fd. Agric. 28: 265 (1977)
9. W. J. Garcia, C. W. Blessin, G. E. Inglett: Cereal Chem. 51: 788, (1974)
10. H. A. Schroeder, J. J. Balassa, I. H. Tipton: J. Chron. Dis. 23: 481 (1970)
11. R. Masironi, S. R. Koirtyohann, J. O. Pierce: Sci. Total Environm. 7: 27 (1977)
12. D. Schlettwein-Gsell, S. Mommsen-Straub: Int. Z. für Vitamin- u. Ernährungsforschung, Beiheft 13, Spurenelemente in Lebensmitteln, Verlag H. Huber, Bern, Stuttgart, Wien 1973
13. T. Hazel: Wld. Rev. Nutr. Diet. 46: 1 (1985)
14. P. Varo, P. Koivistoinen: Acta scand., Suppl. 22 p. 165 (1980)
15. D. C. Kirkpatrik, D. E. Coffin: Can. Inst. Food Sci. Technol. J. 7: 565 (1974)
16. R. Schelenz: J. Radioanal. Chem. 37: 529 (1977)
17. G. F. Clemente: J. Radioanal. Chem. 32: 25 (1976)

18. A. Wyttenbach, S. Bajo, L. Tobler, B. Zimmerli: 4th Int. Workshop on Trace Element Chemistry in Medicin and Biology, Neuherberg, BRD 1986
19. R. S. Gibson, C. A. Scythes: Biol. Trace Elem. Res. 6: 105 (1984)
20. J. T. Kumpulainen, E. Vuori, S. Makinen, R. Kara: Br. J. Nutr. 44: 257 (1980)
21. Y. Murakami, Y. Suzuki, T. Yamagata, N. Yamagata: J. Radiat. Res. 6: 105 (1965)
22. J. T. Kumpulainen, W. R. Wolf, C. Veillon, W. Mertz: J. Agric Food Chem. 27: 493 (1979)
23. R. A. Levine, D. H. P. Streeten, R. J. Doisy: Metabolism 17: 114 (1968)
24. M. A. Walker, L. Page: J. Am. Diet. Assoc. 70: (1977)
25. National Research Council of Canada (NRCC) Effect of Chromium in the Canadian Environment Publ. Nr. 15017. Ottawa 1976 p. 168
26. O. van Schoor, I. Claes, H. Deelstra: Belg. J. Food Chem. Biotechnol. 41: 59 (1986)

Tabelle 5.7. Chromgehalt einzelner Lebensmittel

Lebensmittel	Gehalt (µg/g)	Bemerkung	Literatur (aus Kap. 5)
Getreide, Getreideprodukte			
Weizen	0,019–0,041	Australien, verschiedene Gebiete	[8]
	0,043	Vollkorn	[10]
	0,018–0,090	Ganzkorn (n = 12) Mittelwert 0,0398	[6]
	1,75	Vollkorn	[12]
	0,97		[12]
	0,03–0,08		[12]
	0,042		[12]
	1,36	Keime	[12]
	1,27		[12]
Weizenmehl	0,10	Typ 700	[6]
	0,48	Typ 480	[6]
	0,58		[12]
	0,17–0,35	85%	[12]
	n. n.		[12]
Weizenkleie	0,39		[6]
	0,026–0,390	n = 3, 1984 Österreich	[6]
	< 0,60		[12]
	2,18		[12]
	1,24		[12]
Dinkel	0,30		[6]
Buchweizen	0,053		[6]
Mais	0,060±0,035	Vollkorn	[9]
	0,021–0,11	(n = 3) Mittelwert 0,0527	[6]
	0,013–0,110	n = 5, 1984 Österreich	[6]
	0,32	Vollkorn	[12]
	0,27–0,37		[12]
	0,60±0,035	Mittelwert ± SD (Ganzkorn)	[4]
Maisgries	0,013		[6]
Maiskeime	0,082		[6]
	0,160±0,014	Mittelwert ± SD	[4]
Cornflakes	< 0,60		[12]
	0,04		[12]
	0,017–0,150	n = 2, 1984 Österreich	[6]
Reis	0,011	unpoliert	[11]
	0,012	poliert	[11]
	0,04–0,05	Vollkorn	[12]

Tabelle 5.7. (Fortsetzung)

Lebensmittel	Gehalt (μg/g)	Bemerkung	Literatur (aus Kap. 5)
Reis (Forts.)	0,81	gekocht	[12]
	<0,60	glaciert	[12]
Rice Crispies	<0,60		[12]
Roggen	0,045	n = 1, 1984 Österreich	[6]
	0,32	Vollkorn	[12]
	0,32		[12]
	0,27–0,37		[12]
	0,04		
Roggenkleie	0,062		[6]
Roggenmehl	0,09–0,21		[12]
Roggenbrot	<0,60		[12]
	0,05–0,12		[12]
Haferflocken	0,011		[6]
Hafermehl	0,06		[12]
Hafer	0,011–0,015	n = 2, 1984 Österreich	[6]
	0,17	Vollkorn	[12]
Hirse	0,076	n = 1, 1984 Österreich	[6]
Gerste	0,019	n = 1, 1984 Österreich	[6]
	0,019		[6]
	0,23	Vollkorn	[12]
Sesam	0,070	n = 1, 1984 Österreich	[6]
Leinsamen	0,250	n = 1, 1984 Österreich	[6]
Gries	0,005–0,067	n = 3, 1984 Österreich	[6]
Mehl	0,007–0,100	n = 5, 1984 Österreich	[6]
	0,01–0,05	für Brot	[12]
Brötchen	0,066	n = 1, 1984 Österreich	[6]
Brot	<0,005–0,19	8 verschiedene Sorten Mittelwert 0,0643	[6]
Vollkornbrot	<0,60	Weizen	[12]
	0,49		[12]
Weißbrot	<0,60	Weizen	[12]
	0,14		[12]
	0,28		[12]
Crackers	<0,60		[12]
Toast	0,33		[12]
Eiernudeln	<0,60		[12]
Macaroni	<0,60		[12]
	0,21		[12]
Spaghetti	<0,60		[12]
Kartoffeln			
Kartoffeln	0,010–0,032	n = 3, 1984 Österreich	[6]
	<0,30		[12]
	0,18–0,65		[12]
	n. n.		[12]
	0,002		[12]
Zucker, Zuckerwaren, Honig			
Rohrzucker	0,028	n = 1, 1984 Österreich	[6]
Zuckerrohr	0,12	Puerto Rico	[12]
Melasse	0,085	n = 1, 1984 Österreich	[6]

Tabelle 5.7. (Fortsetzung)

Lebensmittel	Gehalt (μg/g)	Bemerkung	Literatur (aus Kap. 5)
Melasse (Forts.)	0,085		[6]
	0,11		[12]
Honig	0,020–0,039	n = 4, 1984 Österreich	[6]
	0,29		[12]
Rohzucker	0,028		[6]
Zucker	0,24	roh	[12]
	0,35	Kolumbien	[12]
	<0,60	braun	[12]
	<0,12		[12]
	0,06		[12]
	<0,60	weiß	[12]
	0,13	Frankreich	[12]
	0,02	USA	[12]
Gemüse			
Obst und Gemüse	0,04–0,27	Durchschnittswerte	[3]
	0,01–2,64	Mittelwert 0,15 μg/g	[3]
Weißkraut	0,009	n = 1, 1984 Österreich	[6]
Kohl	0,021	n = 1, 1984 Österreich	[6]
	0,06–0,21		[12]
	<0,30	Rosenkohl, gefroren	[12]
	<0,30	Weißkohl	[12]
	0,01–0,06		[12]
Kohlrüben	0,008–0,029	n = 2, 1984 Österreich	[6]
	n. n.		[12]
Karotten	0,013	n = 2, 1984 Österreich	[6]
Möhren	<0,30		[12]
	0,02–0,08		[12]
	0–0,03		[12]
Tomaten	0,012	n = 1, 1984 Österreich	[6]
	<0,30		[12]
	0,02–0,07		[12]
	0,01		[12]
	0,14	gedämpft	[12]
Rote Rüben	0,027	n = 1, 1984 Österreich	[6]
Rüben	0,02–0,09		[12]
	0,01–0,03		[12]
Sellerie	<0,30		[12]
Selleriewurzeln	0,021	n = 1, 1984 Österreich	[6]
Sellerie grün	0,067	n = 1, 1984 Österreich	[6]
Petersilie	2,100–2,700	n = 2, 1984 Österreich	[6]
Petersilienwurzel	0,030	n = 1, 1984 Österreich	[6]
Petersilie grün	0,088	n = 1, 1984 Österreich	[6]
Porree	0,035	n = 1, 1984 Österreich	[6]
Weiße Bohnen	0,018	Dose	[6]
Rote Bohnen	0,028		[6]
Schwarze Bohnen	0,064		[6]
Grüne Bohnen	0,023		[6]
Bohnen	<0,60	grün, gefroren	[12]
	0,36	gekocht	[12]
	0,05–0,08	grün, gedörrt	[12]
	0,018–0,064	n = 5, 1984 Österreich	[6]

Tabelle 5.7. (Fortsetzung)

Lebensmittel	Gehalt (µg/g)	Bemerkung	Literatur (aus Kap. 5)
Sojabohnen	0,034		[6]
Kichererbsen	0,077		[6]
Spalterbsen	0,100		[6]
Oliven	0,085		[6]
	0,085	n = 1, 1984 Österreich	[6]
Erbsen	0,077–0,100	n = 2, 1984 Österreich	[6]
Linsen	0,032–0,150	n = 3, 1984 Österreich	[6]
Radieschen	0,005	n = 1, 1984 Österreich	[6]
	n. n.		[12]
Zwiebeln	0,012	n = 1, 1984 Österreich	[6]
	0,30		[12]
	0,01–0,02		[12]
Knoblauch	0,014	n = 1, 1984 Österreich	[6]
Bataten	0,39	Süßkartoffeln	[12]
Kürbis	0,02		[12]
Pastinak	0,13		[12]
Kopfsalat	<0,30		[12]
	0,07–0,21		[12]
	0,02–0,13		[12]
	12,69		[12]
Feldsalat	0,028	n = 1, 1984 Österreich	[6]
	0,07		[12]
Spinat	<0,30	gefroren	[12]
	0–0,05		[12]
Blumenkohl	<0,30		[12]
	0,02		[12]
Gurken	<0,30		[12]
	0,01–0,05		[12]
	0,01–0,03		[12]
Rhabarber	0,02		[12]
	0,05	gekocht	[12]
Spargel	<0,30	gefroren	[12]
Pilze	<0,30	allgemein	[12]
Champignons	0,135		[12]
	0,053–0,077	Dose n = 2	[6]
Steinpilze	0,0,58		[12]
Sauerkraut	0,03		[12]
Obst			
Äpfel	0,02		[12]
	0,50		[12]
	0,85		[12]
	0,007–0,017	n = 1, 1984 Österreich	[6]
Birnen	0,01		[12]
	0,032		[12]
Banane	0,013	n = 1, 1984 Österreich	[6]
Datteln	0,29		[12]
Kirschen	0,032		[12]
Pfirsiche	0,01	roh und gedämpft	[12]
	0,033–0,077	n = 2, 1984 Österreich	[6]
Pflaumen	0,02		[12]
Grapefruitsaft	0,47–023		[12]

Tabelle 5.7. (Fortsetzung)

Lebensmittel	Gehalt (μg/g)	Bemerkung	Literatur (aus Kap. 5)
Orangensaft	0,12		[12]
	0,13		[12]
Fleisch, Wurst			
Schweinefleisch	0,06–0,23		[12]
	0,030–0,065	n = 2, 1984 Österreich	[6]
	0,10	Koteletts	[12]
	<0,30	Lendenstück	[12]
	<0,30	Schinken	[12]
	<0,60	Speck	[12]
Rindfleisch	0,034–0,13	n = 5	[6]
	0,011	Österreich	[2]
	0,036–0,60	3 Kontrollversuchstiere bezogen auf Frischgewicht	[7]
	0,07–0,21		[12]
	0,034–0,130	n = 5, 1984 Österreich	[6]
	<0,30	Muskelfleisch	[12]
	<0,30	Lendenstück	[12]
	<0,30	Nierenstück	[12]
Pferdefleisch	0,051	n = 1, 1984 Österreich	[6]
Putenfleisch	0,010	n = 1, 1984 Österreich	[6]
	<0,30		[12]
Hühnerfleisch	0,028	n = 1, 1984 Österreich	[6]
	0,26	Brust	[12]
	<0,30		[12]
Kalbfleisch	<0,30	Steak	[12]
Schaffleisch	0,12	Koteletts	[12]
	<0,30	Rippenstück	[12]
	<0,30	Schlegel	[12]
Wurst	0,017–0,120	7 verschiedene Arten	[6]
Pfefferwürste	1,7		[6]
Knackwurst	0,017–0,055	n = 2, 1984 Österreich	[6]
Krakauer	0,048	n = 1, 1984 Österreich	[6]
Kantwurst	0,120	n = 1, 1984 Österreich	[6]
Leberkäse	0,055–0,105	n = 2, 1984 Österreich	[6]
Preßsack	0,035	n = 1, 1984 Österreich	[6]
Organe			
Schweineleber	0,022–0,093	n = 5, Mittelwert 0,057	[6]
	0,022–0,093	n = 5, 1984 Österreich	[6]
	0,60		[12]
	0,10		[12]
Schweineniere	0,021–0,072	n = 4, 1984 Österreich	[6]
	0,24–0,35		[12]
	0,021–0,078	n = 4, Mittelwert 0,044	[6]
Schweineherz	<0,005–0,078	n = 2, 1984 Österreich	[6]
Schweinebeuschel	0,130	n = 1, 1984 Österreich	[6]
Rinderleber	0,012–0,035	n = 3, 1984 Österreich	[6]
	0,60	Rind	[12]
	0,22–0,29		[12]
	0,020–0,035	n = 2	[6]

Tabelle 5.7. (Fortsetzung)

Lebensmittel	Gehalt (µg/g)	Bemerkung	Literatur (aus Kap. 5)
Rinderleber (Forts.)	0,15	3 Kontrollversuchstiere bezogen auf Frischgewicht	[7]
Rinderniere	0,012–0,076	n = 2, 1984 Österreich	[6]
	0,012–0,020	n = 2	[6]
	0,11–0,41	3 Kontrollversuchstiere bezogen auf Frischgewicht	[7]
Rinderherz	0,006	n = 1, 1984 Österreich	[6]
	0,006		[6]
Rindermark	0,03		[12]
Kalbsleber	0,012		[6]
Kutteln	0,04		[12]
Leber	0,21–0,43		[12]
Hühnerleber	< 0,005		[6]
Fische, Schalentiere, Muscheln			
Dorsch	0,110	n = 1, 1984 Österreich	[6]
Dorschleber	0,039	n = 1, 1984 Österreich	[6]
Scholle	0,033	n = 1, 1984 Österreich	[6]
Sardinen	0,028	Dose	[6]
Seehasenzunge	0,020	Dose	[6]
Pfahlmuscheln	0,074		[6]
Austern	0,09		[12]
Austern	0,062	geräuchert	[6]
Muscheln	0,36	weiche Schalen	[12]
Muscheln	0,44	harte Schalen	[12]
Kammuscheln	0,11	frisch	[12]
Muscheln in Marinade	0,21		[6]
Shrimps	0,050		[6]
Krabben	< 0,30		[12]
	0,059	n = 1, 1984 Österreich	[6]
Fische	< 0,4		[5]
Tintenfisch	0,051	n = 1, 1984 Österreich	[6]
Dornhai	0,058	n = 1, 1984 Österreich	[6]
Sardinen	0,028	n = 1, 1984 Österreich	[6]
Shrimps	0,050	n = 1, 1984 Österreich	[6]
Muscheln	0,062–0,210	n = 3, 1984 Österreich	[6]
Seehasenrogen	0,020	n = 1, 1984 Österreich	[6]
Heilbutt	0,01		[12]
	0,18		[12]
Lachs	< 0,30		[12]
Schellfisch	< 0,30		[12]
	0,02		[12]
Seezunge	< 0,30		[12]
Thunfisch	< 0,30		[12]
Flußfische	0,06–0,23		[12]
Crevetten	< 0,30		[12]
Crevetten	0,01	frisch	[12]
Hummer	n. n.	Scheren	[12]
Hummer	0,33	Verdauungsorgane	[12]

Tabelle 5.7. (Fortsetzung)

Lebensmittel	Gehalt (μg/g)	Bemerkung	Literatur (aus Kap. 5)
Eier			
Volleipulver	0,044		[6]
Hühnereier	0,005–0,051	n = 3	[6]
	0,52	ganz	[12]
	0,16		[12]
	0,005–0,051	n = 4, 1984 Österreich	[6]
Eigelb	< 0,30		[12]
	0,082	n = 1, 1984 Österreich	[6]
Eiweiß	< 0,15		[12]
Eiklar	0,005–0,035	n = 4, 1984 Österreich	[6]
Milch, Milchprodukte			
Milch, kondensiert	0,034	Dose	[6]
Kuhmilch	< 0,15	Vollmilch	[12]
	0,01–0,04		[12]
	0,01		[12]
	0,01		[12]
	0,013		[12]
	< 0,15	Magermilch	[12]
Milchpulver	0,65		[12]
	0,07		[12]
Kondensmilch	0,034	n = 1, 1984 Österreich	[6]
Buttermilch	< 0,15		[12]
Emmentaler	0,041–0,068	n = 2	[6]
	< 0,60		[12]
Gouda	0,14		[6]
Rahmbrie	0,015		[6]
Tilsiter 35% Fett	0,059		[6]
Schafskäse	0,009–0,13	n = 3	[6]
Käse	0,36	allgemein	[12]
	0,006–0,140	n = 13, 1984 Österreich	[6]
Holländerkäse	0,34–1,56		[12]
Wisconsin Swiss	0,11		[12]
Speisequark	0,05–0,13		[12]
Muttermilch	0,53	3. Woche p. p.	[12]
	0,80	6. Woche p. p.	[12]
Fette, Öle			
Maiskeimöl	0,005		[6]
	0,27–0,42	Bereich	[5]
Weizenkeimöl	0,017		[6]
Olivenöl	0,012		[6]
Öle	< 0,005–0,017	n = 4, 1984 Österreich	[6]
Margarine	0,009	n = 1, 1984 Österreich	[6]
	0,009		[6]
Erdnußbutter	< 0,60		[12]
Butter	0,17		[12]
Hülsenfrüchte, Nüsse			
Mandeln	0,049–0,059	n = 2, 1984 Österreich	[6]
Walnüsse	0,105	n = 1, 1984 Österreich	[6]

Tabelle 5.7. (Fortsetzung)

Lebensmittel	Gehalt (µg/g)	Bemerkung	Literatur (aus Kap. 5)
Weiße Bohnen	0,20	gekocht	[12]
Erdnüsse	<0,60	gesalzen	[12]
Pekannüsse	<0,60		[12]
Walnüsse	<0,60		[12]
Haselnüsse	0,008–0,022	n = 5, 1984 Österreich Mittelwert	[6]
Pinienkerne	0,027		[6]
	0,027	n = 1, 1984 Österreich	[6]
Gewürze			
Paprika	0,380–0,710	n = 3, 1984 Österreich	[6]
Kümmel	0,115–0,270	n = 3, 1984 Österreich	[6]
Pfeffer	0,21	schwarz, gemahlen	[6]
	0,19	grün	[12]
	0,210	n = 1, 1984 Österreich	[6]
Petersilie	2,4	getrocknet	[6]
Majoran	4,4		[6]
	4,00	n = 1, 1984 Österreich	[6]
Origano	1,2–3,5	n = 3, 1984 Österreich	[6]
Kamille	1,6		[6]
Thymian	4,90–11,0		[12]
	10,00		[12]
Verschiedenes			
Speiseeis	<0,15	Vanille	[12]
Zigaretten	0,39		[12]
Kakao	0,60		[12]
Kaffee	<0,12	Aufguß	[12]
Tee	<3,00	schwarze Blätter der Sorte Orange Pekoe	[12]
Tee	<0,06	Aufguß von Orange pekoe	[12]
	0,78		[12]
	0,051–1,700	n = 3, 1984 Österreich	[6]
Wein	35,4	n = 95, 1985/86 aus Spanien; Frankreich, Italien; Bereich 13–186	[26]
Limonade	0,35		[12]
Mineralwasser	0,0025		[12]
Trinkwasser	n. n.	New York City	[12]
	0,0028	Pennsylvania	[12]
	0,025	Elmira (N. Y.)	[12]
Hefe	0,018–0,053	n = 3, 1984 Österreich	[6]
Suppenwürfel	0,085	n = 1, 1984 Österreich	[6]
Schokolade	0,076–0,210	n = 5, 1984 Österreich	[6]
Schokolade dunkel	0,21		[6]
Speiseschokolade	0,086		[6]
Milchschokolade	0,076		[6]
Schokoladensirup	<0,60		[12]
Kakao	0,11–0,15		[6]
Sojapan	0,250	n = 1, 1984 Österreich	[6]
Ketchup	0,023	n = 1, 1984 Österreich	[6]
Seeleriesalz	0,810	n = 1, 1984 Österreich	[6]

Tabelle 5.8. Untersuchungen bestimmter Lebensmittelgruppen auf ihren Chromgehalt. (Nach [25])

Lebensmittelgruppe	Bezogen auf das Frischgewicht (μg/g) Kanada (verschiedene Provinzen)	USA
Milch- und Milchprodukte	0,05–0,11	0,23
Fleisch, Fisch, Geflügel	0,06–0,18	0,23
Getreide	0,06–0,17	0,22
Kartoffeln	0,04–0,26	0,24
Blattgemüse	0,09–0,11	0,10
Leguminosen	0,06–0,16	0,04
Wurzelgemüse	0,06–0,15	0,09
Obst	0,05–0,07	0,09
Öle und Fette	0,03–0,09	0,18

Tabelle 5.9. Untersuchungen bestimmter Lebensmittelgruppen auf ihren Chromgehalt. (Nach [13, 14])

Lebensmittelgruppe	Anteil an der Aufnahme (%)	Aufnahme (μg/Person/Tag)	Durchschnittlicher Gehalt (μg/g)
Milch (Trockengewicht)	21	6,2	0,05
Fleisch	18	5,2	0,08
Fisch	2	0,6	0,05
Getreide	13	3,7	0,02
Gemüse, Obst	23	6,8	0,09
andere	23	6,6	0,04
Gesamtaufnahme		29,1	

Tabelle 5.10. Tägliche Chromaufnahme mit der Nahrung in einzelnen Ländern

Aufnahme (μg/Person/Tag)	Land	Literatur (aus Kap. 5)
29,1	Finnland (hochgerechnet aus Gruppen)	[14]
31	Finnland (Stillende Mütter)	[20]
30–140	USA ($\bar{x}$ = 60 μg Cr/Person/Tag)	[13]
32,8	Österreich (hochgerechnet aus 200 einzelnen Lebensmitteln)	[6]
136–152	Kanada (Warenkorb)	[15]
62	BR Deutschland	[16]
50	Italien	[17]
50	Schweiz (4 verschiedene Diäten)	[18]
47	Kanada (Diät, 84 Frauen)	[19]
130–140	Japan (typische Diät)	[21]
78	USA	[22]
62–65	USA (typische Diät)	[23]
77	USA (College-Studenten)	[24]

5.4 Cupfer

Die Leber vom Kalb, Lamm, Rind und Schwein, ferner Austern und Getreide – hier vor allem Kleie und Vollkornprodukte – tragen zur Cupferversorgung durch die Nahrung wesentlich bei. Die Leber vom Lamm und vom Kalb enthält 100mal mehr Cupfer als durchschnittlich alle anderen Lebensmittel [1].

Die Gesamtaufnahme von Cupfer mit der Nahrung wurde in Großbritannien und den USA zu etwa 1,5 μg/Person/Tag [2, 3] bestimmt und liegt in der gleichen Größenordnung wie die durch Bilanzuntersuchungen ermittelte Werte, so daß von Fall zu Fall eine marginale Unterversorgung nicht ausgeschlossen ist. Der RDA-(Recommended Dietary Allowances)-Wert der National Academic of Sciences der USA wird mit 2–3 μg/Tag angegeben. In industrialisierten Staaten liegt die Aufnahme eher am unteren Ende des RDA-Werts. In einer Übersicht [18] wird ein Bereich von 1–5 μg Cupfer/Tag angegeben.

Literatur

1. A. A. Paul, D. A. T. Southgate: In: McCance and Widdowson's: The Composition of Foods, 4 ed., HMSO 1978, London
2. S. A. Spring, J. Robertson, D. H. Buss: Br. J. Nutr. 41: 487 (1979)
3. H. H. Sandstead: Am. J. Clin. Nutr. 35: 809 (1982)
4. D. Schlettwein-Gsell, S. Mommsen-Straub: Int. Z. für Vitamin- u. Ernährungsforschung, Beiheft 13, Spurenelemente in Lebensmitteln. Verlag H. Huber, Bern, Stuttgart, Wien 1973
5. R. Masironi, S. R. Koirtyohann, J. O. Pierce: Sci. Total Environm. 7: 27 (1977)
6. H. Schenkel, F. Berschauer, S. Gaus: Landw. Forsch. Sonderheft 36: 307 (1980)
7. R. Schelenz: J. Radioanal. Chem. 37: 529 (1977)
8. M. Stransky, P. M. Knopp, A. Blumenthal: Mitt. Hyg. (Bern) 71: 163 (1980)
9. P. Antila, V. Antila: Suomen Kemistilehti 44B: 161 (1971)
10. A. Wyttenbach, S. Bajo, L. Tobler, B. Zimmerli: 4th Int. Workshop on Trace Element Chemistry in Medicin and Biology, Neuherberg, BRD, 1986
11. J. T. Pennington, D. H. Calloway: J. Am. Diet. Assoc. 63: 143 (1973)
12. R. S. Gibson, C. A. Scythes: Br. J. Nutr. 48: 241 (1982)
13. R. Schelenz: In: Berichte der BFA für Ernährung BFE-R-8302, Karlsruhe 1983
14. L. M. Klevey, S. J. Reck, R. A. Jacobs, G. M. Logan, J. M. Munoz, H. H. Sundstead: Am. J. Clin. Nutr. 33: 45 (1980)
15. J. Kumpulainen: Report on Activities. FAO-European Cooperation Network on Trace Elements, Subnetwork E.: Trace Element Status
16. E. I. Hamilton, M. J. Minski: Sci. Total Environm. 1: 375 (1972)
17. S. D. Soman, V. K. Panday, K. T. Joseph, S. J. Raut: Health Phys 17: 35 (1969)
18. S. M. Pier, K. M. Bang: In: N. M. Trieff ed. Environment. and Health p. 367–408. Ann. Arbor. Sci. Publ. Inc. Ann. Arbor MI, USA, 1982
19. R. Garcia Olmedo, C. Diez Marques: Ann. Bromatol. 37: 43 (1985)

Tabelle 5.11. Cupfergehalt einzelner Lebensmittel

Lebensmittel	Gehalt (μg/g)	Bemerkung	Literatur (aus Kap. 5)
Getreide, Getreideprodukte			
Buchweizen	8,21	Vollkorn	[4]
	4,7–8,1	Vollkorn	[4]
Buchweizenmehl	0,7		[4]

Tabelle 5.11. (Fortsetzung)

Lebensmittel	Gehalt (μg/g)	Bemerkung	Literatur (aus Kap. 5)
Gerste	4,0	Vollkorn	[4]
	3,83	Vollkorn	[4]
	7,50	Vollkorn	[4]
	1,1–4,0	Vollkorn	[4]
	8,2 ± 2,4	n = 3	[11]
	2,0	n = 3, gemahlen	[11]
	0,4	n = 3, gekocht	[11]
Hafer	0,4	Vollkorn	[4]
	4,8–8,9	Vollkorn	[4]
	17,1	Vollkorn	[4]
	7,16	Vollkorn	[4]
	4,76–11,6	Vollkorn	[4]
	17,0		[4]
Hafermehl	2,3		[4]
	5,0		[4]
Hafermark	5,8 ± 4,3	n = 3, trocken	[11]
	0,3	n = 3, gekocht	[11]
Haferflocken	7,4		[4]
	4,8		[4]
	7,3		[4]
	2,3–7,0		[4]
Hirse	2,34	Vollkorn	[4]
Mais	1,46 ± 0,12	Vollkorn	[4]
	0,46	Vollkorn	[4]
	0,65	Vollkorn	[4]
	0,7–2,5	Vollkorn	[4]
	6,8	Vollkorn	[4]
	7,0	Vollkorn	[4]
	2,31	Vollkorn	[4]
	1,85–2,90	Vollkorn	[4]
	3,3	n = 3, alle Sorten	[11]
	2,4 ± 2,1	n = 3, weiß	[11]
	1,4 ± 0,8	n = 3, gelb	[11]
	0,5	n = 3, Stärke	[11]
Popcorn	3,7	n = 3	[11]
Maiskeim	10,1	n = 3	[11]
Maismehl	1,3		[4]
	2,0		[4]
	1,3	n = 3	[11]
Reis	3,6	Vollkorn	[4]
	0,47	Vollkorn	[4]
	0,31 ± 0,023	Vollkorn	[4]
	3,2	Vollkorn	[4]
	3,4	Vollkorn	[4]
	4,0	unpoliert	[5]
	3,0	poliert	[5]
	< 0,2	glaciert	[4]
	0,6–1,9		[4]
	3,04	Japan	[4]
	1,3		[4]
	0,6		[4]
	2,0		[4]

Tabelle 5.11. (Fortsetzung)

Lebensmittel	Gehalt (μg/g)	Bemerkung	Literatur (aus Kap. 5)
Reis (Forts.)	0,2	gekocht	[4]
	1,9		[4]
	2,8 ± 1,4	n = 3, roh	[11]
	2,0 ± 0,9	n = 3, vermahlen	[11]
	0,2	n = 3, gekocht	[4]
	2,7	n = 3, halbgekocht	[11]
	0,8	n = 3, Stärke	[11]
Reismehl	2,44		[4]
	4,52		[4]
	2,0		[4]
	3,4		[4]
Roggen	0,92	Vollkorn	[4]
	4,12	Vollkorn	[4]
	4,0–6,0	Vollkorn	[4]
	7,1	Vollkorn	[4]
	6,0	Vollkorn	[4]
	2,3 ± 0,5	n = 3	[11]
Roggenmehl	7,2 ± 2,2	n = 3	[11]
	3,5 ± 0,27		[4]
	4,2		[4]
	0,7–3,8		[4]
	6,6		[4]
	8,0	Typ 1150	[4]
Roggenkeime	7,0–8,0	Mittelwert 7,5	[4]
Weizen	4,0	Vollkorn	[4]
	3,2 ± 0,43	Vollkorn	[4]
	2,48	Vollkorn	[4]
	3,5–5,9	Vollkorn	[4]
	5,3	Vollkorn	[4]
	6,5	Vollkorn	[4]
	4,9–7,93	Mittelwert 6,04	[4]
	7,0		[4]
	4,7	Schweden	[15]
	3,5	BR Deutschland	[15]
	5,2	Schottland	[15]
	5,0	Finnland	[15]
	4,8	Österreich	[15]
	2,4 ± 1,2	n = 3	[11]
	2,3	n = 3, weiß	[4]
	1,6	n = 3, weiß, geröstet	[11]
	1,2	n = 3, trocken	[11]
Farina	2,2	n = 3, trocken	[11]
Ralston	6,0	n = 3, trocken	[11]
	9,3 ± 7,3	n = 3, alle Sorten	[11]
Weizenmehl	3,7	Schweden	[15]
	5,0	Schottland	[15]
	4,3	Finnland	[15]
	3,05 ± 0,35		[4]
	1,6		[4]
	3,7		[4]
	2,0		[4]
	1,5		[4]

Tabelle 5.11. (Fortsetzung)

Lebensmittel	Gehalt (μg/g)	Bemerkung	Literatur (aus Kap. 5)
Weizenmehl (Forts.)			
100% Englisch	6,5		[4]
100% Manitoba	6,0		[4]
98% Manitoba	7,0		[4]
95% Manitoba	6,5		[4]
85% Manitoba	0,6–3,1		[4]
85% Englisch	3,6		[4]
80% Manitoba	3,4		[4]
80–85% Manitoba	4,0		[4]
80% Englisch/Manitoba	2,7		[4]
75% Englisch/Manitoba	2,8		[4]
70–75% Englisch/Manitoba	2,0		[4]
75% Englisch/Manitoba	2,2		[4]
30% Englisch/Manitoba	0,4–2,1		[4]
30% Englisch/Manitoba	2,3		[4]
Typ 2000	6,3		[4]
	6,0–6,5		[4]
Typ 1700	1,7		[4]
Typ 1600	6,0		[4]
Typ 1050	6,4		[4]
Typ 630	1,3		[4]
	1,0–1,5		[4]
Typ 500	1,5		[4]
patent withe	2,0 ± 0,7	n = 3	[11]
Weizenkeime	13,0		[4]
	7,4		[4]
	0,15		[4]
	54,0		[4]
	23,9 ± 20,8	n = 3	[11]
Weizenkleie	14,5 ± 4,0	n = 3	[11]
	15,2		[4]
	15,5		[4]
	19,9		[4]
	4,6		[4]
Wohle grain	5,0 ± 2,6	n = 3	[11]
Mehl	4,2	n = 3	[11]
Sojamehl	3,05 ± 0,35		[4]
	10,0		[4]
Tapiokastärke	0,5–2,0		[4]
	0,7		[4]
Vollkornbrot	1,7	Weizen	[4]
	1,50 ± 0,09		[4]
	2,13		[4]
	0,63		[4]
	14,5		[4]
	1,98		[4]
	1,62–2,82		[4]
	4,0		[4]
	4,6		[4]
	3,5		[4]
Weißbrot	1,1	Weizen	[4]
	2,2		[4]

Tabelle 5.11. (**Fortsetzung**)

Lebensmittel	Gehalt (μg/g)	Bemerkung	Literatur (aus Kap. 5)
Weißbrot (Forts.)	1,0–3,4		[4]
	2,3		[4]
	0,19		[4]
	1,2		[4]
	1,5		[4]
	1,3–1,8		[4]
	1,6		[4]
Roggenbrot	1,7		[4]
	2,27 ± 0,23		[4]
	2,8		[4]
	6,8		[4]
	2,21		[4]
	0,4–2,1		[4]
	2,59		[4]
	2,43–3,05		[4]
	3,0		[4]
Grahambrot	3,2		[4]
Graubrot	2,5	holländisch	[4]
Steinmetzbrot	1,5		[4]
Graham	2,1	n = 3	[11]
Brotgetreide			
alle Sorten	2,5 ± 1,1	n = 3	[11]
braun	2,8	n = 3	[11]
Brösel, weiß getrocknet	2,0	n = 3	[11]
English muffing	2,6	n = 3	[11]
Fertiggetreide			
Kleieflocken	6,1 ± 1,6	n = 3	[11]
Cornflakes	1,2 ± 0,6	n = 3	[11]
Cheerios	4,4	n = 3	[11]
Grape-Nuts	1,9	n = 3	[11]
Rice Crispies	3,0	n = 3	[11]
Puffreis	3,9	n = 3	[11]
Rice Chek	2,4	n = 3	[4]
Weizenflocken	4,4	n = 3	[11]
Puffweizen	4,3	n = 3	[11]
Crackers	1,5	n = 3, arrowroot	[11]
rusks	2,1	n = 3	[11]
Rye-Crisp	3,3	n = 3	[11]
Salzgebäck	0,4	n = 3	[11]
Cream Crackers	1,5		[4]
	0,4	Graham	[4]
	3,2	Graham	[4]
	0,9	Saltines	[4]
Bisquits	3,1		[4]
	0,8–2,3		[4]
	4,2		[4]
Brezeln	1,45		[4]
Brötchen	1,0		[4]
	4,7		[4]
Waffeln	0,74		[4]
Zwieback	5,0		[4]
	5,6		[4]

Tabelle 5.11. (Fortsetzung)

Lebensmittel	Gehalt (μg/g)	Bemerkung	Literatur (aus Kap. 5)
Zwieback (Forts.)	2,1		[4]
Teigwaren			
Eiernudeln	1,7	n = 3, roh	[11]
	1,7		[4]
Macaroni	1,8		[4]
	0,7		[4]
	0,2		[4]
	1,1		[4]
	0,2		[4]
	1,1	n = 3, roh	[11]
	0,2	n = 3, gekocht	[11]
Spaghetti	0,68		[4]
	4,6		[4]
	2,7		[4]
	1,7	n = 3, roh	[11]
Kartoffeln			
Kartoffel	0,52	roh	[4]
	2,72 ± 0,11		[4]
	1,76		[4]
	0,4–1,2		[4]
	1,6–1,2		[4]
	1,25		[4]
	1,05–1,56		[4]
	1,5		[4]
	1,8		[4]
	3,7	Schweden	[15]
	5,0	Schottland	[15]
	4,3	Finnland	[15]
	6,8	roh, geschält	[4]
	1,1		[4]
	1,5	gekocht, geschält	[4]
	1,1		[4]
	1,5		[4]
	3,6	Chips	[4]
	2,7		[4]
	2,7	Pommes frites	[4]
	2,1 ± 1,0	n = 3, roh	[11]
	1,0	n = 3, gekocht	[11]
	1,8	n = 3, gebraten	[11]
Chips	2,9	n = 3	[11]
Püree	1,0	n = 3	[11]
Pommes frittes	2,7	n = 3	[11]
Instant	1,7	n = 3, ungekocht	[11]
Kartoffelschale	3,4	n = 3, roh	[11]
Süßkartoffel	1,8 ± 0,4	n = 3, roh	[11]
	1,5	n = 3, gekocht	[11]
	0,6	n = 3, in Dosen	[11]
Bataten	1,5	Süßkartoffeln	[4]
	1,8		[4]

Tabelle 5.11. (Fortsetzung)

Lebensmittel	Gehalt (μg/g)	Bemerkung	Literatur (aus Kap. 5)
Zucker, Zuckerwaren, Honig			
Apfelbutter	3,6	n = 3	[11]
glasierte Kirschen	12,8	n = 3	[11]
Schokolade			
Bitterschokolade	26,7	n = 3	[11]
Milchschokolade	4,9	n = 3	[11]
Schokoladensirup	4,3	n = 3	[11]
süß	10,4 ± 7,6	n = 3	[11]
Gelatinedessert			
trocken	5,0	n = 3	[11]
zubereitet	0,2	n = 3	[11]
Marmelade, alle Sorten	3,1	n = 3	[11]
Bonbons, alle Sorten	0,9	n = 3	[11]
Harte Bonbons	0,9	n = 3	[11]
Lakritze	3,9	n = 3	[11]
Mars-Riegel	3,1	n = 3	[11]
Apfelknödel	0,9	n = 3	[11]
Kuchen			
Schokoladenkuchen	3,2	n = 3	[11]
Fruchtkuchen	1,0	n = 3	[11]
pound	0,9	n = 3	[11]
Kuchenmischungen	5,0	n = 3	[11]
Keks			
Hafermehl	1,1	n = 3	[11]
Zucker	0,7	n = 3	[11]
Zuckerwaffeln	8,4	n = 3	[11]
Vanillewaffeln	7,4	n = 3	[11]
Berliner	1,1	n = 3	[11]
Pfannkuchen	0,5	n = 3	[11]
Backwaren	1,2	n = 3	[11]
Pastete			
Apfel	0,6	n = 3	[11]
Bananencreme	0,6	n = 3	[11]
Minze	0,9	n = 3	[11]
Rhabarber	1,0	n = 3	[11]
Käse	0,4	n = 3	[11]
Puddings			
blancmanage	0,4	n = 3	[11]
Brot	0,8	n = 3	[11]
Reis	0,3	n = 3	[11]
Tapioka	0,4	n = 3	[11]
Vanille, instant	0,5	n = 3	[11]
Zucker	< 0,2		[4]
	0,1–0,2		[4]
	2,4		[4]
	1,37	braun	[4]
	1,0		[4]
	0,57	raffiniert	[4]
	0,2	weiß	[4]
rote Rüben	4,2	n = 3	[11]

Tabelle 5.11. (Fortsetzung)

Lebensmittel	Gehalt (μg/g)	Bemerkung	Literatur (aus Kap. 5)
Zucker (Forts.)			
braun	3,5 ± 2,5	n = 3	[11]
weiß			
raffiniert	0,2 ± 0,1	n = 3	[11]
gepulvert	0,2	n = 3	[11]
Melasse	19,3		[4]
	2,21		[4]
alle Sorten	14,2 ± 9,6	n = 3	[11]
Pfefferminze	0,4	n = 3	[11]
Sirup			
Mais	3,6	n = 3	[11]
Mais, raffiniert	6,1	n = 3	[11]
Mais- und Rohrzucker	4,4	n = 3	[11]
Ahorn	4,5	n = 3	[11]
Sorghum	3,3	n = 3	[11]
Rohrzucker	3,1	n = 3	[11]
Konfitüre	2,3	aus Beeren	[4]
	1,8	Aprikosen	[4]
	4,6	Kirschengelee	[4]
	4,1	Schwarzes Johannisbeergelee	[4]
	4,6	Hagebutten	[4]
	1,2	aus Steinfrüchten	[4]
Honig	2,3		[4]
	0,9		[4]
	0,75		[4]
	0,9	Blütenhonig	[4]
	0,4	Wabenhonig	[4]
	0,4	n = 3, alle Sorten	[11]
Hülsenfrüchte			
Bohnen	0,84–2,43	gefleckt	[4]
Pferdebohnen	12,0		[4]
Saubohnen	0,1–0,28	violett	[4]
	0,44–4,08	weiß	[4]
	15,0		[4]
	9,0		[4]
	9,3	weiß, getrocknet	[4]
gebacken mit Schwein in Dosen	2,2	n = 3	[11]
gebackene Bohnen in Dosen	3,2	n = 3	[11]
Brechbohnen grob	1,4 ± 1,2	n = 3	[11]
grüne snap oder string, gekocht	1,0	n = 3	[11]
grüne, in Dosen flüssig	0,4	n = 3	[11]
grüne, in Dosen flüssig, haltbar	1,9	n = 3	[11]
Nierenbohnen, trocken	8,4 ± 1,7	n = 3	[11]
Nierenbohnen in Dosen	3,5	n = 3	[11]
Limabohnen	7,3 ± 1,9	n = 3, trocken	[11]
	1,6	n = 3, gekocht	[11]
Navybohnen	8,5 ± 1,8	n = 3, trocken	[11]
	12,2	Butterbohnen	[4]

Tabelle 5.11. (Fortsetzung)

Lebensmittel	Gehalt (µg/g)	Bemerkung	Literatur (aus Kap. 5)
Navybohnen (Forts.)	1,6		[4]
	0,9	Brechbohnen	[4]
	0,7		[4]
	0,4	grün	[4]
	0,7		[4]
	0,7–0,8		[4]
	7,0–13,6		[4]
	6,1		[4]
	1,8		[4]
	1,4		[4]
	0,3–1,7		[4]
	1,8		[4]
	8,6		[4]
	10,0		[4]
	2,3	grün	[4]
	2,2–2,3		[4]
Linsen	1,41		[4]
	5,8		[4]
	5,0		[4]
	7,0	getrocknet	[4]
	10,5		[4]
	6,6		[4]
	6,4	n = 3, roh	[11]
	2,7	n = 3, gekocht	[11]
Sojabohnen	1,1		[4]
	1,1	getrocknet	[4]
	9,0		[4]
	2,7	n = 3	[11]
	4,5 ± 1,7	n = 3, unreif	[11]
	11,7 ± 3,4	n = 3, reif	[11]
Kuhbohnen	2,7	n = 3	[11]
Nüsse, Samen			
Erdnüsse	4,3	geröstet	[4]
	2,7		[4]
	7,83		[4]
	3,0–10,0		[4]
	2,7–9,6		[4]
	6,2	n = 3, frisch	[11]
	4,3	n = 3, geschält, gesalzen	[11]
Erdnußbutter	5,7	n = 3	[11]
Haselnüsse	13,5		[4]
	12,8		[4]
	12,0–13,5		[4]
	2,1		[4]
	9,0		[4]
	12,3	n = 3	[11]
Kastanien	0,6		[4]
	2,3		[4]
	0,23		[4]
	6,0		[4]
	6,5	getrocknet	[4]

Tabelle 5.11. (Fortsetzung)

Lebensmittel	Gehalt (μg/g)	Bemerkung	Literatur (aus Kap. 5)
Edelkastanien	4,2	n = 3	[11]
Kokosnüsse	3,2		[4]
	0,19		[4]
	30,0–70,0		[4]
	5,0		[4]
	3,2–7,0		[4]
	5,5	getrocknet	[4]
	9,0		[4]
	4,6	n = 3, frisch	[11]
	5,5	n = 3, getrocknet	[11]
Kokosnußmilch	4,0		[4]
Mandeln	1,4		[4]
	14,11		[4]
	8,5		[4]
	1,4–12,0		[4]
	10,0		[4]
	8,3	n = 3	[11]
	1,4	getrocknet	[4]
Paranüsse	11,0		[4]
	23,82		[4]
	13,0		[4]
Pekannüsse	11,0		[4]
	12,64		[4]
	13,6		[4]
	11,4	n = 3	[11]
Pinienkerne	14,0		[4]
	2,98		[4]
Walnüsse	14,0		[4]
	3,1		[4]
	12,7		[4]
	3,0–10,0		[4]
	10,0		[4]
	3,1–10,0		[4]
	13,9 ± 10,8	n = 3	[10]
Brazil nuts	15,3	n = 3	[11]
Hickory Nüsse	14,3	n = 3	[11]
Pistazien	11,2	n = 3	[11]
Sesam	15,9	n = 3	[11]
Sonnenblumenkerne	17,7	n = 3	[11]
Gemüse, Gemüseprodukte			
Rüben	0,08	Kohl	[4]
	1,5 ± 0,7	n = 3, roh	[11]
	2,0	n = 3, gekocht	[11]
	1,4	n = 3, in Dosen	[11]
Kohlrabi	1,4	Knollen	[4]
	0,9		[4]
	1,0		[4]
Kohlrüben	1,9	rote Beete	[4]
	0,15		[4]
	1,0–2,6		[4]
	1,4		[4]

Tabelle 5.11. (Fortsetzung)

Lebensmittel	Gehalt (µg/g)	Bemerkung	Literatur (aus Kap. 5)
Kohlrüben (Forts.)	1,3		[4]
	0,7		[4]
	1,4		[4]
	1,4		[4]
	0,7	weiße	[4]
	0,4		[4]
	0,9		[4]
	0,9	weiße Blätter	[4]
Steckrübe	0,5 ± 0,2	n = 3, roh	[11]
	0,4	n = 3, gekocht	[11]
	0,3	n = 3, roh	[11]
	1,0	n = 3, gekocht	[11]
	0,11		[4]
	13,7		[4]
	1,0		[4]
Kohlsprossen	0,5	n = 3, roh	[11]
	0,8	n = 3, gekocht	[11]
Grünkohl	0,8 ± 0,5	n = 3, roh	[11]
	0,9	n = 3, gekocht	[11]
Kohl	0,2	Chinakohl	[4]
	0,5–0,6		[4]
	0,6		[4]
	0,9	Grünkohl	[4]
	3,50 ± 0,31		[4]
	0,7		[4]
	0,84–1,30		[4]
	1,18		[4]
	0,61–2,34		[4]
	0,7		[4]
	0,84		[4]
	0,76–0,90		[4]
	1,0		[4]
	0,4		[4]
	0,7		[4]
	1,0	Rosenkohl	[4]
	0,8		[4]
	0,6	Rotkohl	[4]
	3,5		[4]
	0,9		[4]
	1,0		[4]
	3,4	Spitzkohl	[4]
	0,6	Weißkohl	[4]
	0,99		[4]
	0,1–0,3		[4]
	0,7	Wirsingkohl	[4]
Blumenkohl	0,7 ± 0,6	n = 3, roh	[11]
	0,6	n = 3, gekocht	[11]
	0,11		[4]
	0,6		[4]
	0,30		[4]
	0,25		[4]
	0,4		[4]

Tabelle 5.11. (Fortsetzung)

Lebensmittel	Gehalt (μg/g)	Bemerkung	Literatur (aus Kap. 5)
Blumekohl (Forts.)	0,6		[4]
Auberginen	1,0 ± 0,1	n = 3	[11]
Okra	1,1	n = 3	[11]
Erbsen	2,2 ± 0,2	n = 3, frisch, grün	[11]
	1,5	n = 3, gekocht in Dosen gespalten	[11]
	2,5	n = 3, getrocknet, gekocht	[11]
	2,25	grün, geschlitzt	[4]
	9,9		[4]
	5,8–14,0		[4]
	7,2		[4]
	7,9	grün, getrocknet	[4]
	6,0		[4]
	4,9		[4]
	8,0	Split, getrocknet	[4]
	12,3		[4]
	5,8		[4]
	1,3		[4]
	2,1		[4]
	4,8–6,3		[4]
	2,3	grün	[4]
	0,45		[4]
	1,14		[4]
	5,9 ± 0,3		[4]
	3,4–8,2		[4]
	2,4		[4]
	2,01		[4]
	1,82–2,20		[4]
	7,76		[4]
	7,3–8,0		[4]
	1,5		[4]
	2,3–2,4		[4]
	5,9		[4]
	2,0 ± 0,9	n = 3	[11]
Erbsen und Karotten	2,2		[4]
	1,6–3,1		[4]
Rettich	0,9 ± 0,7	n = 3	[11]
	1,3		[4]
	0,9–1,3		[4]
	0,13–0,16		[4]
Rhabarber	0,5		[4]
	0,30 ± 0,11		[4]
	0,11 ± 0,02		[4]
	0,34		[4]
	1,3		[4]
	1,0		[4]
	0,9		[4]
	0,6 ± 0,5	n = 3, roh	[11]
	1,0	n = 3, stewed	[11]
Sauerkraut	1,0	n = 3	[11]
	1,0		[4]
	1,3		[4]

Tabelle 5.11. **(Fortsetzung)**

Lebensmittel	Gehalt (μg/g)	Bemerkung	Literatur (aus Kap. 5)
Spinat	1,1 ± 0,5	n = 3, roh	[11]
	1,4	n = 3, gekocht	[11]
	1,7	n = 3, squash	[11]
	0,83		[4]
	2,0		[4]
	14,2		[4]
	6,9–18,7		[4]
	6,5		[4]
	2,0–5,0		[4]
	0,8		[4]
	1,8		[4]
	0,7		[4]
	0,35		[4]
	2,6		[4]
	0,3–0,8		[4]
Tomaten	1,1 ± 0,5	n = 3, reif	[11]
	1,3 ± 0,6	n = 3, reif und geschält	[11]
	0,8	n = 3, grün	[11]
in Dosen alle Sorten	2,0	n = 3	[11]
	1,8	n = 3, mit Haut	[11]
	2,9	n = 3, ohne Haut	[11]
	< 0,1		[4]
	1,0		[4]
	4,50 ± 0,56		[4]
	0,34		[4]
	0,4–2,6		[4]
	0,9		[4]
	0,93		[4]
	0,52–1,12		[4]
	1,22		[4]
	0,67–2,26		[4]
	1,5		[4]
	0,4		[4]
	1,2		[4]
	0,6		[4]
	0,9		[4]
Tomaten, Chutney	1,2		[4]
	1,55	Ketchup	[4]
	4,0		[4]
	32,1	Mark	[4]
	0,04	Saft	[4]
	0,8	n = 3, frisch	[11]
	0,7	n = 3, in Dosen	[11]
Yams	2,2	n = 3	[11]
Karotten	0,11		[4]
	5,08 ± 0,48		[4]
	3,42		[4]
	0,5–2,9		[4]
	1,5		[4]
	0,8–2,33		[4]
	1,4		[4]
	0,068		[4]

Tabelle 5.11. (Fortsetzung)

Lebensmittel	Gehalt (μg/g)	Bemerkung	Literatur (aus Kap. 5)
Karotten (Forts.)	0,56–0,83		[4]
	0,35		[4]
	1,1		[4]
	0,7–0,8		[4]
	1,0 ± 0,5	n = 3, roh	[11]
	0,8	n = 3, gekocht	[11]
	2,0		[4]
	0,4		[4]
Knoblauch	3,15		[4]
	0,9		[4]
	2,6	n = 3	[11]
Lauch	3,0		[4]
	1,0		[4]
	0,9		[4]
	3,0		[4]
	1,0		[4]
	0,9		[4]
	0,9	n = 3, roh	[11]
	0,9	n = 3, gekocht	[11]
Pastinake	1,0		[4]
	1,2		[4]
	1,0–1,2		[4]
Radieschen	1,3		[4]
	1,5		[4]
	1,5–1,6		[4]
	1,74		[4]
	1,16–2,39		[4]
	2,5		[4]
	0,77		[4]
	0,69–0,82		[4]
Schwarzwurzeln	1,2		[4]
Sellerie, Knollen	< 0,1		[4]
	1,5		[4]
	0,31		[4]
	0,2		[4]
	0,1–0,2		[4]
	1,1		[4]
	1,1		[4]
	0,1–0,4		[4]
	0,1		[4]
	0,7 ± 0,7	n = 3, roh	[11]
	1,2	n = 3, gekocht	[11]
Zwiebeln	0,97		[4]
	1,3		[4]
	5,46 ± 0,16		[4]
	0,5–1,2		[4]
	1,6		[4]
	1,17–2,05		[4]
	0,8		[4]
	0,87		[4]
	0,79–1,02		[4]
	1,0		[4]

Tabelle 5.11. (Fortsetzung)

Lebensmittel	Gehalt (μg/g)	Bemerkung	Literatur (aus Kap. 5)
Zwiebeln (Forts.)	1,3		[4]
	0,7		[4]
	1,6		[4]
	0,1–1,1		[4]
	1,0 ± 0,5	n = 3	[11]
	0,7	gekocht	[11]
	1,6	gefroren	[11]
	2,6		[4]
	2,6		[4]
Artischoken	2,0		[4]
	0,9		[4]
	1,2		[4]
	0,9		[4]
	1,2		[4]
	3,1		[4]
	0,9		[4]
Endivie	0,9		[4]
	0,8		[4]
	0,5		[4]
	0,9–1,1		[4]
Brüsseler Endivien	0,11		[4]
	0,5		[4]
	0,8		[4]
	1,0		[4]
Chicoree	1,4		[4]
Salat	0,9 ± 0,7	n = 3, Herz oder Blatt	[11]
Kopfsalat	0,37		[4]
	0,7		[4]
	0,7–1,1		[4]
	3,8		[4]
	0,6		[4]
	0,1–1,0		[4]
	1,5		[4]
	1,8		[4]
	0,4		[4]
	0,4–1,5		[4]
Wasserkresse	0,9	n = 3	[11]
Kresse	0,4	Brunnenkresse	[4]
	1,4		[4]
	5,6		[4]
	1,4	Wasserkresse	[4]
Löwenzahnblätter	1,5		[4]
Petersilie	2,1		[4]
	0,2		[4]
	0,8–1,6		[4]
	3,3		[4]
	5,2		[4]
	2,0		[4]
	4,3	n = 3	[11]
Sauerampfer	0,78		[4]
	0,75–0,93		[4]
Schnittlauch	1,1		[4]

Tabelle 5.11. (Fortsetzung)

Lebensmittel	Gehalt (µg/g)	Bemerkung	Literatur (aus Kap. 5)
Schnittlauch (Forts.)	1,24		[4]
	0,94–1,33		[4]
Spargel	2,1		[4]
	1,4		[4]
	0,37		[4]
	2,0		[4]
	1,5		[4]
	1,4–1,6		[4]
	2,0		[4]
	1,0		[4]
	1,6		[4]
	8,2		[4]
	1,3		[4]
	1,5		[4]
	1,1 ± 0,4	n = 3, roh	[11]
	1,0	n = 3, gekocht	[11]
	1,5	n = 3, in Dosen	[11]
Auberginen	0,8		[4]
	0,06		[4]
	0,7–3,6		[4]
	0,9		[4]
	0,8–1,0		[4]
	1,0		[4]
	2,57		[4]
	1,48–3,33		[4]
Gurken	< 0,1		[4]
	0,6		[4]
	4,05 ± 0,26		[4]
	0,07		[4]
	0,47		[4]
	0,9–2,1		[4]
	0,58		[4]
	0,40–0,88		[4]
	0,9		[4]
	1,5		[4]
	0,75		[4]
	0,69–0,88		[4]
	84,0	Salz	[4]
	1,8		[4]
	0,6 ± 0,3	n = 3	[11]
Kürbis	0,8		[4]
	2,3		[4]
	0,7		[4]
	1,3	n = 3	[11]
	0,54		[4]
	2,0		[4]
Mangold	1,1		[4]
Paprikaschoten	1,1		[4]
	1,0		[4]
Peperoni	1,36		[4]
	1,02–1,90		[4]
Peperoni grün	1,3 ± 0,3	n = 3	[11]

Tabelle 5.11. (Fortsetzung)

Lebensmittel	Gehalt (μg/g)	Bemerkung	Literatur (aus Kap. 5)
Mais	0,11		[4]
Süßmais	0,6 ± 0,7	n = 3	
	0,69–0,88		[4]
Zuckermais	0,6		[4]
	0,5–0,8		[4]
	0,63		[4]
Pilze	10,0 ± 5,5	n = 3, roh	[11]
	7,8	n = 3, gefroren	[11]
	2,6	n = 3, in Dosen	[11]
	0,65	allgemein	[4]
	6,4		[4]
	7,8		[4]
	2,6	allgemein, in Dosen	[4]
Champignons	17,9		[4]
	7,8		[4]
	6,4		[4]
	4,8	in Dosen	[4]
	2,4–7,1		[4]
Pfifferlinge	0,2–0,10		[4]
Steinpilze	2,0–10,0		[4]
Gewürze			
Allspice	3,3–6,6		[4]
Meerrettich	1,4	n = 3	[11]
Senf	4,0	n = 3	[11]
	3,04	n = 3	[4]
	2,0		[4]
Oliven in Lake	3,4	n = 3	[11]
gefüllt, in Lake	5,7	n = 3	[11]
Pickles, Brot u. Butter	3,6	n = 3	[11]
chow-chow	1,8	n = 3	[11]
Dill	2,2	n = 3	[11]
Zwiebel	1,2	n = 3	[11]
Relish sweet	5,0	n = 3	[11]
süß	2,1	n = 3	[11]
Ketchup	5,9 ± 4,9	n = 3	[11]
Tomatenmark, Paste	8,6	n = 3	[11]
Currypulver	10,7	n = 3	[11]
Ingwer	4,8	n = 3	[11]
Pfeffer	5,8	n = 3	[11]
	11,3	allgemein	[4]
	0,28–0,9	grün	[4]
	1,0		[4]
	3,3–4,6	rot	[4]
	0,56		[4]
	8,8–14,0	schwarz	[4]
	20,73		[4]
	7,5–8,8		[4]
Tafelsalz	4,4 ± 2,5	n = 3	[11]
Basilikum	10,0–16,0		[4]
Bohnenkraut	7,5–9,1		[4]
Currypulver	10,4		[4]

Tabelle 5.11. (Fortsetzung)

Lebensmittel	Gehalt (μg/g)	Bemerkung	Literatur (aus Kap. 5)
Dillkraut	3,2–6,6		[4]
	2,2		[4]
Dillsamen	5,5–9,1		[4]
Estragon	2,4–9,1		[4]
Fenchel	7,0–13,0		[4]
Gewürznelken	2,7–4,6		[4]
	8,67		[4]
Ingwer	2,1–4,2		[4]
	2,63		[4]
	1,87		[4]
	4,5		[4]
Kardamon	2,8–5,6		[4]
Koriander	6,5–13,0		[4]
Knoblauchpulver	0,2–2,8		[4]
	0,75		[4]
Kümmel	8,1–9,1		[4]
	4,31		[4]
Kurkuma	2,4–9,1		[4]
Lorbeerblätter	3,3–4,6		[4]
	3,68		[4]
Majoran	10,0–12,0		[4]
Mohnsamen	13,0–18,0		[4]
Muskatblüte	23,0–28,0		[4]
Muskatnuß	8,8–11,0		[4]
Origano	5,5–14,0		[4]
Paprika	4,4–8,8		[4]
	8,47		[4]
Petersilie	4,5–8,3		[4]
Piment	6,0	n = 3	[11]
Rosmarin	4,4–6,6		[4]
Salbei	5,0–87,0		[4]
Selleriesamen	11,0–16,0		[4]
Senf	3,3–4,6	gemahlen	[4]
Sesamsamen	8,8–18,0		[4]
Thymian	5,0–12,0		[4]
	23,58		[4]
Zimt	1,3–3,3		[4]
	0,5–3,5		[4]
Obst, Obstprodukte			
Äpfel	0,14		[4]
	0,8		[4]
	0,20 ± 0,02		[4]
	0,16 ± 0,04		[4]
	0,38 ± 0,20		[4]
	0,34 ± 0,19		[4]
	0,25 ± 0,10		[4]
	0,40 ± 0,04		[4]
	0,38 ± 0,14		[4]
	1,39		[4]
	0,9		[4]
	0,8–1,0		[4]
	1,4		[4]

Tabelle 5.11. (Fortsetzung)

Lebensmittel	Gehalt (µg/g)	Bemerkung	Literatur (aus Kap. 5)
Äpfel (Forts.)	1,0		[4]
	0,54		[4]
	0,7		[4]
ungeschält	0,9 ± 0,7	n = 3	[11]
geschält	0,7	n = 3	[11]
	2,4	n = 3	[11]
getrocknete Apfelringe	5,8		[11]
	2,0	n = 3, in Dosen	[11]
Apfelmus	3,5	n = 3	[11]
	0,1	in Büchsen	[4]
	10,4	in Büchsen	[4]
	0,3–2,6	in Büchsen	[4]
	0,3	in Büchsen	[4]
Apfelsaft	0,23		[4]
	3,5		[4]
	0,4		[4]
Aprikosen	1,2		[4]
	0,75 ± 0,45		[4]
	1,7		[4]
	1,5–2,0		[4]
	0,9		[4]
	4,0		[4]
	6,2		[4]
	2,7		[4]
	0,9		[4]
	0,41	in Büchsen	[4]
	0,5	in Büchsen	[4]
frisch	1,1	n = 3	[11]
in Dosen mit Sirup	0,5	n = 3	[11]
getrocknet	3,5	n = 3	[11]
Kirschen, alle Sorten	1,2 ± 0,5	n = 3	[11]
Sauerkirschen	1,2	n = 3	[11]
Süßkirschen	1,2	n = 3	[11]
in Dosen	0,6	n = 3	[11]
	0,61	in Büchsen	[4]
	1,1	in Büchsen	[4]
	0,7	allgemein	[4]
	0,84 ± 0,29		[4]
	0,77 ± 0,31		[4]
	0,8		[4]
	1,0	süß	[4]
	0,7		[4]
	1,3		[4]
	9,3		[4]
Datteln trocken	2,2 ± 1,1	n = 3	[11]
	4,0		[4]
	2,1		[4]
	3,3		[4]
	2,0–4,0		[4]
Feigen	0,6		[4]
	0,70 ± 0,18		[4]
	0,7		[4]

Tabelle 5.11. (Fortsetzung)

Lebensmittel	Gehalt (μg/g)	Bemerkung	Literatur (aus Kap. 5)
Feigen (Forts.)	2,4		[4]
	3,5		[4]
	3,8		[4]
	3,5–4,0		[4]
	2,4		[4]
	1,2		[4]
frisch	0,7	n = 3	[11]
getrocknet	2,8	n = 3	[11]
Fruchtcocktail in Dosen	0,3	in Büchsen	[4]
mit Sirup	0,3	n = 3	[11]
Nektarinen, frisch	0,8	n = 3	[11]
Papayas	0,1	n = 3	[11]
Ananas	0,7		[4]
	0,20–0,08		[4]
	0,8		[4]
	0,7–0,8		[4]
	1,5	in Büchsen	[4]
	0,5	in Büchsen	[4]
frisch	0,6	n = 3	[11]
Ananas in Dosen	1,0	n = 3	[11]
	0,5	n = 3	[11]
Ananassaft	0,04		[4]
	0,9		[4]
Zwetschen frisch, alle Sorten	1,0 ± 0,4	n = 3	[11]
Ringlotten	0,3	n = 3	[11]
Renekloden	0,8		[4]
	0,6		[4]
frisch	0,8	n = 3	[11]
getrocknet	2,8 ± 1,7	n = 3	[11]
gekocht	1,7	n = 3	[11]
	1,6		[4]
	4,0		[4]
	0,8		[4]
	2,5		[4]
	3,0		[4]
	0,60 ± 0,27		[4]
	1,0		[4]
	1,5		[4]
	0,8		[4]
	0,7		[4]
	1,5–1,6		[4]
Pflaumen in Dosen	0,2	n = 3	[11]
Pflaumensaft	0,18		[4]
Rosinen	2,0		[4]
	2,4		[4]
alle Sorten	2,5 ± 0,3	n = 3	[11]
kernlos	2,2	n = 3	[11]
Sultaninen	3,5		[4]
Korinthen	2,3		[4]
Tangelos	0,3	n = 3	[11]
Zitronen	2,6		[4]
	3,0–4,0		[4]

Tabelle 5.11. (Fortsetzung)

Lebensmittel	Gehalt (μg/g)	Bemerkung	Literatur (aus Kap. 5)
Zitronen (Forts.)	4,0		[4]
	0,8	n = 3	[11]
	1,5	n = 3, frisch	[11]
Zitronensaft	1,3		[4]
	0,29 ± 0,16		[4]
	2,0		[4]
	0,2		[4]
Limettensaft	0,3–0,09		[4]
Birnen	1,5 ± 0,7	n = 3, frisch	[11]
	0,4	n = 3, in Dosen	[11]
	0,41	in Büchsen	[4]
	0,4	in Büchsen	[4]
	0,7	in Büchsen	[4]
	0,4–0,9	in Büchsen	[4]
	1,3		[4]
	1,18 ± 0,19		[4]
	1,13 ± 0,21		[4]
	1,0		[4]
	2,0		[4]
	0,7		[4]
	0,9		[4]
Oliven	4,6	mariniert	[4]
	2,3		[4]
	1,8		[4]
	2,3		[4]
	3,0		[4]
	6,0		[4]
Grapefruit	0,41		[4]
	0,2		[4]
	0,32 ± 0,13		[4]
	0,56 ± 0,14		[4]
	0,4		[4]
	0,6		[4]
	0,3		[4]
	0,3		[4]
	0,14	in Büchsen	[4]
	0,2	n = 3, frisch	[11]
	0,1	n = 3, in Dosen	[11]
	0,4 ± 0,1	n = 3, frisch, alle Sorten	[11]
	0,4	n = 3, in Dosen	[11]
Grapefruitsaft	0,08		[4]
	0,1		[4]
Mandarinen	1,0		[4]
	0,9		[4]
	0,3	in Büchsen	[4]
	0,3	n = 3, in Dosen	[11]
Orangen	0,8 ± 0,4	n = 3, frisch	[11]
	0,1	n = 3, gefroren	[11]
	0,04		[4]
	0,7		[4]
	0,56 ± 0,30		[4]
	0,34 ± 0,09		[4]

Tabelle 5.11. (Fortsetzung)

Lebensmittel	Gehalt (μg/g)	Bemerkung	Literatur (aus Kap. 5)
Orangen (Forts.)	0,37 ± 0,20		[4]
	0,43 ± 0,13		[4]
	0,25 ± 0,2		[4]
	0,8		[4]
alle Sorten	0,6 ± 0,4	n = 3	[11]
Navel	0,5	n = 3	[11]
Temple	0,4	n = 3	[11]
Valencia	0,4	n = 3	[11]
Orangensaft	0,075		[4]
	0,8		[4]
	0,2		[4]
	0,89		[4]
	0,21–0,22		[4]
	0,5		[4]
	0,2		[4]
Tangerinen	0,28 ± 0,08		[4]
	0,9		[4]
	0,7	n = 3, frisch	[11]
Quitten	1,3		[4]
Mango	1,17 ± 0,24		[4]
	1,2	n = 3, frisch	[11]
Pfirsiche	0,1		[4]
	0,65 ± 0,21		[4]
	0,67 ± 0,18		[4]
	0,5		[4]
	0,1–0,5		[4]
	0,6		[4]
	0,9	n = 3, frisch, geschält	[11]
	0,5	in Dosen	[11]
	3,0		[4]
	2,6		[4]
	6,3		[4]
	2,1		[4]
	0,41		[4]
	0,6		[4]
Brombeeren	1,2		[4]
	1,14 ± 0,45		[4]
	1,4		[4]
	0,6		[4]
	0,9		[4]
	1,6 ± 0,5	n = 3	[11]
Ebereschenbeeren	2,25		[4]
	0,2–6,0		[4]
Erdbeeren	1,3		[4]
	0,24 ± 0,11		[4]
	1,7		[4]
	0,2		[4]
	2,51	Garten	[4]
	2,60	Wald	[4]
	1,43–4,40		[4]
	0,4	in Büchsen	[4]
	0,7 ± 0,5	n = 3	[11]

Tabelle 5.11. (Fortsetzung)

Lebensmittel	Gehalt (μg/g)	Bemerkung	Literatur (aus Kap. 5)
Heidelbeeren	1,1		[4]
	0,21 ± 0,10		[4]
	0,6–1,2		[4]
	1,30		[4]
	0,34–1,90		[4]
	1,5	n = 3	[11]
	0,27	in Büchsen	[4]
	3,9	in Büchsen	[4]
	1,3–7,7	in Büchsen	[4]
Himbeeren	1,3		[4]
	0,6 ± 0,2		[4]
	1,4		[4]
	2,1		[4]
	1,37		[4]
	0,24–3,10		[4]
	2,0		[4]
	1,8	n = 3	[11]
	1,0	in Büchsen	[4]
	0,2–2,8	in Büchsen	[4]
Johannisbeeren	1,2	rote	[4]
	1,3	n = 3, frisch	[11]
	5,4	n = 3, getrocknet	[11]
	0,67		[4]
	0,62–0,72		[4]
	0,9		[4]
	1,2	schwarze (Cassis)	[4]
	3,35		[4]
	2,46–5,55		[4]
	1,4		[4]
	1,1		[4]
	1,2	weiße	[4]
	1,4		[4]
	1,1		[4]
Johannisbeersaft	0,2	rot und schwarz	[4]
Maulbeeren	0,6		[4]
Mispeln	1,7		[4]
Moosbeeren	1,4	Torfbeeren	[4]
Passionsfrucht	1,2		[4]
Preiselbeeren	2,6		[4]
	1,2–4,0		[4]
	0,3		[4]
	1,1 ± 0,5	n = 3	[11]
Preiselbeeren (Krannbeeren)	0,9		[4]
	0,58 ± 0,24		[4]
	1,0–4,0		[4]
	1,4		[4]
Stachelbeeren	0,8		[4]
	2,52		[4]
	2,23–2,82		[4]
	0,95		[4]
	0,8–1,1		[4]
	0,7	grün	[4]

Tabelle 5.11. (Fortsetzung)

Lebensmittel	Gehalt (µg/g)	Bemerkung	Literatur (aus Kap. 5)
Stachelbeeren (Forts.)	1,3		[4]
	1,0		[4]
	1,5	rote, reife	[4]
Avocado	4,0		[4]
	3,16 ± 0,91		[4]
	2,56 ± 0,69		[4]
	2,1		[4]
	3,9	n = 3	[11]
Bananen	1,1		[4]
	2,0		[4]
	0,80 ± 0,39		[4]
	0,73 ± 0,14		[4]
	0,66		[4]
	0,98		[4]
	2,0		[4]
	1,9–2,1		[4]
	1,6		[4]
	0,9–1,0		[4]
	1,7 ± 0,8	n = 3	[11]
	6,6		[4]
Kantalupen	0,14		[4]
	0,4		[4]
	0,44 ± 0,14		[4]
	0,5		[4]
	1,69		[4]
	1,24–2,22		[4]
Melonen	0,4		[4]
	0,5 ± 0,3	n = 3, Kantalupe	[11]
	0,6	n = 3, Honeydew	[11]
Wassermelonen	0,17		[4]
	0,4	n = 3	[11]
	0,7		[4]
	0,28 ± 0,27		[4]
	0,4 ± 2,5		[4]
Trauben	0,35		[4]
	1,0		[4]
	0,61 ± 0,22		[4]
	0,7		[4]
	0,8		[4]
	1,0		[4]
	0,9 ± 0,3	alle Sorten	[11]
	1,3	n = 3, Thompson, kernlos	[11]
	0,6	n = 3, Tokay	[11]
	0,9	n = 3, frisch	[11]
	0,1	n = 3, in Dosen	[11]
Traubensaft	0,09		[4]
	0,2		[4]
	0,9		[4]
Fleisch, Wurst, Organe			
Rindfleisch	0,2		[4]
	0,14–1,6		[4]

Tabelle 5.11. (Fortsetzung)

Lebensmittel	Gehalt (µg/g)	Bemerkung	Literatur (aus Kap. 5)
Rindfleisch (Forts.)	2,5		[4]
	0,5–4,4		[4]
	1,6		[4]
	0,5		[4]
	3,71		[4]
	2,60–4,86		[4]
	0,4–0,8		[4]
	0,78–1,07		[4]
	1,6		[4]
	0,45	Keule	[4]
	0,12	Lendenstück	[4]
	2,3–2,5	Lendenrostbraten	[4]
	0,42	Nierenstück	[4]
	1,7–1,9	Rostbraten	[4]
	6,8	Roulade	[4]
	0,8	Schlegel	[4]
	0,77	Schwanzstück	[4]
	0,8 ± 0,5	n = 3, Muskelfleisch	[11]
	1,0	n = 3, Rippe	[11]
	0,2	n = 3, Bauchfleisch	[11]
	0,6	n = 3, „ground“	[11]
	0,7	n = 3, „round“	[11]
	0,4	n = 3, Steak	[11]
	1,8	n = 3, Steak, gebraten	[11]
	1,2	n = 3, t-Bone	[11]
	0,1	n = 3, Tenderloin	[11]
Kalbfleisch	2,5		[4]
	1,5		[4]
	2,0		[4]
	0,4–0,8		[4]
	0,73–0,98		[4]
	1,5		[4]
	0,43	Keule	[4]
	0,52	Steak	[4]
	1,2 ± 0,9	n = 3, Muskelfleisch	[11]
	2,5	n = 3, gehackt	[11]
	0,4	n = 3, „round“ mäßig Fett	[11]
	0,5	n = 3, „steak“	[11]
	0,5	n = 3, mäßig Fett	[11]
Schweinefleisch	0,55–1,81		[4]
	5,85		[6]
	5,0		[4]
	0,4–0,9		[4]
	1,14–1,23		[4]
	0,4–0,9	Kotelett	[4]
	3,9	Lendenstück	[4]
	0,9		[4]
	0,11	Nierenstück	[4]
	0,34	Schinken	[4]
	0,9		[4]
	0,8		[4]
	0,23	Speck	[4]

Tabelle 5.11. (Fortsetzung)

Lebensmittel	Gehalt (μg/g)	Bemerkung	Literatur (aus Kap. 5)
Schweinefleisch (Forts.)	1,9		[4]
	1,7–2,7		[4]
	4,1	n = 3, Muskelfleisch	[11]
	3,1	n = 3, gehackt	[11]
	0,9	n = 3, gehackt und gegrillt	[11]
	0,6	n = 3, mager, gebraten	[11]
	0,3	n = 3, Schinken geräuchert	[11]
		Schinken und Schwein	
	0,9	n = 3, in Dosen	[11]
	1,6	n = 3, Schinken alle Sorten	[11]
	5,2	n = 3, Schinken gebraten	[11]
Schaffleisch	4,2		[4]
	0,9–4,2		[4]
	4,0		[4]
	7,13	Kotelett	[4]
	0,6–1,6		[4]
	0,9–1,8		[4]
	0,5–1,3		[4]
	0,45		[4]
	0,63	Schlegel	[4]
gehackt	1,6	n = 3	[11]
gehackt, gekocht	1,5	n = 3	[11]
Schafshaxen	2,4	n = 3	[11]
Lamm, gehackt	2,4	n = 3	[11]
Keule	0,6	n = 3	[11]
Kaninchen	2,4		[4]
	4,0		[4]
	2,0		[4]
Pferdefleisch	6,0		[4]
Ente	4,1		[4]
	4,5		[4]
	4,1–5,0		[4]
	4,1	n = 3	[11]
Gans	3,3		[4]
	3,3	n = 3	[11]
Hase	2,4		[4]
Huhn	0,2		[4]
	0,11		[4]
	3,0		[4]
	1,99		[4]
	3,5		[4]
	0,82		[4]
weißes Fleisch	1,4	n = 3	[11]
dunkles Fleisch	2,2	n = 3	[11]
in Dosen	1,1	n = 3	[11]
Truthahn	0,37		[4]
	1,8		[4]
	1,7		[4]
weißes Fleisch	1,0	n = 3	[11]
dunkles Fleisch	1,2	n = 3	[11]
Wurst	0,2	n = 3	[11]
Frankfurter Würstchen hautlos	0,8	n = 3	[11]

Tabelle 5.11. (Fortsetzung)

Lebensmittel	Gehalt (µg/g)	Bemerkung	Literatur (aus Kap. 5)
Gelatine	17,8 ± 14,4	n = 3	[11]
	3,87		[4]
Frühstücksfleisch	0,7	n = 3, in Dosen	[11]
Fleischpastete – Huhn			
Schinken und Zunge	0,9	n = 3	[11]
Aufschnitt	0,2		[4]
Hackfleisch	1,0		[4]
Fleischpastete	0,9		[4]
Frankfurter Würstchen	0,76		[4]
Frühstückswurst	0,8		[4]
Ochsenfleischwurst	1,7		[4]
Schwarzwurst	2,6		[4]
Schweinewurst	1,2		[4]
	1,5		[4]
Cervelatwurst	54,4		[4]
	0,5		[4]
	0,7		[4]
Rind			
Bries	2,1	n = 3	[11]
Herz	2,9	n = 3	[11]
	3,0		[4]
Niere	2,5 ± 1,5	n = 3	[11]
	3,5		[4]
	0,42		[4]
	3,0		[4]
	1,1		[11]
Leber	28,0 ± 16,1	n = 3	[11]
	46,0		[4]
	21,0		[4]
	11,0		[4]
	14,9		[4]
	36,2		[4]
	20,2–79,4		[4]
	53,0		[4]
	35,0		[4]
	26,4		[4]
Zunge	0,7	n = 3	[11]
	0,7		[4]
Hirn	2,0		[4]
Pankreas	0,6		[4]
Kalb			
Leber	44,1		[4]
	63,0		[4]
	20,0–104,0		[4]
	51,0		[4]
	35,0		[4]
	79,0 ± 51,4	n = 3	[11]
Herz	3,4		[4]
	2,9		[4]
Kalbs- und Lammleber	100	Durschnittswert	[6]
Hirn	1,4		[4]
Niere	5,1		[4]

Tabelle 5.11. (Fortsetzung)

Lebensmittel	Gehalt (μg/g)	Bemerkung	Literatur (aus Kap. 5)
Niere (Forts.)	2,9		[4]
Milz, Thymus	0,8		[4]
Zunge	0,7		[4]
Huhn			
Leber	2,7 ± 1,7	n = 3	[11]
	3,2		[4]
Magen	0,8		[4]
Enten- und Gänseleber	48,7	n = 3	[11]
Lamm			
Bries	4,2	n = 3	[11]
Leber	56,0 ± 44,1	n = 3	[11]
Schaf			
Leber	16,0	n = 3	[11]
	63,0		[4]
	76,4		[4]
	45,0–108,0		[4]
Niere	3,1		[4]
	0,95		[4]
	3,0		[4]
Schwein			
Herz	3,0		[4]
Niere	4,9	n = 3	[11]
	3,8		[4]
	5,3		[4]
	1,7		[4]
	38,8		[6]
Leber	11,4 ± 13,2	n = 3	[11]
	82,8		[6]
	5,5		[4]
	8,5		[4]
	3,72		[4]
	54,8		[4]
	25,8–83,8		[4]
	6,5		[4]
Hirn	3,0		[4]
Kaninchenleber	2,8	n = 3	[11]
Suppen			
Rindsuppe und Nudeln in Dosen	0,4	n = 3	[11]
Bouillon	7,7	n = 3	[11]
Hühnerbrühe	0,1	n = 3	[11]
Okra (Gumbo)	1,2	n = 3	[11]
Linsensuppe	1,1	n = 3	[11]
Tomaten in Dosen	1,1	n = 3	[11]
Gemüse in Dosen	1,3	n = 3	[11]
Rindsuppe und Gemüse in Dosen	0,4	n = 3	[11]
getrocknete Suppenmischungen			
Huhn und Nudeln	1,9	n = 3	[11]
Zwiebeln	19,0	n = 3	[11]
Fische, Schalentiere, Weichtiere, Muscheln			
Flunder	1,8		[4]

Tabelle 5.11. (Fortsetzung)

Lebensmittel	Gehalt (μg/g)	Bemerkung	Literatur (aus Kap. 5)
Flunder (Forts.)	2,2		[4]
	1,5 ± 1,0	n = 3	[11]
Heilbutt	2,3		[4]
	1,6		[4]
	1,3		[4]
Hering	3,0		[4]
	4,4		[4]
	2,5		[4]
	1,9 ± 1,5	n = 3	[11]
Kabeljau	5,0		[4]
	2,2		[4]
	1,0		[4]
Lachs	0,76		[4]
	2,0		[4]
	0,5		[4]
	3,0		[4]
	2,0 ± 1,6	n = 3, frisch	[11]
	0,7	n = 3, in Dosen	[11]
Makrelen	1,6		[4]
	1,2–2,0		[4]
	2,0		[4]
	2,0		[4]
	1,9 ± 1,3	n = 3	[11]
Rotbarschfilet	4,8		[4]
Sardinen	0,4		[4]
	1,12		[4]
	1,7		[4]
	2,1		[4]
Schellfisch	0,11		[4]
	2,3		[4]
	1,3		[4]
	1,9 ± 1,3	n = 3	[11]
Scholle	1,4–5,5		[4]
	1,5		[4]
Seezunge	0,11		[4]
	2,0		[4]
	1,2		[4]
	1,6		[4]
	0,7	n = 3	[11]
Thunfisch	0,11		[4]
	5,0	n = 3, frisch	[11]
	1,2	n = 3, eingedost	[11]
Tintenfisch	4,4		[4]
	0,12–0,80	allgemein	[4]
Aal	0,3		[4]
	0,5		[4]
Forelle	3,3		[4]
	1,7 ± 1,6	n = 3	[11]
Hecht	2,5		[4]
	1,2		[4]
	1,7		[4]
Hecht, anchovisiert	0,81		[4]

Tabelle 5.11. (Fortsetzung)

Lebensmittel	Gehalt (μg/g)	Bemerkung	Literatur (aus Kap. 5)
Hecht, anchovisiert (Forts.)	2,2	n = 3	[11]
Muscheln	3,33	allgemein	[4]
	0,48		[4]
	n. n.	n = 3	[11]
Miesmuscheln	32,0		[4]
Schnecken	4,0		[4]
Katzenfisch	1,7	n = 3	[11]
Meeräsche	1,0	n = 3	[11]
Sardinen in Dosen	0,4	n = 3	[11]
Scallops	1,2	n = 3	[11]
Austern	12,0–37,0		[4]
	137,05		[4]
	36,2		[4]
	9,0		[4]
	30,7		[4]
alle Sorten	171,4 ± 419,7	n = 3, außer blau	[11]
Crevetten	1,7		[4]
	4,3		[4]
	3,4		[4]
	0,8		[4]
	1,0		[4]
	8,0		[4]
Shrimps	6,0 ± 4,0	n = 3, ohne Schale	[11]
	1,7	n = 3, in Dosen	[11]
	3,0	n = 3, gekocht	[11]
Hummer	22,0		[4]
	0,51		[4]
	7,0		[4]
Krabben	2,7		[4]
	13,0		[4]
	1,0		[4]
ganzes, rohes Fleisch	8,9 ± 10,9	n = 3	[11]
in Dosen alle Sorten	15,2	n = 3	[11]
Dorsch	1,8 ± 2,2	n = 3	[11]
gekocht oder gefroren	0,8	n = 3	[11]
Weißfisch	1,9	n = 3	[11]
Eier			
Hühnereier	0,53	ganz	[4]
	0,3		[4]
	0,5–1,2		[4]
	1,1		[4]
	0,5–2,3		[4]
	1,6		[4]
	0,94		[4]
	0,85–1,24		[4]
	0,6		[4]
	3,0	n = 3, trocken, ganz	[11]
	1,0 ± 7,0	n = 3, frisch, ganz	[11]
gebacken (Spiegelei)	0,5	n = 3	[11]
Omlette	0,5	n = 3	[11]
pochiert	0,3	n = 3	[11]
Eierspeise	0,5	n = 3	[11]

Tabelle 5.11. (Fortsetzung)

Lebensmittel	Gehalt (µg/g)	Bemerkung	Literatur (aus Kap. 5)
Dotter, roh	3,1 ± 2,6	n = 3	[11]
Eiweiß, roh	0,5 ± 0,5	n = 3	[11]
Eigelb	0,1		[4]
	0,2		[4]
	2,44		[4]
	3,5		[4]
	4,0		[4]
Eiweiß	0,05		[4]
	0,3		[4]
	1,7		[4]
	1,3		[4]
	0,5		[4]
Eipulver	1,8		[4]
	8,0		[4]
Milch, Milchprodukte			
Muttermilch	0,5		[4]
	0,24 ± 0,037		[4]
	0,4		[4]
	0,3–0,5		[4]
	0,5		[4]
	0,4–0,7		[4]
	0,6		[4]
	0,7		[4]
	0,4		[4]
	0,2–0,4		[4]
	0,52 ± 0,15	n = 3	[11]
Kolostralmilch	0,57 ± 0,17	n = 3	[11]
Kuhmilch	0,05	Vollmilch	[4]
	0,10		[4]
	0,07 ± 0,005		[4]
	0,26		[4]
	0,12		[4]
	0,12–0,20		[4]
	0,4		[4]
	0,2–0,3		[4]
	0,2–0,7		[4]
	0,4		[4]
	0,08–0,13		[4]
	0,2		[4]
	0,3		[4]
	0,34 ± 0,72		[9]
	0,028	Magermilch	[4]
	0–0,43		[4]
	0,2		[4]
Milchpulver	1,4		[4]
	3,0		[4]
	0,65–0,82		[4]
	1,6	Vollmilch	[4]
	2,3		[4]
	2,9	Magermilch	[4]
	2,3		[4]
	2,09		[4]

Tabelle 5.11. (Fortsetzung)

Lebensmittel	Gehalt (µg/g)	Bemerkung	Literatur (aus Kap. 5)
Milchpulver (Forts.)	0–4,5		[4]
	13,9		[4]
Schafsmilch	0,4		[4]
Ziegenmilch	0,4		[4]
	0,2		[4]
	0,46 ± 0,37	n = 3	[11]
Buttermilch	< 0,05		[4]
	0,2		[4]
	0,3 ± 0,2	n = 3	[11]
Kondensmilch mit und ohne Zucker	2,2	n = 3	[11]
	0,35		[11]
	0,1–0,5		[4]
	1,1	aus Vollmilch	[4]
	0,8		[4]
	0,3	aus Magermilch	[4]
Magermilch	0,2 ± 0,1	n = 3	[11]
	4,8	n = 3, getrocknet	[11]
Kuhmilch	0,27 ± 0,14	n = 3	[11]
verarbeitet	0,41 ± 0,33	n = 3	[11]
getrocknet	1,9 ± 0,8	n = 3	[11]
Rahm	0,8		[4]
	0,22		[4]
	0,17–0,26		[4]
	1,3–2,0		[4]
Schlagsahne	1,1 ± 1,3	n = 3	[11]
Quark	0,41–0,9		[4]
	5,8		[4]
Käse, alle Sorten	2,1 ± 3,6	n = 3	[11]
Cheddar	1,1 ± 0,7	n = 3	[11]
	0,3		[4]
Hüttenkäse	0,2	n = 3	[11]
Rahm	0,4	n = 3	[11]
Parmesan	3,6	n = 3	[11]
	3,6		[4]
verarbeitete Käse	0,6	n = 3	[11]
	2,7	allgemein	[4]
	0,6		[4]
	1,1	amerikanisch	[4]
Camembert	0,8		[4]
Dänische Blaukäse	0,9		[4]
Edamer	0,62–1,8		[4]
	0,3	n = 3	[11]
	0,3		[4]
	7,8	30% Fett	[4]
	0–15,0		[4]
	7,3	40% Fett	[4]
	0–14,0		[4]
	6,5	45% Fett	[4]
	0–12,0		[4]
Emmentaler	1,1		[4]
	14,7		[4]

Tabelle 5.11. (Fortsetzung)

Lebensmittel	Gehalt (µg/g)	Bemerkung	Literatur (aus Kap. 5)
Emmentaler (Forts.)	1,3	45% Fett	[4]
Gorgonzola	1,5		[4]
Gouda	0,6		[4]
	0,7		[4]
	0,7	45% Fett	[4]
Gruyere	2,7		[4]
Rahmkäse	3,8		[4]
Sauermilchkäse	2,2		[4]
Schmelzkäse	4,6	45% Fett	[4]
Eis, alle Sorten	0,5 ± 0,4	n = 3	[11]
Vanille	0,2	n = 3	[11]
Schokolade	1,3	n = 3	[11]
Erdbeer	0,4	n = 3	[11]
Diäteis, alle Geschmacksrichtungen	0,6	n = 3	[11]
Eiscreme	0,05		[4]
	0,34		[4]
	0,29		[4]
	0,03		[4]
Fette, Öle			
Baumwollsamenöl	1,26		[4]
	0,05		[4]
	0,002–0,10		[4]
Erdnußbutter	6,1		[4]
	5,5		[4]
Erdnußöl	0,83		[4]
	0,3		[4]
	0,01–0,05		[4]
	0,1	n = 3	[11]
Kokosfett	0,02		[4]
Leinöl	1,75		[4]
Maisöl	0,5		[4]
Margarine	0,14		[4]
	0,01–0,60		[4]
	0,5		[4]
	0,1		[4]
	0,4		[4]
Olivenöl	0,7		[4]
	3,2		[4]
	0,7	n = 3	[11]
Sonnenblumenöl	5,44		[4]
	0,007		[4]
	0,004–0,01		[4]
Speiseöl	0,8		[4]
Mayonnaise	2,3	n = 3	[11]
Margarine	0,4	n = 3	[11]
Sojaöl	4,0	n = 3	[11]
Butter	0,4–1,35		[4]
	0,3 ± 0,3	n = 3	[11]
	0,3		[4]
	3,92		[4]
	0,4		[4]

Tabelle 5.11. (Fortsetzung)

Lebensmittel	Gehalt (μg/g)	Bemerkung	Literatur (aus Kap. 5)
Butter (Forts.)	0,28		[4]
	0,06–0,95		[4]
	0,1		[4]
	0,52–0,55		[4]
Lebertran	6,8		[4]
Rindertalg	1,1		[4]
	0,8		[4]
	0,4–1,1		[4]
	0,4		[4]
Schweineschmalz	0,2		[4]
	3,06		[4]
	2,50		[4]
	2,13		[4]
	0–0,2		[4]
	0,3	n = 3	[11]
Verschiedenes			
Kakao	50,0		[4]
	34,0		[4]
	24,8		[4]
	19,4		[4]
Kakaopulver	35,7 ± 10,7	n = 3	[11]
Ovomaltine	11,6		[4]
Puddingpulver	1,36		[4]
	2,2		[4]
	0,6		[4]
Schokolade	0,7		[4]
	11,0–27,0	Milchschokolade	[4]
	1,0		[4]
	4,9		[4]
	11,0–27,0	milchfrei	[4]
	11,6		[4]
	8,1		[4]
Hefe	33,2		[4]
	17,79		[4]
Essig	0,76		[4]
	0,4		[4]
Apfelessig	0,3	n = 3	[11]
	1,3	n = 3	[11]
Mayonnaise	0,31		[4]
Salz	6,0		[4]
	3,9		[4]
	1,0		[4]
Getränke			
Kaffeebohnen	13,5		[4]
	30,0		[4]
Kaffee	< 0,04	Aufguß	[4]
	0,22		[4]
	0,9		[4]
	13,0	n = 3, Bohnen	[11]
	12,6	n = 3, gemahlen	[11]

Tabelle 5.11. (Fortsetzung)

Lebensmittel	Gehalt (μg/g)	Bemerkung	Literatur (aus Kap. 5)
Kaffee (Forts.)	27,5	n = 3, gemahlen, coffeinfrei	[11]
	9,9	n = 3, instant	[11]
	0,2	n = 3, Getränk	[11]
Tee	48,0	Blätter	[4]
	27,8		[4]
	23,0		[4]
	15,9		[4]
	0,07	Aufguß	[4]
	0,31		[4]
	48,0	n = 3, Teebeutel	[11]
	11,0	n = 3, trocken	[11]
	223,0	n = 3, trocken	[11]
	4,7	n = 3, als Getränk	[11]
Pfefferminztee	17,2	Blätter	[4]
Bier	0,3		[4]
	0,9	Malzbier	[4]
	0,4	Export	[4]
	0,4	Vollbier, hell	[4]
	0,2–0,5		[4]
	0,9	Nährbier	[4]
	0,1	Bock	[4]
	0,3–0,8	7 Sorten	[4]
	0,7	n = 3	[11]
Wein	1,1 ± 1,3	n = 3, alle Sorten	[11]
	0,1	n = 3, Tafelwein alle Sorten	[11]
Französischer Wein	1,3	n = 3	[11]
Wein	0,5–2,5	Durchschnittswerte	[4]
	0,28		[4]
	1,0		[4]
Wein	1,0	rot, leicht	[4]
	0,8	schwer	[4]
Beaujolais	2,5		[4]
Chianti	0,7		[4]
Wein	0,9	Chile	[4]
	0,1	Medoc	[4]
	0,7	weiß, mittlere Qualität	[4]
	0,4–1,0		[4]
	1,2	Mosel	[4]
	0,5	Sauternes	[4]
Portwein	0,9	ruby	[4]
	1,1	tawny	[4]
Sherry	0,3	trocken	[4]
	1,1	süß	[4]
Champagner	0,1		[4]
Weinbrannt	0,3	n = 3	[11]
Branntweine	0,45	Brandy	[4]
Gin	0,3		[4]
70 proof Brandy			
Gin, Rum, Whiskey	n. n.	n = 3	[11]
Vermouth	0,88	französisch	[4]
	0,38	italienisch	[4]
Whisky	0,18	Bourbon	[4]

Tabelle 5.11. (Fortsetzung)

Lebensmittel	Gehalt (μg/g)	Bemerkung	Literatur (aus Kap. 5)
Whisky (Forts.)	0,35	Scotch	[4]
Cola	0,38		[4]
	0,45		[4]
Ginger	0,3	Ale, Canadadry	[4]
Limonaden	0,1		[4]
Mineralwasser	0,3	Durchschnitt	[4]
Eptinger	0,067		[4]
Henniez	0,036		[4]
Passugger Theophil	0,022		[4]
Wasser (Trinkwasser und Kochwasser)	< 0,02		[4]
	0,02	n = 3	[11]
Trinkwasser	0,4–5,0/Tag	je nach Härte	[4]
Trinkwasser	0,14/Tag		[4]
Leitungswasser	0,04–0,07	Utrecht	[4]
Ungefaßte Quellen	0,002		[4]
Gefaßte Quellen	0,002	Pumpanlagen	[4]
Leitungswasser	0,007	fließend	[4]
Leitungswasser	0,102	stagnierend	[4]
Getränke mit Kohlensäure	0,4	n = 3	[11]
Instantfrühstück			
Carnation trocken	5,0	n = 3	[11]
Pet trocken	62,5	n = 3	[11]
Limonade	0,1	n = 3	[11]
Flüssige Diätgetränke			
Sego, alle Sorten	1,3	n = 3	[11]
Ovomaltine, Trockenpulver	11,6	n = 3	[11]
Fertignahrung Erwachsene			
Nudeln	0,2	n = 3	[11]
Fischkuchen	1,4	n = 3	[11]
Maccaroni und Käse	0,4	n = 3	[11]
Pizza, Käse gefroren (Chef-Boy-Ar-Dee)	3,4	n = 3	[11]
Ravioli, in Dosen mit Sauce	0,5	n = 3	[11]
Spaghetti in Dosen mit Tomatensauce	1,3	n = 3	[11]
Welsh rarebit	0,7	n = 3	[11]
Kindernahrung			
Kleinkinder (μg/100 kcal)			
Standardformeldiät	44,75	Spanien	[19]
Formeldiät für Neugeborene	32,63	Spanien	[19]
vorgekochte, getrocknete Getreide			
Gerste	5,3	n = 3	[11]
High-Protein	12,0	n = 3	[11]
gemischt	5,2	n = 3	[11]
Haferflocken	8,7 ± 4,7	n = 3	[11]
Reis	3,5	n = 3	[11]
Fertignahrung, Fertiggerichte			
Getreide, Ei, Schinken und Speck	1,1	n = 3	[11]

Tabelle 5.11. (Fortsetzung)

Lebensmittel	Gehalt (μg/g)	Bemerkung	Literatur (aus Kap. 5)
verschiedene Getreide mit Apfelkompott und Bananen	1,8	n = 3	[11]
Juniormenüs			
Rind	1,1	n = 3	[11]
Rind und Rindherz	1,9	n = 3	[11]
Leber	26,4	n = 3	[11]
Huhn	1,1	n = 3	[11]
Schinken	2,2	n = 3	[11]
Lamm	1,5	n = 3	[11]
Schwein	1,5	n = 3	[11]
Truthahn	1,3	n = 3	[11]
Kalb	1,1	n = 3	[11]
Eidotter	1,3	n = 3	[11]
Eidotter mit Schinken	1,1	n = 3	[11]
Eidotter mit Speck	2,2	n = 3	[11]
Fleischspeisen			
Rind	1,1	n = 3	[11]
Huhn	1,8	n = 3	[11]
Schinken	1,5	n = 3	[11]
Truthahn	1,0	n = 3	[11]
Kalb	2,2	n = 3	[11]
Rindfleisch und Gemüse	0,9	n = 3	[11]
Huhn und Gemüse	1,0	n = 3	[11]
Kalb und Gemüse	0,9	n = 3	[11]
Rind und Nudeln	1,0	n = 3	[11]
Huhn und Nudeln	1,0	n = 3	[11]
Maccaroni, Tomaten, Rind und Speck	1,0	n = 3	[11]
Gemüse und Schinken, Speck	0,3	n = 3	[11]
Gemüse und Rind	0,2	n = 3	[11]
Gemüse und Huhn	0,8	n = 3	[11]
Gemüse und Schaffleisch	1,2 ± 0,4	n = 3	[11]
Gemüse und Leber mit Speck	1,4	n = 3	[11]
Gemüse und Truthahn	0,8	n = 3	[11]
Gemüse			
Bohnen	1,5 ± 1,1	n = 3	[11]
Rüben	1,3 ± 0,6	n = 3	[11]
Karotten	1,3 ± 1,1	n = 3	[11]
Mais, pürriert	0,5	n = 3	[11]
Erbsen	2,0 ± 0,9	n = 3	[11]
Cremespinat	1,2	n = 3	[11]
Brei	1,3 ± 0,5	n = 3	[11]
Süßkartoffel	1,6	n = 3	[11]
gemischtes Gemüse	0,9 ± 0,6	n = 3	[11]
Säfte			
Äpfel	0,9	n = 3	[11]
Orangen	0,7 ± 0,4	n = 3	[11]
Früchte			
Apfelmus	1,0 ± 0,6	n = 3	[11]
Apfelmus und Aprikosen	1,0 ± 0,2	n = 3	[11]
Aprikosenpudding	1,4	n = 3	[11]
Bananen	0,9	n = 3	[11]

Tabelle 5.11. (Fortsetzung)

Lebensmittel	Gehalt (μg/g)	Bemerkung	Literatur (aus Kap. 5)
Pfirsich	1,1 ± 0,3	n = 3	[11]
Birnen	1,4 ± 0,4	n = 3	[11]
Birnen u. Ananas	1,4 ± 0,2	n = 3	[11]
Zwetschen	1,9	n = 3	[11]
Desserts und Puddings			
Apfel/Zwetschen	1,2	n = 3	[11]
Bananen	0,9	n = 3	[11]
Fruchtdessert	0,8	n = 3	[11]
Orangen	0,9	n = 3	[11]
Vanillepudding	0,5	n = 3	[11]
Verschiedenes			
Modilac, Fleischbasis	0,7	n = 3	[11]
Biskotten	2,2	n = 3	[11]
Backpulver	0,0	n = 3	[11]
Essig	0,9	n = 3	[11]
Trockenhefe	49,8 ± 33,1	n = 3	[11]
Kindernahrung			
Desserts	0,50–0,84	Pudding, Früchte	[4]
Eigelb mit Schinken	0,91–1,14		[4]
Fleisch mit Gemüse	0,92–0,98		[4]
Früchte	0,68–1,33		[4]
Fruchtsäfte	0,6–0,7		[4]
Gemüse	0,76–1,56	verschiedene	[4]
Gemüsesuppe	0,51 ± 0,088	passiert	[4]
Gemüsesuppen	0,63 ± 1,70	mit Fleisch	[4]
Gerstenmehl	4,82 ± 5,68	vorgekocht	[4]
Grießbrei	0,39 ± 0,045	mit Halbmilch	[4]
Grießbrei	0,53 ± 0,071	mit Vollmilch	[4]
Hafermehl	5,76–7,76	vorgekocht	[4]
Hafer-Weizen-, Mais-Gerstengemisch	4,52–5,63	vorgekocht	[4]
Kartoffelbrei	0,78 ± 0,20		[4]
Kindermilch	0,19–0,31	mit Reismehl	[4]
Obstgrütze	0,11 ± 0,01		[4]
Reis	2,63–4,11	vorgekocht	[4]

Tabelle 5.12. Untersuchungen bestimmter Lebensmittelgruppen auf ihren Cupfergehalt. (Nach [2])

Lebensmittelgruppe	Anteil an der Nahrung (%)	Aufnahme (mg/Person/Tag)	Durchschnittlicher Gehalt (μg/g)
Milch und Käse	6	0,09	0,2
Eier	2	0,03	1,0
Fleisch und Innereien	29	0,43	2,9
Fisch	1	0,02	1,0
Getreide	24	0,36	1,6
Gemüse	22	0,34	1,2
Obst	5	0,07	0,4
andere	11	0,17	
Gesamtaufnahme		1,51	

Tabelle 5.13. Tägliche Cupferaufnahme mit der Nahrung in einzelnen Ländern

Aufnahme (mg/Person/Tag)	Land	Literatur (aus Kap. 5)
1,51	England	[2]
1,9 ± 0,6	England	[12]
3,1 ± 0,76	Großbritannien	[16]
1,5	USA	[3]
1,55	USA (Männer, Bereich 1,49–1,60)	[14]
2,929 ± 0,706	BR Deutschland	[7]
1,08 ± 0,98	BR Deutschland	[13]
1,1–7,1	Schweiz ($\bar{x}$ = 3,2)	[8]
1,3	Schweiz, 4 verschiedene Diäten	[10]
5,80	Indien	[17]

5.5 Eisen

Zur Versorgung mit dem Spurenelement Eisen tragen Getreideprodukte, Fleisch, Innereien und Blattgemüse bei. Wie in Kap. 4 bereits beschrieben, kann nicht jede Form des Eisens gleich gut resorbiert werden, weshalb auch für verschiedene Lebensmittel unterschiedliche Resorptionsquoten in die Berechnung des verfügbaren Anteils von Eisen eingehen.

Naturgemäß weisen die am stärksten durchbluteten Organe, wie z. B. die Leber, den höchsten Eisengehalt unter den Lebensmitteln auf und das noch als besonders gut resorbierbares Häm-Eisen.

Eisen aus pflanzlichen Lebensmitteln ist aufgrund seiner Form als anorganisches Salz leicht in der Lage, mit Nahrungsbestandteilen Komplexe oder Verbindungen einzugehen (vgl. Kap. 4 und 7). Deshalb ist seine Bioverfügbarkeit zumeist auch verringert und sein Wert herabgesetzt.

Literatur

1. H. Gunshin, M. Yoshikawa, T. Dondon, N. Kato: Agric. Biol. Chem. 49: 21 (1985)
2. Y. Yamamoto: Shinikokenkyu 40: 468 (1981)
3. B. Belavady, C. Gophan: Ind. J. Med. Res. 47: 234 (1959)
4. V. Kurama, K. N. Agarwal, S. Gupta: Indian Pediatr. 7: 659 (1970)
5. H. Schenkel, F. Berschauer, S. Gaus: Landw. Forsch., Sonderheft 36: 307 (1980)
6. Ministry of Agriculture, Fisheries and Food: Hausehold Food Consumption and Expenditure 1978 HSO, London 1980
7. Department of Health and Social Security: Recommended daily amounts of food energy and nutrients for groups of people in the UK, HMSO, London 1979
8. R. Schelenz: J. Radioanal. Chem. 37: 529 (1977)
9. R. Schelenz: In: Berichte d. BFA f. Ernährung BFE-R-8302, Karlsruhe 1983
10. L. P. Resintkina: Vop. Pitan. 24/5: 68 (1965)
11. M. Stransky, D. M. Knopp, A. Blumenthal: Mitt. Hyg. (Bern) 71: 163 (1980)
12. B. G. Venter, P. K. Cole: South Africa J. Dairy Technol. 15: 35 (1983)
13. P. Antila, V. Antila: Suomen Kemistilehti 44B: 161 (1971)
14. A. Wyttenbach, S. Bajo, L. Tobler, B. Zimmerli: 4th Int. Workshop on Trace Element Chemistry in Medicin and Biology, Neuherberg, BRD, 1986
15. L. Arab, B. Schellenberg, G. Schlierf: Ann. Nutr. Metabol. 26: 244 (1982)
16. S. Bingham, N. I. McNeil, J. H. Cummings: Br. J. Nutr. 45: 23 (1981)

17. W. R. Wolf: In: Human Nutrition Research, ARC Symposium Allenhed, Osmun, Totowa Ed.: G. R. Beecher
18. M. A. Walker, L. Page: J. Am. Diet. Assoc. 70: 260 (1977)
19. J. Kumpulainen: FAO-European Cooperative Network on Trace Elements; Subnetwork E: Trace Element Status in Food Report on Acitivities 1983–85
20. R. Garcia Olmedo, C. Diez Marques: Ann. Bromatol. 37: 43 (1985)

Tabelle 5.14. Eisengehalt einzelner Lebensmittel

Lebensmittel	Gehalt (μg/g)	Bemerkung	Literatur (aus Kap. 5)
Milch, Milchprodukte			
Milch	0,27	Bereich: 0,023–0,33 Finnland	[13]
Muttermilch	0,32	Japan	[1]
Muttermilch	0,3–0,4	Japan	[2]
Muttermilch	0,2–0,7	USA, England, Schweden	[2]
Muttermilch	0,6–2,0	Indien	[3, 4]
Trockenmilch	4,26 ± 0,87	Südafrika	[12]
Fleisch			
Schweinemuskelfleisch	64,2		[5]
Schweineniere	201,5		[5]
Schweineleber	485,3		[5]
Getreide, Getreideprodukte			
Weizen (Vollkorn)	36,9	Schweden	[19]
	32,1	BR Deutschland	[19]
	32,9	Schottland	[19]
	47,4	Finnland	[19]
	38,4	Österreich	[19]
Weizenmehl	72,0	Schweden	[19]
	10,3	BR Deutschland	[19]
	61,6	Finnland	[19]
	4,9	Österreich	[19]
Gemüse			
Kartoffel	21,7	Schweden	[19]
	22,3	Schottland	[19]
	21,2	Finnland	[19]

Tabelle 5.15. Untersuchungen bestimmter Lebensmittelgruppen auf ihren Eisengehalt. (Nach [6])

Lebensmittelgruppe	Anteil an der Nahrungsaufnahme (%)	Aufnahme (mg/Person/Tag)	Durchschnittlicher Gehalt (μg/g)
Milch und Käse	3	0,3	0,7
Eier	4	0,5	20,0
Fleisch	24	2,7	18,0
Fisch	2	0,2	10,0
Getreide (einschließlich supplimentierter Produkte)	39	4,4	19,1

Tabelle 5.15. (Fortsetzung) Untersuchung bestimmter Lebensmittelgruppen auf ihren Eisengehalt. (Nach [6])

Lebensmittelgruppe	Anteil an der Nahrungsaufnahme (%)	Aufnahme (mg/Person/Tag)	Durchschnittlicher Gehalt (μg/g)
Wurzelgemüse	7	0,8	4,4
Blattgemüse	11	1,2	10,9
Obst und Konserven	5	0,6	
Fette	<1	0,1	
Getränke	<1	0,1	
andere	3	0,4	
Gesamtaufnahme		11,3	

Tabelle 5.16. Tägliche Eisenaufnahme mit der Nahrung in einzelnen Ländern

Aufnahme (mg/Person/Tag	Land		Literatur (aus Kap. 5)
Erwachsene			
12,0	England		[6]
11,3	England		[7]
12,3	England		[16]
13,9	BR Deutschland		[8]
11 ± 2,6	BR Deutschland		[9]
5,6	BR Deutschland		[15]
10	Italien		[10]
7,4–43,0	Schweiz		[11]
9,6	Schweiz (4 verschiedene Diäten)		[14]
10,6	USA		[17]
16,0	USA		[18]
Kinder		Gehalte μg/100 kcal	
Spanien (Standardformeldiät für Kleinkinder)		506	[20]
Spanien (Formeldiät für Neugeborene)		419 Mittelwerte	[20]

5.6 Jod

Der höchste Beitrag zur Jodversorgung kommt durch den Verzehr von Meerestieren [1]. Der Gehalt in anderen Lebensmitteln schwankt aufgrund geologischer Bedingungen sehr stark. Nach Angaben der Literatur wird eine ausgeglichene Jodbilanz bei Aufnahmen von 44–162 μg Jod/Tag erreicht [2].

Da vielfach die alimentäre Zufuhr von Jod nicht ausreicht, erfolgt eine Supplementierung meistens über das Speisesalz. Meeresprodukte sind im allgemeinen reicher an Jod, ebenso Eier und Innereien.

Literatur

1. T. Hazel: Wld. Rev. Nutr. Diet. 46: 1 (1985)
2. H. Zumkley (ed.): Spurenelemente: Grundlagen-Ätiologie-Diagnose-Therapie; G. Thieme Verl. Stuttgart, New York 1983

3. J. F. Lawrence, R. K. Chandra, H. B. S. Conacher: Int. J. Environm. Anal. Chem. 15: 303 (1983)
4. C. M. Elson, R. G. Ackerman, A. Chatt: J. Am. Clin. Chem. Soc. 60: 829 (1983)
5. A. Wyttenbach, S: Bajo, L. Tobler, B. Zimmerli: 4th Int. Workshop on Trace Element Chemistry in Medicin and Biology, Neuherberg, BRD, 1986
6. R. W. Wenlock, D. H. Buss: Br. J. Nutr. 47: 381 (1982)

Tabelle 5.17. Jodgehalt einzelner Lebensmittel

Lebensmittel	Gehalt (μg/g)	Bemerkung	Literatur (aus Kap. 5)
Vollmilch	0,435–0,672	homogenisiert	[3]
Milch (3% Fett)	0,374–0,493	entrahmt	[3]
Rohes Fischöl	0,97–4,76		[4]

Tabelle 5.18. Untersuchung bestimmter Lebensmittelgruppen auf ihren Jodgehalt. (Nach [1, 6])

Lebensmittelgruppe	Anteil an der Nahrungaufnahme (%)	Aufnahme (μg/Person/Tag)	Durchschnittlicher Gehalt (μg/g)
Milch und Käse	36	92	0,23
Fleisch	14	36	0,24
Fisch	6	15	0,75
Getreideprodukte	12	31	0,14
Wurzelgemüse	6	15	0,08
Grünes Gemüse	3	8	0,08
Obst und Zucker	10	25	0,15
Getränke	6	16	0,02
Gesamtaufnahme		238	

Tabelle 5.19. Tägliche Jodaufnahme mit der Nahrung in einzelnen Ländern

Aufnahme (μg/Person/Tag	Land	Literatur (aus Kap. 5)
250	Schweiz (4 verschiedene Diäten)	[5]
255	England	[6]

5.7 Lithium

Lithium wird zwar als essentielles Spurenelement diskutiert, es sind bis jetzt jedoch nur wenige Daten in der Literatur vorhanden. Die wenigen vergleichbaren Daten zeigen eine starke Abhängigkeit von der örtlichen Lage oder der Anbaufläche. Vergleichsweise reich an Lithium sind Blätter von Knollenfrüchten und Gras. Vegetative Teile von Pflanzen enthalten mehr Lithium als Samen, Knollen und Früchte.

Literatur

1. L. N. Konosko, N. L. Emchenko: Vop. Pit. 5: 66 (1983)
2. B. Medina, P. Sudrand: Ann. Fals. Exp. Chim. 197: 72 und (772) 65–71 (1979)
3. J. J. Latvietis, I. W. Ruvalds, J. A. Osols, I. A. Miesite: In: Mengen und Spurenelemente – Arbeitstagung 1983, Karl Marx Univ. Leipzig//DDR Herausg.: M. Anke, Ch. Brückner, H. Gürtler, M. Grün, VEB Kongreß- und Werbedruck Oberlungwitz, DDR

Tabelle 5.20. Lithiumgehalt einzelner Lebensmittel

Lebensmittel	Gehalt (μg/g)	Bemerkung	Literatur (aus Kap. 5)
Zwiebel (roh)	0,376 ± 0,022 bis 0,934 ± 0,020		[1]
Zwiebel (trocken)	3,51 ± 11,54		[1]
Knoblauch (roh)	0,292 ± 0,024		[1]
Knoblauch (trocken)	0,665		[1]
Knoblauch (roh)	1,14		[1]
Knoblauch (trocken)	2,59		[1]
Wein	0,002–0,0065	Bordeaux, weiß	[2]
Rotwein	0,0034–0,0135	Rotwein	[2]
Zuckerrüben	5,1–11,5		[3]
Rote Rüben	5,7–15,4		[3]
Kartoffeln	5,7–12,9		[3]
Hafermehl	2,8–4,6		[3]
Weizenmehl	2,7–5,4		[3]
Gerstenmehl	2,5–5,3		[3]
Roggenmehl	2,3–4,9		[3]

5.8 Mangan

In pflanzlichen Lebensmitteln ist Mangan in sehr unterschiedlichen Konzentrationen anzutreffen, während der Mangangehalt tierischer Lebensmittel konstant ist. Hohe Mangangehalte weisen Kleien – vor allem Reiskleie, Buchweizenkleie und Gerstenkleie –, Vollkornmehle und Tee auf. In England trägt Tee zu rund 50% zur Manganversorgung bei [1]. Getreide dagegen trägt in England zu einem Drittel, in Finnland sogar zu 70% der nahrungsbedingten Manganaufnahme bei [2]. Getreidekeimlinge enthalten höhere Manganmengen. Erhebliche Gehalte finden sich in Walnüssen [3].

Literatur

1. R. W. Wenlock, D. H. Buss, E. J. Dixon: Br. J. Nutr. 41: 253 (1979)
2. T. Hazel: Wld. Rev. Nutr. Diet. 46: 1 (1985)
3. D. Schlettwein-Gsell: In: Mommsen-Straub: Int. Z. f. Vitamin- u. Ernährungsforschung, Beiheft 13, Spurenelemente in Lebensmitteln. Verlag H. Huber, Bern, Stuttgart, Wien 1973
4. H. Schenkel, F. Berschauer, S. Gaus: Landw. Forsch. Sonderheft 36: 307 (1980)
5. H. Gunshin, M. Yoshikawa, T. Dondon, N. Kato: Agric. Biol. Chem. 49: 21 (1985)
6. A. Gormican: J. Am. diet. Ass. 56: 397 (1970)
7. H. A. Schroeder, J. J. Balassa, I. H. Tipton: J. Chron. Dis. 19: 545 (1966)
8. WHO Techn. Rept. No 532 p. 34 Genf 1973

9. R: Schelenz: J. Radioanal. Chem. 37: 529 (1977)
10. M. Stransky, D. M. Knopp, A. Blumenthal: Mitt. Hyg. (Bern) 71: 163 (1980)
11. P. Antila, U. Antila: Suomen Kemistilehti 44B: 161 (1971)
12. A. Wyttenbach, S. Bajo, L. Tobler, B. Zimmerli: 4th Int. Workshop on Trace Element Chemistry in Medicin and Biology, Neuherberg, BRD, 1986
13. R. S. Gibson, C. A. Scythes: Br. J. Nutr. 48: 241 (1982)
14. D. C. Kirkpatrick, D. E. Coffin: J. Inst. Can. Sci. Technol. Aliment. 7: 56 (1974)
15. S. D. Soman, V. K. Paday, K. T. Joseph, S. J. Raut: Health Phys. 17: 35 (1969)
16. T. Nakagana: Oska Shinitsu Daigaku Igake Zasshi 17: 401 (1968)
17. B. E. Guthrie, M. F. Robinson: Br. J. Nutr. 38: 55 (1977)
18. D. Schlettwein-Gsell, H. Seiler: Mitt. Hyg. (Bern) 63: 188 (1972)
19. I. H. Tipton, P. L. Stewart, J. Dickson:Health Phys. 16: 455 (1969)
20. V. N. Zinkina, M. M. Baltabaev: Pediatriya 11: 72 (1975)
21. J. Kumpulainen: Report of Activities 1983–85 FAO-European Cooperation Network on Trace Elements Subnetwork E. Trace Element Status in Food
22. Y. Murakami, Y. Suzuki, T. Yamagata: J. Rad. Res. 6: 105 (1965)
23. E. I. Hamilton: Trace Substances Environm. Health 13: 3 (1979)
24. National Academy of Sciences: Manganese, NAS, Washington DC, USA, p. 191ff. (1980)
25. B. E. Guthrie: New Zealand Med. J. 82: 418 (1975)
26. Manganese: Environmental Health Criteria 17, WHO/ILO/UNEP, Genf, 1981
27. J. Bouquiaux: Commission of the European Communities Doc. V/F/1966/74e, Luxemburg
28. R. Belz: Voeding 21: 236 (1960)
29. C. Schlage, B. Wortberg: Acta Paediatr. Scand. 61: 648 (1972)
30. Y. Nakamura, M. Osada: Ann. Rep. Kyoritsu Coll. Pharm. 3: 19 (1957)
31. T. Nakagawa: J. Osaka City Cent. 17: 401 (1968)
32. R. Garcia Olmedo, C. Diez Marque: Ann. Bromatol. 37: 43 (1985)

Tabelle 5.21. Mangangehalt einzelner Lebensmittel

Lebensmittel	Gehalt (µg/g)	Bemerkung	Literatur (aus Kap. 5)
Getreide, Getreideprodukte			
Weizen	49,0	Vollkorn	[3]
	11,32		[3]
	46,0		[3]
	8,1–11,3		[3]
	24,0		[3]
	29,0–70,0		[3]
	30,0		[3]
	34,4		[3]
	37,0		[3]
	13,7–40,3		[25]
	19,0–84,0		[3]
	137,4	Keime	[3]
	92,0–225,0		[3]
	30,6	Vollkorn, Schweden	[21]
	37,1	BR Deutschland	[21]
	23,6	Schottland	[21]
	48,2	Finnland	[21]
	37,3	Österreich	[21]
Weizenmehl	56,4	Voll	[3]
	30,0	98%	[3]
	18,0	80–85%	[3]
	6,1–16,7	85%	[3]

Tabelle 5.21. **(Fortsetzung)**

Lebensmittel	Gehalt (μg/g)	Bemerkung	Literatur (aus Kap. 5)
Weizenmehl (Forts.)	4,6	Fein	[3]
	7,52		[3]
	4,8–7,1	70–75%	[3]
	9,0	70–75%	[3]
	4,0–13,3	30%	[3]
	70,0	Type 1600	[3]
	20,0	Type 550, 630	[3]
	4,5	Schweden	[21]
	5,8	BR Deutschland	[21]
	11,6	Finnland	[21]
	3,7	Österreich	[21]
Buchweizen	13,11	Vollkorn	[3]
	12,00–17,60		[3]
Buchweizenmehl	20,9		[3]
Buchweizenkleie	250,0		[3]
Gerste	16,8	Vollkorn	[3]
	17,8		[3]
	15,0–18,0	entspelzt	[3]
	16,0		[3]
	15,1–15,9		[3]
	15,9		[3]
	15,0		[3]
	9,0–23,0		[3]
	9,9		[25]
	130,0	Keime	[3]
Gerstenkleie	50,0		[3]
Hafer	9,8–16,4	Vollkorn	[3]
	28,0–46,0		[3]
	48,7		[3]
	40,0		[3]
	43,0		[3]
	27,0–62,0		[3]
	21,0	Grütze	[3]
Hafermehl	2,72		[3]
	34,0		[3]
	27,9		[3]
Haferkleie	100,0		[3]
Haferflocken	49,5		[3]
	28,0–46,0		[3]
	40,0		[3]
Hirse	2,04	Vollkorn	[3]
	30,0		[3]
Mais	2,84	Vollkorn	[3]
	1,5–8,0		[3]
	10,7		[3]
	10,0		[3]
	7,5		[3]
	8,0		[3]
	6,5–11,6		[3]
	3,8		[25]
	100,0	Keime	[3]
Maismehl	10,0		[3]

Tabelle 5.21. (Fortsetzung)

Lebensmittel	Gehalt (μg/g)	Bemerkung	Literatur (aus Kap. 5)
Maismehl (Forts.)	2,8	gelb	[3]
	1,1		[3]
Maiskleie	16,0		[3]
Cornflakes	<0,4		[3]
	0,5		[3]
Reis	17,0	Voll	[3]
	18,4		[3]
	1,42	amerikanisch	[3]
	1,17	madagassisch	[3]
	2,08	japanisch	[3]
	19,0		[3]
	6,0		[3]
	15,0	glaciert	[3]
	10,8		[3]
	1,53	japanisch	[3]
	10,0–30,0		[3]
	10,1		[3]
	9,6	poliert	[25]
	32,5	unpoliert	[25]
	10,0		[3]
Reiskleie	260,0		[3]
Reismehl	6,0		[3]
Roggen	13,29	Vollkorn	[3]
	19,0–29,0		[3]
	40,0		[3]
	34,6	Vollkorn	[25]
Roggenmehl	19,4		[3]
	5,1–22,7		[3]
	30,7		[3]
	40,0	98%	[3]
	20,0	80–85%	[3]
	10,0	70–75%	[3]
	22,0	Type 997	[3]
	18,9–25,0		[3]
Roggenkleie	120,0		[3]
Sojamehl	40,0	vollfett	[3]
	30,0		[3]
	60,0		[3]
Weizenkleie	136,5		[3]
	110,0		[3]
	91,1		[3]
	133,0		[3]
	144,0–168,0		[3]
	112,0	grob	[3]
	94,0	fein	[3]
	41,0	40%	[3]
Tapiokastärke	6,9		[3]
	2,0–10,0		[3]
Vollkornbrot	12,0	Weizen	[3]
	24,0		[3]
	27,0		[3]
	15,0		[3]

Tabelle 5.21. (Fortsetzung)

Lebensmittel	Gehalt (μg/g)	Bemerkung	Literatur (aus Kap. 5)
Weißbrot	2,5	Weizen	[3]
	5,9		[3]
	3,0		[3]
	2,0–10,0		[3]
	6,0		[3]
	2,0		[3]
	3,1		[3]
Roggenbrot	5,0		[3]
	12,8		[3]
	4,3–16,7		[3]
	25,0	dunkel	[3]
	15,0	hell	[3]
Grahambrot	31,6		[3]
Holländisches Graubrot	12,0		[3]
Kommißbrot	23,0		[3]
Simonsbrot	150,0		[3]
Steinmetzbrot	7,0		[3]
Brötchen	12,0		[3]
Crackers	3,9–4,3		[3]
Kinderbisquits	4,3		[3]
Zwieback	7,56		[3]
Teigwaren			
Teigwaren	8,3	mit Weizenmehl	[3]
Eierteigwaren	7,49		[3]
Eiernudeln	7,8		[3]
Maccaroni	5,0		[3]
	10,56	trocken	[3]
Spaghetti	5,4		[3]
Kartoffeln			
Kartoffeln	9,4	Schweden	[21]
	8,4	Schottland	[21]
	9,3	Finnland	[21]
	0,42	roh	[3]
	1,7		[3]
	0,4–1,8		[3]
	1,5		[3]
	0,5–2,8		[3]
	1,5–1,7		[3]
	1,0		[3]
	2,6	ganz, roh, Durchschnitt von mehreren Sorten	[3]
	1,5	geschält, roh	[3]
	1,3	geschält, gekocht	[3]
Bataten	1,5–5,2	Süßkartoffeln	[3]
	3,0		[3]
	1,5		[3]
	6,2		[3]
Zucker, Zuckerwaren, Honig			
Zucker	< 0,4	braun und weiß	[3]
	0,1	Rohrzucker	[3]

Tabelle 5.21. (Fortsetzung)

Lebensmittel	Gehalt (µg/g)	Bemerkung	Literatur (aus Kap. 5)
Melasse	0,4		[3]
Konfitüre	2,4	Hagebutten	[3]
Sirup	110,0	Himbeer	[3]
	100,0–110,0		[3]
Honig	0,3		[3]
	2,1		[3]
	3,0		[3]
Hülsenfrüchte, Nüsse			
Pferde- und Saubohnen	2,4		[3]
Bohnen	20,0	weiße (Bohnensamen)	[3]
	10,0–30,0		[3]
	0,04–21,06	je nach Untersuchungsmethode	[3]
	9,6		[3]
	1,8		[25]
	14,1	gekocht	[3]
	0,24	grün	[3]
	1,7		[3]
	1,5–1,9		[3]
	16,4	getrocknet, Kidney	[3]
Limabohnen	16,4–25,4		[3]
	10,7		[3]
	5,4		[3]
	10,0		[3]
Brechbohnen	2,2		[3]
	1,2	gekocht	[3]
Sojabohnen	32,0		[3]
	23,0	getrocknet	[3]
Bohnen, Schnittbohnen	2,7	grün, gefroren	[3]
	4,5		[3]
	3,2–5,5		[3]
	6,5–11,1		[3]
	3,3		[3]
	20,0		[3]
	2,0–9,0		[3]
Erbsen	20,0–80,0	grün, geschält	[3]
	10,1	Split	[3]
	2,6		[25]
	12,74	grün, getrocknet	[3]
	27,7		[3]
	20,0	Split, getrocknet	[3]
	4,1		[3]
	0,64		[3]
	6,02		[3]
	9,9–16,7		[3]
	7,0		[3]
	4,1–9,8		[3]
	9,8		[3]
	1,1		[3]
Erbsen und Karotten	2,1		[3]
Erdnüsse	15,0	gesalzen	[3]
	15,1		[3]

Tabelle 5.21. (Fortsetzung)

Lebensmittel	Gehalt (μg/g)	Bemerkung	Literatur (aus Kap. 5)
Erdnüsse (Forts.)	6,91		[3]
	15,7		[3]
Haselnüsse	42,0		[3]
	41,7		[3]
Kastanien	36,7		[3]
	7,0		[3]
	13,0	getrocknet	[3]
Kokosnüsse	0,38		[3]
	13,1		[3]
	15,1		[3]
	26,0	getrocknet	[3]
Mandeln	24,69		[3]
	19,0		[3]
	19,4		[3]
Paranüsse	27,8		[3]
	3,0–9,0		[3]
	3,2–9,2		[3]
	9,2		[3]
Pekannüsse	15,0		[3]
	35,09		[3]
	34,8		[3]
Piniennüsse	17,0	Kerne	[3]
	9,7		[3]
Pistazien	6,3		[3]
Walnüsse	21,0		[3]
	18,0		[3]
	7,52		[3]
	32,1	Schwarze Walnüsse	[3]
	19,7		[25]
Gemüse, Gewürze			
Karotten	< 0,2		[3]
	0,6–2,5		[3]
	0,7–7,6		[3]
	0,6–3,0		[3]
	4,0		[3]
	6,0		[3]
	3,0		[3]
	1,8	gekocht	[3]
	2,9		[3]
	0,6		[3]
	0,82		[3]
	1,56	Möhren 0,134	[3]
	0,5–2,0		[3]
Knoblauch	0,95		[3]
	0,5		[3]
	13,0		[3]
Knoblauchpulver	< 2,0–6,0		[3]
	0,45		[3]
Knollensellerie	< 0,2		[3]
	1,6		[3]
	1,5		[3]

Tabelle 5.21. (Fortsetzung)

Lebensmittel	Gehalt (μg/g)	Bemerkung	Literatur (aus Kap. 5)
Knollensellerie (Forts.)	1,4–1,6		[3]
	0,2–9,8		[3]
Kohlrabi	1,1	Knollen	[3]
	0,8		[3]
	2,0		[3]
Lauch	0,7		[3]
	0,9		[3]
Pastinak	0,3–3,4		[3]
	3,5		[3]
	0,3		[3]
Radieschen	0,5		[3]
	0,5–2,0		[3]
	1,1		[3]
	0,8		[3]
Rettiche	0,9–9,3		[3]
	0,5		[3]
Rüben	0,4	Kohl-, Steckrüben	[3]
	2,5		[3]
	9,4	Rande (rote Beete)	[3]
	1,1–9,9		[3]
	10,0		[3]
	0,5–14,0		[3]
	5,8	Runkelrüben	[3]
Zwiebeln	0,78		[3]
	3,6		[3]
	0,6–6,1		[3]
	0,5–3,6		[3]
	2,5		[3]
	8,0	gekocht	[3]
	0,3–7,0		[3]
	0,5		[3]
	5,2–10,0		[3]
Artischocken	3,6		[3]
Broccoli	0,56	gefroren	[3]
	1,54		[3]
Brunnenkresse	5,4		[3]
	50,0		[3]
	1,6		[3]
	4,5		[3]
Endivie	2,2		[3]
	0,8		[25]
	0,4	gekocht	[3]
Kohl, Chinakohl	2,8		[3]
	2,4–3,3		[3]
	1,2		[3]
Grünkohl	5,0		[3]
	1,13		[3]
	0,9–9,8		[3]
	5,5		[3]
	2,4		[3]
	0,8		[3]
	11,5	nur Außenblätter	[3]

Tabelle 5.21. (Fortsetzung)

Lebensmittel	Gehalt (µg/g)	Bemerkung	Literatur (aus Kap. 5)
Grünkohl (Forts.)	1,7		[3]
	0,9		[3]
	0,8	gekocht	[3]
	5,0–5,9		[3]
Rosenkohl	2,7		[3]
	2,5		[3]
Rotkohl	1,0		[3]
	1,2		[3]
Weißkohl	0,63		[3]
	1,0		[3]
	1,4		[3]
	1,2–5,4		[3]
	0,7		[3]
Blumenkohl	1,6	gefroren	[3]
	1,7		[3]
	0,6		[3]
	1,3	gekocht	[3]
Löwenzahn	3,0	Blätter	[3]
	580,0		[3]
	3,4		[3]
Petersilie	9,4		[3]
	1,1–12,7		[3]
	85,0		[3]
	9,0		[3]
Salat	0,69	Kopfsalat	[3]
	8,0		[3]
	0,8–7,9		[3]
	5,0–11,0		[3]
	5,3		[3]
	4,2	nur Blätter	[3]
	2,2		[3]
	5,0–10,8		[3]
Sauerampfer	490,0		[3]
	480,0–500,0		[3]
	5,9		[3]
Spinat	5,6	gefroren	[3]
	8,2		[3]
	96,1		[3]
	47,0–149,3		[3]
	7,77		[3]
	5,0–20,0		[3]
	6,7		[3]
	8,0		[3]
	2,0		[3]
	0,5	gekocht	[3]
	7,0		[3]
	1,8		[25]
	1,42		[3]
Auberginen	1,1		[3]
	0,4–4,7		[3]
	1,9		[3]
Chicoree	3,0	Brüsseler	[3]

Tabelle 5.21. (Fortsetzung)

Lebensmittel	Gehalt (μg/g)	Bemerkung	Literatur (aus Kap. 5)
Chicoree (Forts.)	3,45		[3]
	2,7		[3]
Gurken	0,56		[3]
	1,5		[3]
	0,14		[3]
	0,4–4,8		[3]
Kürbis	0,4		[3]
	1,4		[3]
Mangold	3,0		[3]
Paprikaschoten	1,3		[3]
	1,0		[3]
Rhabarber	0,91 ± 0,39		[3]
	3,00 ± 1,93		[3]
	1,5		[3]
	4,57		[3]
	1,3		[3]
	0,5–2,0		[3]
Spargel	1,8	gefroren	[3]
	1,9		[3]
	0,32		[3]
	2,7		[3]
	2,5–3,0		[3]
	2,0		[3]
	3,0		[3]
	2,8		[3]
	1,0		[3]
	0,27	Spitzen	[3]
	1,3		[3]
Tomaten	< 0,2		[3]
	1,9		[3]
	0,35–3,9		[3]
	1,4		[3]
	1,2		[3]
	0,1	gekocht	[3]
	1,3		[3]
	0,2–0,6		[25]
	0,4		[3]
	0,3		[3]
Tomatenketchup	0,3		[3]
Tomatenmark	2,87	Tomatenpüree	[3]
Tomatensaft	0,13		[3]
	5,0–20,0		[3]
	0,6		[3]
Zucchini	1,4		[3]
Zuckermais	1,5		[3]
	2,0		[3]
	1,5–2,5		[3]
Maiskerne	< 0,2		[3]
Pilze	0,33	allgemein, in Dosen	[3]
Birkenpilze	7,4		[3]
Butterpilze	0,62		[3]
Champignons	0,8		[3]

Tabelle 5.21. (Fortsetzung)

Lebensmittel	Gehalt (µg/g)	Bemerkung	Literatur (aus Kap. 5)
Champignons (Forts.)	0,5	in Dosen	[3]
	5,8		[3]
Hallimasch	1,6		[3]
Morcheln	4,5		[3]
Pfifferlinge	5,0–20,0		[3]
Reizker	3,0		[3]
Steinpilze	0,5–2,0		[3]
Allspice	5,0–65,0		[3]
Basilikum	25,0–39,0		[3]
Bohnenkraut	31,0–113,0		[3]
Dillkraut	38,0–41,0		[3]
Dillsamen	14,0–22,0		[3]
Estragon	23,0–110,0		[3]
Fenchel	64,0–66,0		[3]
Gewürznelken	176,0–410,0		[3]
	262,86		[3]
Ingwer	235,0–280,0		[3]
	87,33		[3]
Kardamon	240–300		[3]
Koriander	15,0–23,0		[3]
Kümmel	27,0–40,0		[3]
Kurkuma	60,0–103,0		[3]
Lorbeer	45,0–105,0		[3]
Majoran	48,0–65,0		[3]
Mohnsamen	45,0–80,0		[3]
Muskatblüte	7,0–12,0		[3]
Muskatnuß	18,0–36,0		[3]
Oregano	41,0–53,0		[3]
Paprika	5,2–13,0		[3]
	4,86		[3]
Petersilie	80,0–130,0		[3]
Pfeffer	1,0	grün	[3]
	1,4		[3]
	14,0–23,0	rot	[3]
	21,0–75,0	schwarz	[3]
	47,48		[3]
	31,0–53,0	weiß	[3]
Rosmarin	14,0–22,0		[3]
Salbei	26,0–40,0		[3]
Salz	0	Tafelsalz	[3]
Selleriesamen	66,0–91,0		[3]
Senf	14,0–22,0	gemahlen	[3]
Sesamsamen	10,0–20,0		[3]
Thymian	70,0–126,0		[3]
	82,86		[3]
Zimt	123,0–192,0		[3]
Obst			
Grapefruit	0,1		[3]
	$0,2 \pm 0,12$	Sorte Marsh, Californien	[3]
	$0,11 \pm 0,03$	Sorte Marsh, Florida	[3]

Tabelle 5.21. (Fortsetzung)

Lebensmittel	Gehalt (μg/g)	Bemerkung	Literatur (aus Kap. 5)
Grapefruit (Forts.)	< 0,1		[3]
Grapefruitsaft	< 0,08		[3]
Mandarinen	0,4		[3]
Orangen	< 0,08		[3]
	0,25		[3]
	0,27 ± 0,09	Sorte Navel, Californien	[3]
	0,20 ± 0,04		[3]
	0,35	aus Florida	[3]
	0,3		[3]
	0,3		[25]
	0,4–1,7		[3]
Orangensaft	< 0,08		[3]
	0,13–0,20		[3]
Orangenschalen	203,0		[3]
Tangerinen	0,32 ± 0,08		[3]
	0,62	aus Florida	[3]
	0,4		[3]
Zitronen	0,4		[3]
	0–0,5		[3]
	0,3		[3]
Zitronensaft	0,08 ± 0,02	frisch gepreßt	[3]
	n. n.–0,50		[3]
Limettensaft	0,08 ± 0,02	aus Florida	[3]
Äpfel	0,35		[3]
	0,27 ± 0,07	Sorte McIntosh mit Haut	[3]
	0,18 ± 0,05	Sorte McIntosh geschält	[3]
	0,29 ± 0,09	Sorte Delicious mit Haut	[3]
	0,20 ± 0,07	Sorte Delicious geschält	[3]
	0,49 ± 0,10	Sorte Jonathan mit Haut	[3]
	0,38 ± 0,16	Sorte Jonathan geschält	[3]
	0,20 ± 0,70		[3]
	0,31		[3]
	0,4		[3]
	0,5–0,8		[3]
	0,8		[3]
	0,2–0,3		[25]
	2,0		[3]
Apfelmus	< 0,1		[3]
	0,3		[3]
	0,2		[3]
Apfelsaft	2,1		[3]
	0,5 mg/100 ml		[3]
Birnen	0,32 ± 0,15	Sorte Bartlett mit Haut	[3]
	0,18 ± 0,05		[3]
	0,6		[3]
	0,33		[3]
	0,7		[3]
	0,1–0,4		[25]
	2,0		[3]
	< 0,1		[3]
	0,2		[3]
Quitten	0,4		[3]

Tabelle 5.21. **(Fortsetzung)**

Lebensmittel	Gehalt (μg/g)	Bemerkung	Literatur (aus Kap. 5)
Aprikosen	0,48 ± 0,27		[3]
	2,0		[3]
	2,8		[3]
	< 0,1		[3]
	0,2		[3]
	0,8	gesüßt	[3]
Datteln	1,5		[3]
Kirschen	0,64 ± 0,18	aus Californien	[3]
	0,95 ± 0,88		[3]
	0,30		[3]
	0,29		[3]
	0,5		[3]
	7,8	Sorte Royal Anne	[3]
Mango	0,26 ± 0,06		
Oliven	0,6	grün	[3]
	0,2	grün	[3]
	0,5–10,0	mariniert	[3]
	3,5		[3]
	0,5		[3]
Pfirsiche	0,53 ± 0,24	geschält, Virginia	[3]
	0,32 ± 0,10		[3]
	1,1		[3]
	6,6		[3]
	6,7		[3]
	34,3		[3]
	< 0,1		[3]
	0,4	gesüßt	[3]
Pflaumen	0,78	gekocht	[3]
	0,21 ± 0,07	Santa Rosa mit Haut, Californien	[3]
	0,72 ± 0,52	yellow sweet mit Haut, Californien	[3]
	1,0		[3]
	0,5–2,0		[3]
	1,1		[3]
	0,7		[3]
	1,8		[3]
	0,7	gesüßt	[3]
	0,5–2,0		[3]
Pflaumensaft	0,2		[3]
Brombeeren	17,5 ± 8,79	aus North Carolina	[3]
	5,9		[3]
Erdbeeren	3,28 ± 1,33	aus Californien	[3]
	0,6		[3]
	2,2		[3]
	0,6–2,0		[3]
	1,9		[3]
Heidelbeeren	4,04 ± 1,22	aus North Carolina	[3]
	23,0		[3]
	35,0		[3]
Kulturheidelbeeren	0,46	(0,18–0,65)	[3]
	23,0–44,0		[3]

Tabelle 5.21. (Fortsetzung)

Lebensmittel	Gehalt (μg/g)	Bemerkung	Literatur (aus Kap. 5)
Kulturheidelbeeren (Forts.)	20,0		[3]
	44,4		[3]
	22,9–44,4		[3]
	1,5		[3]
	19,0		[3]
Himbeeren	11,39 ± 1,63	aus Maryland	[3]
	5,1		[3]
	1,2		[3]
Himbeersaft	17,0	frisch gepreßt	[3]
	9,0–28,0	aus Californien	[3]
Johannisbeeren	6,0	rot	[3]
	2,0–10,0		[3]
Krannbeeren	1,57 ± 0,54	aus Massachusetts	[3]
	3,0		[3]
	6,0–16,0		[3]
	3,0		[3]
Preiselbeeren	4,5		[3]
	3,0–6,0		[3]
Stachelbeeren	0,4		[3]
Ananas	21,28 ± 4,9	aus Puerto Rico	[3]
	10,7		[3]
	1,1		[3]
	30,0		[3]
	10,0		[3]
	11,6	in Büchsen	[3]
Ananassaft	9,9		[3]
Avocado	1,34 ± 0,32	Frühlingsernte, Californien	[3]
	1,50 ± 0,97	Winterernte, Californien	[3]
	3,0–42,0		[3]
	42,1		[3]
Bananen	1,3		[3]
	3,4 ± 4,6	aus Ecuador	[3]
	3,02 ± 3,56	aus Jamaica	[3]
	6,4		[3]
	6,0–8,0		[3]
	8,0		[3]
	1,5–2,0		[3]
	6,4–8,2		[3]
	8,2		[3]
	21,0		[3]
Feigen	1,28 ± 0,37	aus Californien	[3]
	3,5		[3]
Rosinen	3,2		[3]
	3,1		[3]
Kantalupen	< 0,1	Melonen	[3]
	0,22 ± 0,03	aus Californien	[3]
	0,4		[3]
	0,26		[3]
Trauben	0,65		[3]
	0,42 ± 0,10	Sorte Tokay, Californien	[3]
	0,83		[3]
	4,68		[3]

Tabelle 5.21. (Fortsetzung)

Lebensmittel	Gehalt (μg/g)	Bemerkung	Literatur (aus Kap. 5)
Trauben (Forts.)	0,9		[3]
	2,4	nur Fruchtfleisch	[3]
	0,7		[3]
	0,8–0,9		[3]
Traubensaft	3,6		[3]
Wassermelonen	0,26		[3]
	0,28 ± 0,18	aus Florida	[3]
	0,20		[3]
	0,20–2,70		[3]
	0,20–2,0		[3]
	0,20–1,8		[3]
Fleisch, Wurst			
Rindfleisch	< 0,2		[3]
	0,4–1,9		[3]
	0–0,50	mittelfett	[3]
	0,2		[3]
	0,18		[3]
	0,1–0,3	mager und fett	[3]
	0,3	Herz	[3]
	0,2	Kutteln	[3]
Leber	1,2–5,3	allgemein	[3]
	1,7		[3]
	2,7		[3]
	0,16		[3]
	2,5		[3]
	3,0		[3]
	2,2–2,7		[3]
Niere	0,8		[3]
	0,7		[3]
	< 0,2	Nierenstück	[3]
Kalbfleisch	< 0,2	mittelfett	[3]
	0,3	mager und fett	[3]
	0,1–0,3	mittelfett	[3]
	0,6	Niere	[3]
	0,3	Kotelett, Schlegel	[3]
	0,4	Hirn	[3]
Leber	3,4		[3]
	3,0		[3]
	2,3		[3]
	2,6		[3]
Schweinefleisch	0,407	Muskel	[4]
	0,34		[3]
	1,0–4,4		[3]
	0,5–2,0		[3]
	3,0		[3]
	0,09		[3]
	3,4		[3]
	2,8		[3]
	3,7		[3]
Niere	1,0		[3]
	0,75		[3]

Tabelle 5.21. (Fortsetzung)

Lebensmittel	Gehalt (μg/g)	Bemerkung	Literatur (aus Kap. 5)
Niere (Forts.)	0,6		[3]
	1,2		[3]
	1,1		[3]
	7,04		[4]
Zunge	0,19		[3]
Leber	11,8		[3]
	2,3		[3]
Kotelett	0,6	mager	[3]
Lendenstück	<0,2		[3]
Schinken	<0,2		[3]
	0,6	roh	[3]
Speck	<0,4		[3]
	0,1	roh	[3]
	0,2	getrocknet	[3]
Schaffleisch	0,4	mittelfett	[3]
	2,3	Leber	[3]
	2,0		[3]
	2,8		[3]
Niere	0,9		[3]
	0,3		[3]
Herz	0,32		[3]
Kotelett	0,34		[3]
	0,4		[3]
Rippenstück	<0,2	Schlegel	[3]
Schnitzel	0,4		[3]
Schulterstück	0,34		[3]
Ente	0,30		[3]
	0,22		[3]
Leber	4,0		
Gans	0,50		[3]
	0,52		[3]
Huhn	<0,2		[3]
	0,21	Hühnerbrust	[3]
	n. n.–0,5		[3]
	0,06		[3]
Herz	0,5		[3]
Leber	1,8		[3]
	2,6		[3]
	3,5		[3]
Truthahn	<0,2		[3]
	0,38		[3]
	0,5	dunkles Fleisch	[3]
	0,3	weißes Fleisch	[3]
Aufschnitt	<0,2		[3]
	0,7		[3]
Hackfleisch	0,8		[3]
Leberpastete	1,2		[3]
Fleisch und Geflügel	<0,1–2,7	verschiedene Sorten	[3]
Fische, Schalentiere, Weichtiere, Muscheln			
Seefische			
Flunder	0,2		[3]

Tabelle 5.21. (Fortsetzung)

Lebensmittel	Gehalt (µg/g)	Bemerkung	Literatur (aus Kap. 5)
Heilbutt	0,1		[3]
	0,12		[3]
Hering	0,2		[3]
	0,04	geräuchert	[3]
	1,2		[3]
Kabeljau	0,1	Dorsch	[3]
	0,02		[3]
	0–0,5		[3]
Lachs	<0,2	in Dosen	[3]
	0,1		[3]
	0,1–0,5		[3]
Makrelen	0,2		[3]
	0–0,5		[3]
	0,45		[3]
Sardinen	1,2		[3]
Schellfisch	<0,2	gefroren	[3]
	0,2		[3]
Scholle	0,1–0,5		[3]
Seebarsch	0,3		[3]
Seezunge	<0,2		[3]
Thunfisch	<0,2		[3]
Tintenfisch	1,1		[3]
	1,7		[3]
Süßwasserfische	0,48–0,76	allgemein	[3]
Fische	0,1–0,5	Mittelwert	[25]
Aal	0,3		[3]
	0,25		[3]
	0,3	geräuchert	[3]
Forelle	0,3		[3]
Hecht	0,2		[3]
Fischmehl	20,0		[3]
Austern	2,1		[3]
	0,06	gefroren	[3]
	2,0–10,0		[3]
	6,5		[3]
	5,0		[3]
Crevetten	0,02	gefroren	[3]
	0–0,5		[3]
	0,3		[3]
Hummer	0,4		[3]
Kammuscheln	0,11		[3]
Miesmuscheln	2,5	Moules	[3]
Taschenkrebse	0,3		[3]
Frösche	6,3		[3]
Schnecken	16,0		[3]
	36,6		[3]
Eier			
Hühnereier	<0,2	ganz	[3]
	0,3		[3]
	0,53		[3]
	0,39–0,50		[3]

Tabelle 5.21. (Fortsetzung)

Lebensmittel	Gehalt (µg/g)	Bemerkung	Literatur (aus Kap. 5)
Hühnereier (Forts.)	0,3		[25]
	0–0,5		[3]
	0,2–0,5		[3]
	0,4		[3]
Eigelb	< 0,2		[3]
	0,9		[3]
	0,88		[3]
	0,5–2,0		[3]
	0,5		[3]
	1,0		[3]
	1,2		[3]
	1,1		[3]
Eiweiß	< 0,1		[3]
	0,43		[3]
	0,08		[3]
Eipulver	1,7		[3]
Milch, Milchprodukte			
Muttermilch	0,0095		[5]
	0,024		[3]
	0,007		[3]
	0,4		[3]
	0,03		[3]
	0,011–0,017		[3]
Kuhmilch	0,0095		[5]
	< 0,1	Vollmilch	[3]
	0,02		[3]
	0,14	direkt vom Euter	[3]
	0,04–0,12		[3]
	0,016		[3]
	0,03		[3]
	0,02–0,04		[3]
	0,19–0,58		[3]
	0,0118 mg/l	Moosboden, Sommerfütterung	[3]
	0,0064–0,0292 mg/l	Moosboden, Sommerfütterung	[3]
	0,0195 mg/l	Hügelland, Sommerfütterung	[3]
	0,0045–0,0674 mg/l	Hügelland, Sommerfütterung	[3]
	0,0179 mg/l	Moosland, Winterfütterung	[3]
	0,0091–0,0363 mg/l	Moosland, Winterfütterung	[3]
	0,0222 mg/l	Hügelland, Winterfütterung	[3]
	0,0097–00,674 mg/l	Hügelland, Winterfütterung	[3]
	0,03		[3]
	0,022–0,033		[3]
	0,11–0,13		[3]
	0,01		[3]
	< 0,1	Magermilch	[3]
	0,5		[25]
	0,0045–0,0675		[3]
	0,024	Bereich: 0,011–0,030	[11]
Milchpulver	0,2	Vollmilch	[3]
	0,05–7,0	Magermilch	[3]
Kaffeerahm	0,026	mind. 10% Fett	[3]

Tabelle 5.21. (Fortsetzung)

Lebensmittel	Gehalt (μg/g)	Bemerkung	Literatur (aus Kap. 5)
Kaffeerahm (Forts.)	0,017–0,034		[3]
Emmentaler	<0,4		[3]
	1,32		[3]
	1,6		[3]
Gorgonzola	1,88		[3]
Holländerkäse	0,42–2,3		[3]
Vollfettkäse	0,2–0,4	jung	[3]
Buttermilch	<0,1		[3]
Quark	0,35–1,1		[3]
	0,1		[3]
Fette, Öle			
Baumwollsamenöl	2,52		[3]
	0,13		[3]
Erdnußbutter	19,0		[3]
Erdnußöl	0,02		[3]
Kokosfett	10,0	gereinigt	[3]
Margarine	0,036		[3]
	0–0,142		[3]
	0,27		[3]
Sonnenblumenöl	1,47		[3]
Butter	0,4		[3]
	0,96		[3]
	0,39		[3]
	0,1		[25]
Lebertran	5,0		[3]
Rindertalg	0,01		[3]
Verschiedenes			
Kakao	25,0	trocken	[3]
	35,3		[3]
Schokolade	31,0	Milchschokolade und milchfrei	[3]
	30,5	bittere Schokolade	[3]
Schokoladepulver	2,3		[3]
Eiskrem	<0,1	Vanille	[3]
Essig	2,54		[3]
Hefe	5,3		[3]
	9,0		[3]
Senf	1,26		[3]
	36,0	weißer Senf	[3]
	25,0	schwarzer Senf	[3]
Getränke			
Kaffee	0,14	Aufguß	[3]
	0,14	Aufguß	[31]
	0,85		[3]
Kaffeepulver	15,0		[3]
	20,65		[3]
Tee	2,2	Aufguß	[3]
	6,9		[3]
	77,0		[3]
Teeblätter	710,0	Orange pekoe	[3]

Tabelle 5.21. (Fortsetzung)

Lebensmittel	Gehalt (μg/g)	Bemerkung	Literatur (aus Kap. 5)
Teeblätter (Forts.)	780–930		[30]
	275,58		[3]
	60,0	Massai-Tee	[3]
	50,0–60,0	Massai-Tee	[3]
	150,0–900,0		[3]
	383,0		[3]
Bier	0,3	μg/100 cm^2	[3]
Wein	3,0	μg/100 cm^2	[3]
Wein	0–2,0	rot, leicht	[3]
	3,3	schwer	[3]
	1,4	weiß, mittel	[3]
	0–3,0		[3]
	3,0	süß, μg/100 cm^2	[3]
Leitungswasser	< 0,01	Utrecht	[3]
Grundwasser	0,001–0,12	UdSSR	[26]
Trinkwasser	0,001–0,063	BR Deutschland	[27]
Kindernahrung			
Reisbrei	0,49–0,64	aus Kuhmilch und Reismehl	[3]
Kartoffelbrei	2,87		[3]
Obstbrei	1,509		[3]
Quarkbrei	1,84		[3]
Standard-Formeldiät für Kleinkinder	35,55	μg/100 Kcal, Spanien	[32]
Formeldiät für Neugeborene	16,44	μg/100 Kcal, Spanien	[32]

Tabelle 5.22. Untersuchungen bestimmter Lebensmittelgruppen auf ihren Mangangehalt. (Nach [1, 3, 24])

Lebensmittelgruppe	Anteil an der Nahrung (%)	Aufnahme (mg/Person/Tag)	Durchschnittlicher Gehalt (μg/g)
Milch und Käse	1	0,04	0,1
		0,03–1,6	0,5
Fleisch	2	0,09	0,6
		0,08–3,8	1,0
Fisch	1	0,02	0,8
		0,12–0,40	0,25
Getreide und Getreideprodukte	34	1,56	6,8
		0,5–91	20,2
Wurzelgemüse	5	0,24	1,3
		0,4–9,2	2,1
Blattgemüse	4	0,17	1,5
		0,8–12,6	4,5
Obst	6	0,28	1,7
		0,2–44,4	3,7
Leguminosen (trocken)		10,7–27,7	20,0
Getränke (vor allem Tee)	48	2,24	18,7

Tabelle 5.23. Tägliche Manganaufnahme mit der Nahrung in einzelnen Ländern

Aufnahme (mg/Person/Tag)	Land/Bemerkung	Literatur (aus Kap. 5)
2–9	Bereich aus Literaturdaten (WHO, ILO, UNEP)	[26]
	Hospitaldiäten (USA)	
0,88	Normalkost (Sommer)	[6]
1,78	Normalkost (Winter)	
0,40	bei 40 g Protein (Sommer)	[6]
0,38	(Winter)	
0,95	1000 cal (Sommer)	[6]
0,47	(Winter)	
1,24	1500 cal (Sommer)	[6]
1,17	(Winter)	
2,40	Institutionale Diät	[7]
2,0–8,8	Bereich der WHO-Empfehlungen 1973	[8]
3,56 ± 1,23	BR Deutschland	[9]
2,7 ± 7,2	Schweiz	[10]
3,5	Schweiz (4 verschiedene Diäten)	[12]
2,93–4,40	Schweiz	[18]
3,1 ± 1,5	USA (100 Frauen, 30 Jahre, Diät)	[13]
2,95–3,65	Kanada	[14]
5,8–12,4	Indien	[15]
6,0–10,0	Japan	[16]
2,8	Japan	[22]
0,8–7,1	Neuseeland	[17]
3,3–5,6	USA	[19]
5,2	Sowjetunion	[20]
2,7 ± 0,8	England	[23]
4,6	England	[1]
2,3–2,4	Niederlande	[26]
Kinder		
1,7	Niederlande (7–9jährige Kinder)	[28]
1,4	Skandinavien (3–5jährige Kinder)	[29]
2,2	Skandinavien (9–13jährige Kinder)	[29]

5.9 Molybdän

In Finnland [1] wird rund die Hälfte der Molybdänversorgung durch Milchprodukte und Getreide gedeckt. Reich an Molybdän sind aufgrund der in den Organen lokalisierten molybdänhaltigen Enzyme die Leber und die Niere. Leguminosen enthalten ebenfalls reichlich Molybdän. In Getreideprodukten kann durch Vermahlung eine Verminderung der Gehalte um 40% erfolgen [2]. In Lebensmitteln werden, vermutlich bedingt durch geologische Unterschiede, große Schwankungen im Molybdängehalt beobachtet. Darauf deuten auch die großen Unterschiede im Trinkwasser der Schweiz [3] hin. Über die durchschnittliche tägliche Aufnahme mit der Nahrung gibt es nur wenige Angaben. Trotz aller Unterschiede in den Daten einzelner Lebensmittel zeigen die in Tabelle 5.26 angeführten Daten eine sehr gute Übereinstimmung.

Literatur

1. P. Varo, P. Koivistoinen: Acta Agric. Scand., Suppl. 22 p. 165 (1980)
2. H. A. Schroeder, J. J. Balassa, I. H. Tipton: J. Chron. Dis. 23: 481 (1970)
3. R. Wenger, O. Högl: Mitt. Hyg. (Bern) 59: 525 (1968)
4. D. Schlettwein-Gsell, S. Mommsen-Straub: Int. Z. für Vitamin- u. Ernährungsforschung, Beiheft 13, Spurenelemente in Lebensmitteln. Verlag H. Huber, Bern, Stuttgart, Wien, 1973
5. R. Schelenz: J. Radioanal. Chem. 37: 529 (1977)
6. E. J. Underwood: Trace Elements in Human Nutrition 3 rd ed. Academic Press, New York 1971
7. A. I. Vorabeva, E. V. Omolovskaja: Gigiena Sanit. 11: 108 (1970)
8. A. Wyttenbach, S. Bajo, L. Tobler, B. Zimmerli: 4th Int. Workshop on Trace Element Chemistry in Medicin and Biology. Neuherberg, BRD, 1986
9. M. F. Robinson, J. M. Mc Kenzie, C. D. Thomson, A. L. van Rij: Br. J. Nutr. 30: 195 (1973)
10. I. H. Tipton, P. L. Stewart, P. G. Martin: Hlth. Physics 12: 1683 (1966)
11. J. Kumpalainen: Report on Activities 1983–85 FAO-European Cooperation Network on Trace Elements Subnetwork E: Trace Element Status (1986)
12. E. I. Hamilton: Trace Subst. Environm. Hlth. 13: 3 (1979)
13. J. A. Duke: Econ. Bot. 24: 344 (1970)
14. L. I. Hart, E. C. Owen, R. Proudfoot: Br. J. Nutr. 21: 617 (1967)
15. V. Gupta, J. Lipsett: Adv. Agron. 34: 73 (1981)
16. I. H. Tipton, P. L. Stewart, P. G. Martin: Health Phys. 12: 1983 (1966)

Tabelle 5.24. Molybdängehalt einzelner Lebensmittel

Lebensmittel	Gehalt (μg/g)	Bemerkung	Literatur (aus Kap. 5)
Getreide, Getreideprodukte			
Weizen	0,64–5,87	Vollkorn	[4]
	0,19–0,78		[4]
	0,1987		[4]
	0,30		[4]
	0,48		[4]
	0,23–0,40		[4]
	0,603	Schweden (Vollkorn)	[11]
	0,308	BR Deutschland	[11]
	0,660	Schottland	[11]
	0,313	Finnland	[11]
	0,246	Österreich	[11]
	0,83		[4]
	0,70		[4]
Weizen und Roggen	0,83		[4]
Weizenkeime	5,12		[4]
	0,67		[4]
	1,34		[4]
Weizenmehl	0,327	Schweden	[11]
	0,167	BR Deutschland	[11]
	0,206	Finnland	[11]
	0,137	Österreich	[11]
	0,25		[4]
	0,50		[4]
	0,64		[4]
	30–40	70–75%	[4]
	0,37		[4]
Buchweizen	4,85	Vollkorn	[4]
Buchweizenmehl	0,08		[4]

Tabelle 5.24. (Fortsetzung)

Lebensmittel	Gehalt (µg/g)	Bemerkung	Literatur (aus Kap. 5)
Kleie	2,75	Kellog's	[4]
Hafer	1,14		[4]
	0,70	Vollkorn	[4]
	0,70		[4]
	0,10–1,50		[4]
	0,74		[4]
	0,26–0,35		[4]
Gerste	1,37	Vollkorn	[4]
	0,43		[4]
	0,32–0,43		[4]
	0,52		[4]
Mais	0,1926	Vollkorn	[4]
	0,55 ± 0,02		[4]
	0,50–0,58		[4]
Maismehl	0,06	gelb	[4]
	0,12	weiß	[4]
Cornflakes	0,08		[4]
Reis	0,47	Vollreis	[4]
	1,03		[4]
	0,44	glaciert	[4]
	1,14		[4]
	1,84	Puffreis	[4]
Roggen	0,61–1,47		[4]
	0,07–0,62		[4]
Roggenmehl	0,30		[4]
	1,62		[4]
Sojamehl	1,82		[4]
Vollkornbrot	0,32	Weizen	[4]
	0,30		[4]
Weißbrot	0,21	Weizen	[4]
Roggenbrot	0,50		[4]
Eiernudeln	0,46		[4]
Maccaroni	0,51		[4]
Kartoffeln			
Kartoffel	0,33	Schweden	[11]
	0,20	Schottland	[11]
	0,27	Finnland	[11]
	0,03	roh	[4]
	0,0586		[4]
	0,25		[4]
	0,60		[4]
	0,06	roh, geschält	[4]
Zucker, Zuckerwaren, Honig			
Zuckerrohr	0–0,13		[4]
Zucker	n. n.	roh und braun	[4]
	0–0,16	weiß	[4]
Melasse	0,08–0,29		[4]
	0,19		
Sirup	0–0,85		[4]
Honig	n. n.		[4]

Tabelle 5.24. (Fortsetzung)

Lebensmittel	Gehalt (µg/g)	Bemerkung	Literatur (aus Kap. 5)
Hülsenfrüchte, Nüsse			
Hülsenfrüchte	0,4033 ± 0,01746	allgemein	[4]
	0,1310 ± 0,9778		[4]
Bohnen (trocken)	0,3		[13]
	1,60	Gartenbohnen, Samen	[4]
	4,55		[4]
	0,66	grün	[4]
	0,31	Limabohnen	[4]
	4,80	Limabohnen, Samen	[4]
	4,69		[4]
	0,43	Wachs, gelb	[4]
	3,50	weiß, getrocknet	[4]
	n. n.	in Büchsen	[4]
	0,2142		[4]
Erbsen	3,44–3,50		[4]
	1,38	Split, grün	[4]
	1,11	Split, gelb	[4]
	1,50	gelb, getrocknet	[4]
	1,0994		[4]
	6,03 ± 0,90		[4]
	1,00		[4]
Linsen	0,69		[4]
	1,90		[4]
	1,20		[4]
Erdnüsse	0,25		[4]
Kokosnüsse	0,25		[4]
	0,2		[13]
Zedernüsse	0,2937 ± 0,01444		[4]
	0,2204–0,3832		[4]
Gemüse			
Gemüse	0,0396 ± 0,0194	Durchschnitt	[4]
	0,0039–0,0992		[4]
Avocado	0,1		[13]
Maiskorn	0,1		[13]
Karotten	0,08		[4]
	0,0265		[4]
Knoblauch	0,70		[4]
Rüben	0,07	Zucker	[4]
Sellerie	0,02	roh	[4]
Schalottenzwiebeln	n. n.		[4]
Zwiebeln	n. n.		[4]
	0,10		[4]
	0,14–0,54		[4]
Yamwurzeln	0,59	Virgin-Islands	[4]
	0,25		[13]
Torowurzeln	0,5		[13]
Brüssler Endivien	0,04		[4]
Blumenkohl	1,65		[14]
Kohl	0,02	Grünkohl	[4]
	0,03		[4]
	0,06		[4]

Tabelle 5.24. (Fortsetzung)

Lebensmittel	Gehalt (µg/g)	Bemerkung	Literatur (aus Kap. 5)
Kohl (Forts.)	0,07	Rosenkohl	[4]
	1,27	Rotkohl	[4]
Blumenkohl	n. n.		[4]
	0,26–2,20		[4]
Rosenkohl	0,90		[14]
Kopfsalat	0,02–0,11		[4]
Kresse	0,10		[4]
Lattich	0,02		[4]
Spinat	0,26		[4]
	0,80		[4]
	0,10–2,40		[4]
Broccoli	0,90		[14]
Auberginen	n. n.		[4]
Gurken	0,01		[4]
Kürbis	0–0,16		[4]
Zucchini	0,12		[4]
Pilze	0,0323 ± 0,00139	Durchschnitt	[4]
	0,0150–0,0477		[4]
	0,075	in Dosen	[4]
Champignons	n. n.		[4]
Muskatnuß	0,21	gemahlen	[4]
Pfeffer	n. n.	grün, frisch	[4]
Tomaten	n. n.	in Büchsen	[4]
Tomatensaft	n. n.–0,044		[4]
Obst			
Äpfel	0,0015		[4]
Aprikosen	0,0014		[4]
Bananen	0,03		[4]
Kantalupen	0,16		[4]
Pflaumen	0,06		[4]
Erdbeeren	0,09		[4]
	0,0709 ± 0,00297		[4]
	0,010–0,1482		[4]
Rosinen	0,08	gedörrt	[4]
	0,13		[4]
Apfelsaft	0,016	Höchstwert	[4]
Orangensaft	0,79		[4]
Sauerkirschensaft	0,025		[4]
Zwetschgensaft in Spuren	0,19		[4]
Fleisch, Organe			
Rindfleisch	0,1039 ± 0,00342		[4]
	0,4537 ± 0,01306		[4]
	n. n.	Beefsteak	[4]
	0,07	getrocknet	[4]
Schweinefleisch	0,1274 ± 0,00283		[4]
	0,4143–0,00912		[4]
	3,68	Nierenstück	[4]
Schaffleisch	0,1183 ± 0,0073		[4]
	0,3605–0,00226		[4]
	5,00	Kotelett	[4]

Tabelle 5.24. (Fortsetzung)

Lebensmittel	Gehalt (µg/g)	Bemerkung	Literatur (aus Kap. 5)
Huhn	0,1558 ± 0,01828		[4]
	0,5936 ± 0,02142		[4]
	0,21 ± 0,29		[4]
	n. n.	Brustfleisch	[4]
Herz	0,2231 ± 0,00655	Rind	[4]
	0,7839 ± 0,0223		[4]
	0,1990 ± 0,00687		[4]
	0,7886 ± 0,02570		[4]
	0,3161 ± 0,00064	Schaf	[4]
	1,0070 ± 0,00205		[4]
Rinderleber	1,97		[4]
	0,7391 ± 0,01786		[4]
	2,7084 ± 06410		[4]
	0,60		[4]
Rinderlunge	0,1638 ± 0,00709		[4]
	0,7068 ± 0,02750		[4]
Rindermilz	0,60		[4]
Rinderniere	21,40		[4]
	0,2691 ± 0,01379		[4]
	1,2792 ± 0,05976		[4]
	0,60		[4]
Schweineleber	1,70		[4]
	0,8203 ± 0,01576		[4]
	2,7804 ± 0,05145		[4]
Schweinelunge	0,1945 ± 0,01276		[4]
	0,7830 ± 0,04860		[4]
Schweineniere	0,1638 ± 0,00709		[4]
	0,7068 ± 0,02750		[4]
Schafsleber	1,2724 ± 0,00228		[4]
	4,3131 ± 0,00762		[4]
Schafslunge	0,1272 ± 0,00114		[4]
	0,5656 ± 0,00509		[4]
Schafsniere	0,2884 ± 0,00078		[4]
	1,4142 ± 0,00379		[4]
Fische, Schalentiere, Weichtiere, Muscheln			
Seefische	0,04	Heilbutt, Steak	[4]
Kabeljau	n. n.		[4]
Sardinen	0,03		[4]
Schellfisch	n. n.		[4]
Anchovis	n. n.		[4]
Süßwasserfische	0,0607 ± 0,00087	Mittelwert	[4]
	0,2901–0,00420		[4]
Karpfen	0,53		[4]
Fische	0,50	in Dosen	[4]
Garnelen	0,03		[4]
Hummer	0,23		[4]
Krabben	0,19		[4]
Miesmuscheln	0,56		[4]
Schnecken	0,49		[4]

Tabelle 5.24. (Fortsetzung)

Lebensmittel	Gehalt (μg/g)	Bemerkung	Literatur (aus Kap. 5)
Eier			
Hühnereier	0,49	ganz	[4]
	0,2188 ± 0,00064		[4]
	0,8417 ± 0,02497		[4]
Eigelb	0,17		[4]
Eiweiß	0,12		[4]
Milch, Milchprodukte			
Kuhmilch	0,020–0,030		[14]
	0,0248 ± 0,0023		[4]
	0,0268 ± 0,0038		[4]
	0,0228 ± 0,0043		[4]
	0,036		[4]
	0,0125		[4]
	0,029 ± 0,034		[4]
	0,029 ± 0,016		[4]
	0,051 ± 0,007		[4]
	0,0048 ± 0,0014		[4]
	0,00002	Vollmilch	[4]
	0,009–0,011		[4]
	0,0475		[4]
	0,040–0,058		[4]
	n. n.–0,20	pasteurisiert oder homogenisiert	[4]
	0,20		[4]
Milchpulver	0,14		[4]
	0,29	Magermilch	[4]
	0,27		[4]
	0,26	Vollmilch	[4]
Ziegenmilch	0,0135		[4]
	0,011–0,016		[4]
Käse	0,05	amerikanisch	[4]
Eiscreme	n. n.	Vanille	[4]
Molke	0,34		[4]
Quark	0,1639 ± 0,00804	fett	[4]
	0,4629 ± 0,02181		[4]
Butter	n. n.–0,19		[4]
Fette, Öle			
Safranöl	n. n.		[4]
Senf	0,68		[4]
Sonnenblumensamen	1,03		[4]
Lebertran	n. n.		[4]
Rinderfett	n. n.		[4]
Verschiedenes			
Kakao	0,73		[4]
	0,17		[4]
Hefe	0,05–0,09	Backhefe	[4]
	0,85–1,33	Bierhefe	[4]
	0,60	Nährhefe	[4]
	0,11	Torulahefe	[4]

Tabelle 5.24. (Fortsetzung)

Lebensmittel	Gehalt (μg/g)	Bemerkung	Literatur (aus Kap. 5)
Wasser			
Mineralwasser (Schweiz)			
Trias-Salzhorizonte			
Schweizerhalle	0,106		[4]
Eglisau	0,25–0,522		[4]
Zurzach	0,029		[4]
Bex	0,265		[4]
Lavey-les-Bains	0,056		[4]
Sulfathaltige Quellen, Jura			
Eptingen	0,030	Melsten	[4]
Sissach	0,025	Alpbad	[4]
Wintersingen	0,030	Gipsi	[4]
Meltingen	0,046–0,055		[4]
Yverdon	0,001–0,042		[4]
Baden	0,0013		[4]
Schinznach-Bad	0,0017		[4]
Schinznach-Dorf	0,008		[4]
Helvetisches Flysch, Mittelland			
Henniez	0,0023–0,0027		[4]
Elm	0,003–0,004		[4]
Alpine Trias-Gipsquellen			
Adelboden	0,023		[4]
Weissenburg	0,013–0,016		[4]
Leukerbad	0,0077		[4]
Aproz	0,0043		[4]
Akratothermen Saxon	0,020		[4]
Bad Ragaz	0,019		[4]
Alpine Quellen, Graubünden			
Passugg	0,0003–0,001		[4]
Sassal	0,0003–0,004		[4]
Scoul-Tarasp-Vulpera	0,0013–0,0108		[4]
Val-Sinestra	0,0003–0,0036		[4]
Rhäzüns	0,009		[4]
Rothenbrunn	0,013		[4]
Peiden Bad	0,010		[4]
Vals	0,0065–0,0105		[4]
Disentis	0,003		[4]
Bergrün	0,050		[4]
St. Moritz	0,021		[4]
Trinkwasser (Schweiz)			
Arve (GE)	0,008		[4]
Auenstein (AG)	0,0015		[4]
Basel (BS)	0,0059		[4]
Bern (BE)	0,0012–0,0015		[4]
Courgenay (BE)	0,0011		[4]
Emmental (BE)	0,0014–0,0019		[4]
Genf (GE)	0,012		[4]
Kiesen (BE)	0,027		[4]
Köniz (BE)	0,014		[4]
Lausanne (VD)	0,005		[4]
Locarno (TI)	0,008–0,011		[4]
Lugano (TI)	0,004		[4]

Tabelle 5.24. (Fortsetzung)

Lebensmittel	Gehalt (μg/g)	Bemerkung	Literatur (aus Kap. 5)
Neuchatel (NE)	0,002		[4]
Scharl (GR)	0,290		[4]
Schinznach-Dorf (AG)	0,0065–0,0070		[4]
Thalheim (ZH)	0,003		[4]
Zürich (ZH)	0,0035–0,0043		[4]
Trinkwasser der Tomsk-Region (UdSSR)			
Sommer	0,00111–0,00150		[4]
Winter	0,00028–0,0006		[4]

Tabelle 5.25. Untersuchungen bestimmter Lebensmittelgruppen auf ihren Molybdängehalt. (Nach [1])

Lebensmittelgruppe	Anteil an der Nahrung (%)	Aufnahme (μg/Person/Tag)	Durchschnittlicher Gehalt (μg/g)
Milch und Käse	36	43	0,35
Fleisch	12	14	0,22
Fisch	<1	1	0,10
Getreide	25	30	0,17
Gemüse	12	15	0,19
andere	12	15	0,10
Gesamtaufnahme		118	

Tabelle 5.26. Tägliche Molybdänaufnahme mit der Nahrung in einzelnen Ländern

Aufnahme (μg/Person/Tag	Land	Literatur (aus Kap. 5)
70	BR Deutschland (Erwachsene)	[5]
100	USA (Erwachsene)	[6]
75	USA (7–9jährige Mädchen)	[6]
99–110	USA	[10]
156–161	UdSSR (Kinder)	[7]
118	Finnland	[1]
90	Schweiz (4 verschiedene Diäten)	[8]
48–96	Neuseeland (Frauen)	[9]
128 ± 34	England	[12]
100	England	[16]

5.10 Nickel

Lebensmittel, die zur Nickelversorgung überdurchschnittlich beitragen, sind Obst und Gemüse, Getreide, Hülsenfrüchte, Tee und Kakao [1]. Beträchtliche Verluste an Nickel treten beim Vermahlen von Getreide auf [2]. Nur wenig Daten über einzelne Lebensmittel sind in der Literatur verzeichnet. Angaben über die Nickelaufnahme mit der Gesamtnahrung zeigen, daß ältere Werte [1] deutlich über den neueren Werten [3] liegen. Auffallend ist der sehr geringe Gehalt von Nickel in Muskelfleisch, Eiern und Milch.

Nickel kann Lebensmitteln unbeabsichtigt bei bestimmten Produktionsprozessen zugefügt werden [1]. Großen Einfluß auf den Nickelgehalt von Pflanzen hat der Gehalt von Nickel im Boden. In Gebieten, die einer Nickelemmission ausgesetzt sind, finden sich gegenüber Kontrollgruppen erhöhte Nickelgehalte in allen pflanzlichen Lebensmitteln; hier hauptsächlich in Leguminosen [10].

Literatur

1. H. A. Schroeder, J. J. Balassa, I. H. Tipton: J. Chron. Dis. 15: 51 (1962)
2. E. G. Zook, F. E. Green, E. R. Morris: Cereal Chem. 47: 720 (1970)
3. Ministry of Agriculture, Fisheries and Food „The Survaillance of Food Contamination in the UK" HMSO 1978
4. D. Schlettwein-Gsell, S. Mommsen-Straub: Int. Z. für Vitamin- u. Ernährungsforschung, Beiheft 13, Spurenelemente in Lebensmitteln, Verlag H. Huber, Bern, Stuttgart, Wien, 1973
5. G. Ellen, G. van der Bosch, F. F. Domna: Z. Lebensm. Unters. Forsch. 166: 145 (1978)
6. H. Gunshin, M. Yoshikawa, T. Dondon, N. Kato: Agric. Biol. Chem. 49: 21 (1985)
7. Knezevic: Deut. Lebensm. Rdsch. 81: 362 (1985)
8. Karvanek: Sborn. Vys. Skoly. Chem. Technol. Praze 8: 13 (1964)
9. D. R. Myron, T. J. Zimmermann, T. R. Shuler, L. M. Klevay, D. E. Lee F. H. Nielsen: Am. J. Clin. Nutr. 31: 527 (1978)
10. M. Anke, M. Grün, B. Groppel, H. Kronemann: In: Biological Aspects of Metals and Metal-related Discases. Ed.: B. Sarkar, Raven Press, New York 1983
11. R. M. Welch, E. E. Cary: Agric. Food Chem. 23: 479 (1975)
12. G. K. Murthy, U. S. Rhea, J. T. Peeler: Env. Sci. Technol. 7: 1042 (1973)
13. J. Kumpulainen: Report on Activities 1983–85 FAO-European Cooperation Network on Trace Elements Subnetwork E: Trace Element Status (1986)
14. D. C. Kirkpatrick, D. E. Coffin: J. Inst. Com. Sci. Technol. Aliment. 7: 56 (1974)
15. G. F. Clemente, L. C. Rossi, G. D. Santaroni: In: J. O. Nriagu (ed.): Nickel in the Environment, Wiley, New York, 1980
16. M. A. Flyholm, G. D. Nielsen, A. Andersen: Z. Lebensm. Unters. Forsch. 179: 427 (1984)

Tabelle 5.27. Nickelgehalt einzelner Lebensmittel

Lebensmittel	Gehalt (μg/g)	Bemerkung	Literatur (aus Kap. 5)
Getreide, Getreideprodukte			
Weizen	0,305 ± 0,0425	Vollkorn	[4]
	0,45–0,89	Vollkorn	[4]
	0,262	Vollkorn	[4]
	0,16	Winterweizen	[4]
	0,1–0,3	USA	[11]
Vollkorn	0,114	Schweden	[13]
	0,146	BR Deutschland	[13]
	0,141	Schottland	[13]
	0,253	Finnland	[13]
	0,241	Österreich	[13]
Weizenmehl	0,238 ± 0,042		[4]
	0,30		[4]
	0,54		[4]

Tabelle 5.27. (Fortsetzung)

Lebensmittel	Gehalt (µg/g)	Bemerkung	Literatur (aus Kap. 5)
Weizenmehl (Forts.)	0,036	Schweden	[13]
	0,033	BR Deutschland	[13]
	0,094	Finnland	[13]
	0,026	Österreich	[13]
Winterweizen	0,301	Mittelwert, n = 58	[10]
Buchweizen	0,83–1,21	Vollkorn	[4]
Gerste	0,70–1,10	Vollkorn	[4]
	0,246	Mittelwert, n = 55	[10]
Hafer	0,98	Vollkorn	[4]
	0,85–1,34	Vollkorn	[4]
	1,00–3,40	Vollkorn	[4]
	2,60	Vollkorn	[4]
	1,71	Vollkorn	[4]
	0,712	Mittelwert, n = 55	[10]
Mais	1,40–0,67	Vollkorn	[4]
	0,437	Vollkorn	[4]
	0,70	Vollkorn	[4]
	0,197	Mittelwert, n = 24	[10]
Roggen	2,70	Vollkorn	[4]
Roggenmehl	0,232 ± 0,025		[4]
	0,07–0,26		[4]
Winterroggen	0,263	Mittelwert, n = 28	[10]
Sojamehl	4,10		[4]
Roggenbrot	0,211 ± 0,019		[4]
	0,12–0,44		[4]
	0,1–0,28	$\bar{x} = 0,20$	[5]
Vollkornroggenbrot	0,20–0,30	$\bar{x} = 0,24$	[5]
Weißbrot	0,18–0,25	$\bar{x} = 0,21$	[5]
Weizenbrot	0,122 ± 0,0097		[4]
	1,33	Vollkorn	[4]
Kartoffeln			
Kartoffeln	0,288 ± 0,014		[4]
	0,05–0,26		[4]
	0,139		[4]
	0,56		[4]
	0,05–0,10	$\bar{x} = 0,07$	[5]
	0,565	USA, n = 22	[10]
	0,192	Schweden	[13]
	0,197	Schottland	[13]
	0,301	Finnland	[13]
Zucker, Zuckerwaren, Honig			
Marmelade	0,05–0,77	$\bar{x} = 0,23$	[5]
Zucker (weiß, braun)	< 0,01–0,09		[5]
Zuckerrohr	0,03		[4]
Süßwaren, Bisquits	0,02–0,80	$\bar{x} = 0,32$	[5]
Hülsenfrüchte, Nüsse			
Bohnen braun	5,70		[4]
„Navy“	1,59	getrocknet	[4]
„Red Kidney“	2,59	getrocknet	[4]

Tabelle 5.27. (Fortsetzung)

Lebensmittel	Gehalt (μg/g)	Bemerkung	Literatur (aus Kap. 5)
Bohnen (Forts.)			
weiß	5,00		[4]
„yellow eye"	0,69	getrocknet	[4]
Weiße Bohnen	0,33–0,61	$\bar{x}$ = 0,45	[5]
Sojabohnen	7,00		[4]
Zwergbohnen	3,075	n = 22	[10]
Grüne Bohnen	0,35–2,71		[4]
	0,65	gefroren	[4]
	0,17	konserviert	[4]
Erbsen, gelb	2,00		[4]
grün	3,10		[4]
Schlitz	1,66	getrocknet	[4]
	0,22–0,53	$\bar{x}$ = 0,32, Gläser	[5]
	2,57 ± 0,80		[4]
	0,92–1,76		[4]
	0,30		[4]
	0,46	konserviert	[4]
Linsen	3,10		[4]
Haselnüsse	1,225		[4]
Pinienkerne	0,046–0,073	Mittelwert, $\bar{x}$ = 0,058	[4]
Walnüsse	1,325		[4]
Cashewnüsse	5,1		[5]
Erdnüsse	1,6		[5]
gesalzene Erdnüsse	0,9		[5]
Walnüsse	3,6		[5]
Haselnüsse	1,6		[5]
Pistaziennüsse	0,8		[5]
Mandeln	1,3		[5]
gemischte Nüsse	2,3		[5]
Gemüse			
Karotten	0,533 ± 0,0625		[4]
	0,06–0,31		[4]
	0,117		[4]
	0,504	n = 33	[10]
Knoblauch	0,10		[4]
Radieschen	0,0835		[4]
Rettiche	0,01–0,15		[4]
Rüben	0,05–0,19		[4]
	0,142		[4]
weiße Rüben	0,495	Mittelwert, n = 69	[10]
Sellerie, frisch	0,37		[4]
Zwiebel	0,345 ± 0,0364		[4]
	0,06–0,28		[4]
	0,137		[4]
	0,833	n = 16	[10]
Broccoli	0,33		[4]
Chicoree	0,55		[4]
Kohl	0,386 ± 0,0251		[4]
	0,06–0,37		[4]
	0,089		[4]
	1,12		[4]

Tabelle 5.27. (Fortsetzung)

Lebensmittel	Gehalt (µg/g)	Bemerkung	Literatur (aus Kap. 5)
Kohl (Forts.)	0,842	n = 16	[10]
	0,20		[5]
Rotkohl	0,24		[4]
Weißkohl	0,32		[4]
	0,14		[4]
Kohlrabi	0,616	Mittelwert, n = 24	[10]
Blumenkohl	0,351	Mittelwert, n = 42	[10]
Petersilie	0,32–1,48		[4]
	0,471		[4]
	1,724	n = 25	[10]
Salat	1,403	n = 43	[10]
Kopfsalat	0,05–0,13		[4]
	0,145		[4]
	0,14		[4]
	0,03–0,23	$\bar{x} = 0{,}13$	[5]
Endivien	0,07–0,66	$\bar{x} = 0{,}31$	[5]
Pilze	0,05–0,10	$\bar{x} = 0{,}06$	[5]
Sauerampfer	0,177		[4]
Spinat	0,90–13,70		[4]
	0,234		[4]
	0,35		[4]
Auberginen	0,04–0,19		[4]
	0,107		[4]
Gurken	0,45 ± 0,0377		[4]
	0,18–0,41		[4]
	0,061		[4]
	0,718	Mittelwert, n = 32	[10]
Tomaten	0,021 ± 0,0566		[4]
	0,03–0,14		[4]
	0,1207		[4]
	0,03		[4]
	0,05–0,07	$\bar{x} = 0{,}06$	[5]
	0,575	Mittelwert, n = 19	[10]
Tomatensaft	0,05		[4]
Lorbeerblätter	0,88		[4]
Muskatnuß	1,17		[4]
Nelkenpulver	0,79		[4]
Pfeffer, schwarz	3,93		[4]
Tafelsalz	0,35		[4]
Zimt	0,74		[4]
Obst			
Mandarinen	0,167		[4]
Orangen	0,166		[4]
Zitronen	0,161		[4]
Äpfel	0,131		[4]
	0,08		[4]
Birnen	0,122		[4]
	0,20		[4]
Aprikosen	0,167		[4]
Kirschen	0,602		[4]
Zwetschgen	0,17		[4]

Tabelle 5.27. (Fortsetzung)

Lebensmittel	Gehalt (μg/g)	Bemerkung	Literatur (aus Kap. 5)
Bananen	0,34		[4]
Trauben	0,0807		[4]
Wassermelone	0,12–0,24		[4]
	0,069		[4]
Erdbeere	0,03–0,08	$\bar{x} = 0,06$	[5]
Johannisbeere	0,01–0,018	$\bar{x} = 0,011$	[5]
Sorbit und Sorbitsirup	< 0,01–0,30	$\bar{x} = 0,08$	[15]
Fleisch, Organe			
Rindfleisch	0,06–0,26		[4]
	0,0695		[4]
Rinderleber	0,277		[4]
Schweinefleisch	0,09–0,42		[4]
	0,06		[4]
	0,02		[4]
	0,252		[4]
Schaffleisch	0,055	Kotelett	[4]
	0,265		[4]
Huhn	0,14–0,24	$\bar{x} = 0,18$	[5]
Leber	0,35–0,90	verschiedene Sorten	[4]
gepökelte Fleischwaren	0,05–0,46	$\bar{x} = 0,24$	[5]
Fische, Schalentiere, Muscheln			
Flußfische	0,08–0,48	verschiedene Arten	[4]
Anchovis	0,72	in Dosen	[4]
Fisch	0,04–0,07	$\bar{x} = 0,05$	[5]
Shrimps		$\bar{x} = 0,14$	[5]
Heringe	0,30		[4]
	1,70	geräuchert, in Dosen	[4]
Sardinen	0,21	in Dosen	[4]
Schellfische	0,05	gefroren	[4]
Schwertfische	0,02	gefroren	[4]
Muscheln	0,58	verschiedene Sorten	[4]
Austern	1,50		[4]
Garnelen	0,03	gefroren	[4]
Hummer	0,66		[4]
Kammuscheln	0,04	gefroren	[4]
Eier			
Hühnerei	0,086–0,40	ganz	[4]
	0,03		[4]
	0,04–0,08	$\bar{x} = 0,06$	[5]
Milch, Milchprodukte			
flüssige Molkereiprodukte (verschiedene)	< 0,01–0,13	$\bar{x} = 0,05$	[5]
Muttermilch	3,6		[6]
Kuhmilch	9,5		[6]
	0,0038 ± 0,0003		[4]
	0,01–0,06		[4]
	0,0213		[4]
	0,026 ± 0,015		[4]

Tabelle 5.27. (Fortsetzung)

Lebensmittel	Gehalt (µg/g)	Bemerkung	Literatur (aus Kap. 5)
Käse	0,1583	verschiedene Sorten	[4]
	0,22–0,34	$\bar{x}$ = 0,27	[5]
Topfen	0,05–0,26		[4]
Fette, Öle			
Öle	0,01–2,00	verschiedene Sorten	[4]
Maisöl	n. n.		[4]
Margarine	0,116		[4]
	0,012–0,616		[4]
Margarine und Öle	0,02–2,5		[5]
Rapssamen	1,70		[4]
Senfsamen	2,30		[4]
Soßen und Dressings	0,09–1,1	$\bar{x}$ = 0,41	[5]
Verschiedenes			
Kakaobohnen	6,10		[4]
	7,00		[4]
	5,00		[4]
	1,7–13,3	$\bar{x}$ = 7,9	[7]
	3–7		[8]
Kakaopulver	12,30		[4]
	9,8		[5]
	11,2–15,8		[7]
Instantkakaogetränk	2,9	Mittelwert, Bereich 1,7–3,8	[7]
Schokolade	2,20	Bitterschokolade	[4]
Bitterschokolade	2,6		[5]
Edelbitterschokolade	4,6	Mittel	[7]
Tafelschokolade	2,4–5,8		[7]
Milchschokolade	1,2		[5]
	2,8	Mittelwert	[7]
Milchschokoladeriegel	1,3		[5]
Schokoladenriegel	1,2		[5]
Choca flakes	2,2		[5]
Backpulver	13,40	herstellungsbedingt?	[4]
Hefe	4,50		[4]
Kaffee	2,60		[4]
	1,00		[4]
	0,58–0,98	$\bar{x}$ = 0,77	[5]
Instantkaffee	0,61–1,3	$\bar{x}$ = 0,96	[5]
	0,03–0,04	$\bar{x}$ = 0,03, flüssig	[5]
Tee	2,8–4,5	$\bar{x}$ = 3,6	[5]
	0,02–0,03	$\bar{x}$ = 0,03, Aufguß	[5]
	6, 50		[4]
	5,10		[4]
	7,60		[4]
Bier	0,01		[4]
	2,00		[4]
Wein, weiß	0,90	Slowakei	[4]
Wein, rot	1,20	Mähren	[4]
Apfelwein	0,32		[4]
Bier, Wein, alkoholfreie Getränke, Fruchtsäfte	0,01–0,05	$\bar{x}$ = 0,03	[5]

Tabelle 5.28. Untersuchungen bestimmter Lebensmittelgruppen auf ihren Nickelgehalt. (Nach [3, 14, 16])

Lebensmittelgruppe	Anteil an der Aufnahme (%)	Aufnahme (μg/Person/Tag)	Durchschnittlicher Gehalt (μg/g)	Literatur (aus Kap. 5)
Milch und Käse	11	20	0,05	[3]
	9,5	44	0,09	[14]
	24,5	12,7	–	[16]
Fleisch	17	30	0,20	[3]
Fleisch, Fisch, Geflügel	21,1	98	0,36	[14]
Fisch	10,1	7,2	–	[16]
Fisch	2	4	0,20	[3]
Fette	6	11	0,14	[3]
	3,5	16	0,61	[14]
	4,4	19,7	–	[16]
Getreide und Getreideprodukte	22	39	0,17	[3]
	16,7	77	0,41	[14]
	9,0	36	–	[16]
Wurzelgemüse	15	27	0,15	[3]
	1,7	8	0,18	[14]
Wurzel- und Blattgemüse	14,3	43,2	–	[16]
Blattgemüse	12	22	0,20	[3]
	5,2	24	0,74	[14]
Obst	15	27	0,16	[3]
	6,5	30	0,16	[14]
	6,7	7,5	–	[16]
Kartoffeln	10,8	50	0,26	[14]
Kartoffelmehl	0,5	6,3	–	[16]
Getränke	23,7	6,1	–	[16]

Tabelle 5.29. Tägliche Nickelaufnahme mit der Nahrung in einzelnen Ländern

Aufnahme (μg/Person/Tag)	Land/Bemerkung	Literatur (aus Kap. 5)
Erwachsene		
700–900	hochgerechnet	[1]
180	England; aus Lebensmittelgruppen hochgerechnet	[3]
165 ± 11	USA; (9 institutionelle Diäten)	[9]
462	Kanada (aus Lebensmittelgruppen hochgerechnet)	[14]
100–700	Italien	[15]
146,6	Dänemark	[16]
Kinder		
288–690	USA; Mittelwert: 451 μg/Tag 9–12jährige Kinder in 28 verschiedenen Städten	[12]

5.11 Selen

Selen ist vorwiegend an die Proteinfraktionen der Lebensmittel gebunden. Hülsenfrüchte, Muskelfleisch, Innereien und Getreide sind Hauptversorgungsquellen für Selen. Daneben enthalten auch Thunfisch und Spargel beachtliche

Selenmengen. Über hohe Gehalte in Nüssen (insbesondere Paranüssen) wird berichtet [36].

Einer jüngst erschienenen Untersuchung zufolge [45] tragen Rindfleisch, Weißbrot, Schweinefleisch, Hühner und Eier etwa zur Hälfte zur Selenaufnahme mit der Nahrung bei. Einer anderen Untersuchung nach [44] besteht bei pflanzlichen Lebensmitteln ein signifikanter Zusammenhang zwischen Selengehalt und Proteingehalt.

Die Verarbeitung von Getreide führt zu mitunter beträchtlichen Verringerungen des Selengehalts in Getreideprodukten. Geologisch bedingt gibt es auf der Erde weite Gebiete, die aufgrund von Selenmangel im Boden dann auch einen sehr geringen Gehalt von Selen in Lebensmitteln, z. B. Getreide, bedingen. Solche Gebiete sind im Westen und Nordosten der USA, in den Skandinavischen Staaten besonders in Finnland, in Neuseeland und in China (Keschan) zu finden.

Literatur

1. D. Schlettwein-Gsell, S. Mommsen-Straub: Int. Z. für Vitamin- und Ernährungsforschung, Beiheft 13, Spurenelemente in Lebensmitteln, Verlag H. Huber, Bern, Stuttgart, Wien 1973
2. J. Thorn, J. Robertson, D. H. Buss: Br. J. Nutr. 39: 391 (1978)
3. R. Schelenz: In: Berichte d. BFA f. Ernährung BFE-R-8302, Karlsruhe 1983
4. H. A. Schroeder, D. V. Frost, J. J. Balassa: J. Chron. Dis. 23: 227 (1970)
5. G. F. Clemente: J. Radioanal. Chem. 32: 25 (1976)
6. W. Pfannhauser: Beiträge Umweltschutz, Lebensmittelangelegenheiten, Veterinärverwaltung 5: 129 (1985) Herausg. Bundesministerium für Gesundheit und Umweltschutz der Republik Österreich, Wien
7. A. Wyttenbach, S. Bajo, L. Tobler, B. Zimmerli: 4th Int. Workshop on Trace Element Chemistry in Medicin and Biology: Neuherberg, BRD, 1986
8. J. N. Thompson, P. Erdödy, D. C. Smith: J. Nutr. 105: 274 (1975)
9. R. S. Gibson, C. A. Smythes: Biol. Trace Elem. Res. 6: 105 (1984)
10. A. Chatt, L. S. Mc Dowell: 4th Int. Workshop on Trace Element Chemistry in Medicin and Biology: Neuherberg, BRD, 1986
11. D. B. Wilson, R. F. Newell, B. F. Harland, R. D. Johnson, J. E. Vanderveen: J. Am. Diet. Assoc. 84m: 771 (1984)
12. H. Sakurai, K. Tsuchiya: Env. Physiol. Biochem. 5: 107 (1985)
13. N. L. Zabel, J. Harland, A. T. Gormican, H. E. Ganther: Am. J. Clin. Nutr. 31: 850 (1978)
14. P. Koivistoinen: Acta Agric. Scand. Suppl. 22: (1980)
15. M. C. Mondragon, W. G. Jaffe: Arch. Latinoam. Nutr. 26: 341, (1976)
16. U. S. Bureau of Foods Compliance Program Evaluation Report Fiscal Year 1974; Selected Minerals in Food Survey Program Circular 7320.08 C, August 25, 1975
17. G. N. Schrauzer, D. A. White: Bioinorg. Chem. 8: 303 (1978)
18. S. N. Ganapathy, R. Dhandra: Int. J. Nutr. Dietet. 17: 53 (1980)
19. S. O. Welsh, J. M. Holden, W. R. Wolf, O. A. Levander: J. Am. Dietet. Assoc. 79: 277 (1981)
20. R. D. H. Stewart, N. M. Griffith, C. D. Thomson, M. F. Robinson: Br. J. Nutr. 40: 45 (1978)
21. S. H. Watkinson: New Zealand Med. J. 80: 202 (1974)
22. K. Yasumoto, K. Irwami, M. Yoshida, H. Mitsuda: Eiy. To. Shokuryo 29: 511 (1976)
23. P. Varo, P. Koivistoinen: Int. J. Vit. Nutr. Res. 1: 79 (1981)
24. J. D. Cross, R. M. Raie, H. Smith, L. B. Smith: Radiochem. Radioanal. Letters 35: 281 (1978)
25. R. S. Gibson, C. A. Scythes: Br. J. Nutr. 48: 211 (1982)
26. E. J. Roekens, H. J. Robberecht, H. A. Deelstra: Z. Lebensm. Unters. Forsch. 182: 8 (1986)
27. H. J. Robberecht, H. A. Deelstra: Z. Lebensm. Unters. Forsch. 178: 266 (1984)
28. K. P. Mc Cornell, J. C. Smith, A. Blotcky: Nutr. Res. 1: 235 (1981)
29. A. Bruce: Ann. Clin. Res. 18: 8 (1986)
30. S. Suzuki, S. Kaizumi, H. Harada, R. Ito, T. Totami: Ann. Rept. Tokyo Metropol. Res. Lab. Publ. Hlth. 22: 153 (1970)

31. O. A. Levander, V. C. Morris: Am. J. Clin. Nutr. 39: (849), (1984)
32. J. Kumpulainen: Report on Activities FAO-European Cooperative Network on Trace Elements in Food Subnetwork E: Trace Element Status (1985)
33. J. T. Tanner, M. H. Friedmann: J. Radioanal. Chem. 37: 529 (1977)
34. G. Gissel-Nielsen, U. C. Gerpta, M. Lamand, T. Westermarck: Adv. Agron. 37: 397 (1984)
35. W. Oelschläger, K. H. Meemkes: Z. Ernährungswiss. 9: 216 (1969)
36. C. Reilly: Metal Contamination in Food Applied Science Pub. Ltd., London 1980 zitiert nach I. Elmadfa, AID-Verbraucherdienst 31: 183 (1986)
37. J. Skorkowska-Zieleniewska, A. Brzososka, T. Josefowiez: Rocz. Pastwo. Zakl. Hig. 34: 469 (1983)
38. K. G. Bergner, H. Ackermann: Mitt. Klosterneuburg 24: 135 (1974)
39. C. D. Thomson, M. F. Robinson: Am. J. Clin. Nutr. 33: 303 (1980)
40. R. J. Feretti, O. A. Levander: J. Agric. Food Chem. 24: 54 (1976)
41. S. Piepponen: Kemia-Kemi 11: 180 (1984)
42. M. T. Lo, E. Saudi: J. Env. Pathol. Toxicol. 4: 193 (1980)
43. H. Treptow, H. J. Bielig, A. Askar: Alimenta 17: 15 (1978)
44. S. A. Yin, L. Z. Gu, R. H. Zhou, G. Q. Yang: Acta Nutrimenta Sinica 8: (1), 27 (1986)
45. A. Schubert, J. M. Holden, W. R. Wolf: J. Am. Dietetic Assoc. 87: (3), 285 (1987)

Tabelle 5.30. Selengehalt einzelner Lebensmittel

Lebensmittel	Gehalt (µg/g)	Bemerkung	Literatur (aus Kap. 5)
Getreide, Getreideprodukte			
Getreide	0,011–0,373	verschiedene Arten, China	[44]
Buchweizen	0,18	Vollkorn	[1]
Gerste	0,002–0,013	Vollkorn	[1]
	0,643–0,676		[1]
	0,24	kolorimetrisch bestimmt	[1]
	0,004–0,022	Proben aus verschiedenen Regionen Schwedens	[1]
Weizen	< 0,01–0,05	n = 9, 1984 Österreich	[6]
	0,004–0,007	Vollkorn	[1]
	0,034	Schweden, Vollkorn	[32]
	0,030	BR Deutschland, Vollkorn	[32]
	0,023	Schottland, Vollkorn	[32]
	0,009	Finnland, Vollkorn	[32]
	0,025	Österreich, Vollkorn	[32]
	0,63		[1]
	0,50 ± 0,19		[1]
	0,007–0,022		[1]
	1,30	Sorte Manitoba, Canada	[1]
	0,703	Sorte Durum, USA	[1]
	0,368	Sorte Hard Winter, USA	[1]
	0,052	aus Argentinien	[1]
	1,00		[1]
	30,00		[1]
	0,20–1,10		[1]
	0,70		[1]
	0,25–1,42		[1]
Weizenmehl	0,627; 0,645	Vollmehl	[1]
	0,47 ± 0,08		[1]
	0,019	Schweden	[32]
	0,022	BR Deutschland	[32]

Tabelle 5.30. (Fortsetzung)

Lebensmittel	Gehalt (µg/g)	Bemerkung	Literatur (aus Kap. 5)
Weizenmehl (Forts.)	0,072	Finnland	[32]
	0,028	Österreich	[32]
	0,187; 0,197	Weißmehl	[1]
	0,53	Patentmehl	[1]
	0,09	Gebäck	[1]
	0,08	n = 6, 0,03–0,17	[12]
Weizenkleie	0,63		[1]
	1,28		[1]
Weizengrieß	< 0,01	n = 1, 1984 Österreich	[6]
Weizenkeime	1,11		[1]
Hartweizengrieß	1,01		[1]
Weizen, Frühstücksflocken	0,241	Sorte Kellogg's	[1]
	0,11; 0,10	Sorte Wheaties, zubereitet	[1]
	0,05	Sorte Wheatena	[1]
Roggen	0,23	n = 1, 1984 Österreich	[6]
	0,002–0,007	Vollkorn	[1]
	0,071	aus Argentinien	[1]
	0,059	aus der Türkei	[1]
	0,080	aus USA	[1]
	0,006	aus Schweden	[1]
	25,00		[1]
Roggenkleie	0,84		[1]
Gerste	< 0,01	n = 1, 1984 Österreich	[6]
	0,68	entspelzt	[1]
Hafer	< 0,01	n = 1, 1984 Österreich	[6]
	0,003–0,018	Vollkorn	[1]
	0,56	kolorimetrisch bestimmt	[1]
	0,005–0,046	Proben aus verschiedenen Regionen Schwedens	[1]
	< 0,10–0,42		[1]
	15,00		[1]
	0,86–4,23		[1]
Haferflocken	0,105–0,114		[1]
	0,08		[1]
Frühstücksflocken	0,406; 0,451	zubereitet, Marke Cheerios	[1]
Mais	< 0,01	n = 1, 1984 Österreich	[6]
	0,004	Vollkorn	[1]
	n. n.		[1]
	0,093	aus USA	[1]
	14,30		[1]
	30,00		[1]
	0,003; 0,005	in Büchsen	[1]
Maismehl	n. n.	gelb	[1]
Cornflakes	0,02	n = 1, 1984 Österreich	[6]
	3,90		[1]
	17,00		[1]
	0,55–1,46		[1]
	0,024; 0,028		[1]
Leinsamen	0,05–0,38	n = 2, 1984 Österreich	[6]
Hirse	0,05	n = 1, 1984 Österreich	[6]
	n. n.	Vollkorn	[1]
Sesam	< 0,01	n = 1, 1984 Österreich	[6]

Tabelle 5.30. (Fortsetzung)

Lebensmittel	Gehalt (μg/g)	Bemerkung	Literatur (aus Kap. 5)
Reis	< 0,01–0,05	n = 3, 1984 Österreich	[6]
	0,043–0,073	Kanada	[39]
	0,04	n = 6, 0,02–0,12	[12]
	0,02		[1]
	18,10		[1]
	0,71		[1]
	0,16–2,75		[1]
	0,383; 0,394	braun	[1]
	0,25–1,70		[1]
	0,303; 0,334	glaciert	[1]
Frühstücksflocken	0,031; 0,026	zubereitet	[1]
Mehl	< 0,01	n = 3, 1984 Österreich	[6]
	0,07 ± 0,01	Polen, weiß	[37]
	0,85 ± 0,03	Polen, dunkel	[37]
Brot	< 0,01–0,04	n = 12, 1984 Österreich	[6]
	0,011–0,022	Kanada	[39]
	1,00	ohne nähere Angaben	[1]
Vollkornbrot	0,41 ± 0,02	Weizen	[1]
	0,676; 0,654		[1]
Weißbrot	0,280; 0,274	Weizen	[1]
Brotbrösel	0,40	n = 3, 0,12–0,87	[12]
Semmeln	0,02–0,03	n = 2, 1984 Österreich	[6]
Eiernudeln	0,662; 0,583		[1]
Kartoffeln			
Kartoffel	0,0058	Schweden	[32]
	0,0095	Schottland	[32]
	0,0077	Finnland	[32]
	0,003; 0,006	roh	[1]
	n. n.		[1]
	0,20–1,03		[1]
	0,90		[1]
Kartoffeln	0,007; 0,011	in Büchsen	[1]
	0,08	Salatkartoffeln gekocht, ohne Schale	[1]
	0,09	Speisekartoffeln gekocht, ohne Schale	[1]
	0,02	n = 2, 0,01–0,02	[12]
Bataten	0,007; 0,006	frisch	[1]
Kartoffelflocken für Pürree	0,02		[1]
Zucker, Zuckerwaren, Honig			
Zucker	n. n.	braun	[1]
	0,010; 0,012		[1]
	n. n.	weiß	[1]
	0,003		[1]
Rohrzucker	0,01	n = 1, 1984 Österreich	[6]
Melasse	0,26		[1]
Sirup, Holdersirup	n. n.		[1]
Maissirup	0,14	kolorimetrisch bestimmt	[1]
Schokoladensirup	n. n.	Sorte Hershey's	[1]

Tabelle 5.30. (Fortsetzung)

Lebensmittel	Gehalt (μg/g)	Bemerkung	Literatur (aus Kap. 5)
Hülsenfrüchte, Nüsse			
Hülsenfrüchte	12,00	allgemein	[1]
Bohnen	0,02–0,03	n = 2, 1984 Österreich	[6]
	0,22		[1]
	0,98–2,14	Azuki	[1]
	0,33–1,30	broad	[1]
	0,63		[1]
	0,15–1,58		[1]
	0,02		[1]
	1,33–1,58	Yard long	[1]
	0,006	grün	[1]
	0,009	grün, in Büchsen	[1]
	0,012–0,326	Bohnen und Produkte, China	[44]
	n. n.–0,02		[1]
Sojabohnen	0,71		[1]
	0,478	aus Deutschland	[1]
Soja-Fleischzusatz (TVP)	0,375	Kanada, Durchschnittswert	[40]
	1,50–1,52		[1]
Erbsen	0,27		[1]
	0,31–0,59		[1]
	< 0,01	n = 1, 1984	[6]
	0,003	grün	[1]
	2,00		[1]
Linsen	0,11		[1]
	< 0,01–0,02	n = 2, 1984 Österreich	[6]
Spargelbohnen	n. n.–0,75	Schote	[1]
	1,06–1,46	Samen	[1]
Erdnüsse	n. n.		[1]
	0,38		[1]
Gingkosamen	1,12		[1]
Haselnüsse	0,02		[1]
Kokosnüsse	8,10		[1]
Mandeln	0,02		[1]
Paranüsse	1,3		[1]
	53,0	Durchschnittswert	[36]
Pekannüsse	0,03		[1]
Pistazien	4,50		[1]
Sesamsamen	8,00		[1]
Johannisbrot	0,046	(Carob) aus Zypern	[1]
Gemüse			
Gemüse	0,001–0,102	verschiedene, China	[44]
	0,0007–0,021	allgemein, Kanada	[39]
Gurke	0,002	n = 2, 0,001–0,003	[12]
Ingwer	0,01	n = 3, 0,003–0,02	[12]
Porree	0,03	n = 2, 0,02–0,03	[12]
Stone-Porree	0,01	n = 2, 0,001–0,02	[12]
Karotten	0,01	n = 3, 0,01–0,02	[12]
	0,06		[12]
	0,022		[1]
	n. n.		[1]

Tabelle 5.30. (Fortsetzung)

Lebensmittel	Gehalt (µg/g)	Bemerkung	Literatur (aus Kap. 5)
Karotten (Forts.)	0,58–1,17		[1]
	1,30		[1]
	0,11		[1]
	0,013		[1]
Paprika	0,006	n = 2, 0,001–0,01, Spanien	[12]
Klee	0,01	n = 3, 0,004–0,03	[12]
Kohl	0,01		[12]
	0,022; 0,023	Grünkohl	[1]
	4,50		[1]
	0,15	Rotkohl	[1]
	0,16	Weißkohl, spitz	[1]
	0,20	rund	[1]
	0,08	Wirsingkohl	[1]
Blumenkohl	0,006; 0,007	frisch	[1]
	n. n.		[1]
	0,16		[1]
Knoblauch	0,276; 0,222	frisch	[1]
	0,14	kolorimetrisch bestimmt	[1]
Kohlrabi	1,67		[1]
	0,08	geschält	[1]
Lauch	n. n.		[1]
	0,14		[1]
	1,37–3,12		[1]
	0,02	n = 2, 0,01–0,02	[12]
Rettich	0,042; 0,036	frisch	[1]
	0,30		[1]
Rüben	n. n.		[1]
	1,00		[1]
	<0,10–0,22	rote Beete (Rande)	[1]
	0,07		[1]
	1,20		[1]
	0,06		[24]
	0,006; 0,008	weiße	[1]
	0,27	kolorimetrisch bestimmt	[1]
	0,03		[1]
Sellerie	1,40	Knollen	[1]
	0,10		[1]
Zwiebeln	0,015	frisch	[1]
	0,01–0,04		[1]
	0,10		[1]
	1,481	grüne Zwiebeln	[1]
	1,06		[1]
	17,80		[1]
	0,07		[1]
	0,01	n = 2, 0,01–0,01	[12]
Ackersalat	0,10		[1]
Endievie	0,13		[1]
Kopfsalat	n. n.		[1]
	0,11		[1]
Lattich	0,009–0,007		[1]
Petersilie	n. n.		[1]
	0,85–1,12		[1]

Tabelle 5.30. (Fortsetzung)

Lebensmittel	Gehalt (μg/g)	Bemerkung	Literatur (aus Kap. 5)
Spargel	11,0		[1]
	0,16		[1]
Spinat	0,18		[1]
Gurken	n. n.		[1]
	0,60		[1]
	0,25		[1]
Rhabarber	0,35–0,55		[1]
Tomaten	0,005	frisch	[1]
	n. n.		[1]
	0,10		[1]
	3,28		[1]
	1,20		[1]
	0,010; 0,009		[1]
Boletus	0,19	Finnland	[41]
Lepiotaceae	0,047	Finnland	[41]
Gasteromyces	0,027	Finnland	[41]
Agaricus	0,021	Finnland	[41]
Agaricus bisporus cult.	0,007	Finnland	[41]
Campignons	0,122; 0,141		[1]
	0,109; 0,100	in Dosen	[1]
Pilze	0,032–0,898	verschiedene (China)	[44]
Gewürze			
Gewürze	0,011–0,561	verschiedene (China)	[44]
Allspice	0,03	Sorte Finast	[1]
Cayennepfeffer	0,01		[12]
Chilipulver	0,25	Sorte Finast	[1]
Knoblauchpulver	1,807		[1]
Kümmel	0,09	ganz, Sorte Finast	[1]
Muskat	0,19	rot und weiß	[1]
Paprika	0,11	Sorte Finast	[1]
Pfeffer	0,006; 0,008	grün, frisch	[1]
	0,01	ganze Körner	[1]
Salz	0,04	Sorte Morton	[1]
Sesamsamen	48,0		[1]
Thymian	0,07	Sorte Durkee	[1]
Zimt	0,25	Sorte Finast	[1]
Obst			
Obst	0,002–0,092	verschiedenes (China)	[44]
	0,00002–0,004	Kanada	[39]
	0,03–0,30	berechnet auf Trockensubstanz	[35]
Mandarinen	0,31–0,54	Schalen	[1]
Fruchtmark	0,13–0,21		[1]
Orangen	0,014; 0,012		[1]
	0,24		[1]
Orangensaft	0,006		[11]
Zitronen	0,12		[1]
Zitronenschale	0,07		[1]
Äpfel	0,003; 0,006	geschält	[1]
	0,06		[1]
	0,19		[1]
Apfelmus	0,002		[1]

Tabelle 5.30. (Fortsetzung)

Lebensmittel	Gehalt (μg/g)	Bemerkung	Literatur (aus Kap. 5)
Birnen	0,006	geschält	[1]
	0,08		[1]
	< 0,002		[1]
Pfirsiche	0,004	geschält	[1]
	0,004; 0,002		[1]
Heidelbeeren	n. n.		[1]
Ananas	0,006; 0,005		[1]
	0,008; 0,012		[1]
Bananen	0,010; 0,009		[1]
	n. n.		[1]
	0,17		[1]
Trauben			[1]
	0,043		[1]
	n. n.		[1]
	0,15		[1]
Traubensaft	0,004	kolorimetrisch bestimmt	[1]
Datteln	0,54	gedörrt	[1]
Fleisch, Organe, Fleischprodukte			
Fleisch	0,027–0,168	China	[44]
Fleisch, Geflügel, Muskelfleisch, Innereien	8,00	Durchschnitt	[1]
Fleisch	0,01–0,96	Kanada, verschiedene Sorten	[39]
	0, 27	berechnet auf Trockensubstanz	[35]
Rindfleisch	0,22		[1]
	0,17–0,27		[1]
	0,66		[1]
	0,363; 0,318	Steak	[1]
	0,78	Steak	[24]
	0,42	Vorderstück	[1]
	0,28	Hinterstück	[1]
	< 0,01–0,04	n = 3, 1984 Österreich	[6]
	0,08	n = 3, 0,01–0,18	[12]
	0,454; 0,409		[1]
	0,18		[1]
	0,30		[1]
	0,20–0,40		[1]
Schaffleisch	0,30		[1]
Schweinefleisch	0,98		[24]
	0,31		[1]
	0,20–0,47		[1]
	0,217; 0,261	Kotelett	[1]
	0,94	Schinken	[24]
	0,16	n = 3, 0,11–0,22	[12]
	0,14–0,15	n = 2, 1984 Österreich	[6]
Huhn	0,106; 0,125	Brust	[1]
	0,18	n = 3, 0,14–0,22	[12]
	1,42	Schenkel, Trockengewicht	[24]
	0,154; 0,146	Haut	[1]
	0,121; 0,151	Schenkel	[1]
Hühnerfleisch	0,08	n = 1, 1984 Österreich	[6]
Putenfleisch	0,14	n = 1, 1984 Österreich	[6]

Tabelle 5.30. (Fortsetzung)

Lebensmittel	Gehalt (µg/g)	Bemerkung	Literatur (aus Kap. 5)
Niere	1,99–2,44	verschiedene (China)	[44]
	2,6–8,9	berechnet auf Trockensubstanz	[35]
Leber	0,51–0,55	verschiedene (China)	[44]
	0,44	berechnet auf Trockensubstanz	[35]
Herz	0,64	berechnet auf Trockensubstanz	[35]
Rinderherz	0,47		[1]
	0,27–0,68		[1]
	0,06–0,21	n = 2, 1984 Österreich	[6]
Rinderlunge	0,35		[1]
	0,27–0,45		[1]
Rinderleber	0,07–0,85	n = 3, 1984 Österreich	[6]
Rinderniere	0,07–1,82	n = 3, 1984 Österreich	[6]
	1,41; 1,69		[1]
	1,70		[1]
	5,01		[1]
	4,05–5,47		[1]
Rinderhirn	0,06	n = 1, 1984 Österreich	[6]
Rindermilz	0,66	n = 1, 1984 Österreich	[6]
	0,31		[1]
	0,27–0,41		[1]
Schweineherz	0,88		[1]
	0,40–1,26		[1]
	0,14–0,22	n = 2, 1984 Österreich	[6]
Schweinelunge	0,19		[1]
	0,11–0,29		[1]
	0,17	n = 1, 1984 Österreich	[6]
Schweineleber	0,64		[1]
	0,58		[1]
	0,39–0,89		
	0,36	n = 3, 0,26–0,50	[12]
	0,172; 0,184		[1]
Schweineniere	1,27–3,57	n = 4, 1984 Österreich	[6]
	1,89; 1,90		[1]
	4,17		[1]
	10,68		[1]
	8,62–11,92		[1]
Schweinezunge	0,10	n = 1, 1984 Österreich	[6]
Schweinemilz	0,28	n = 1, 1984 Österreich	[6]
	0,35		[1]
	0,32–0,37		[1]
Kalbsniere	2,60		[1]
	1,07–3,41		[1]
Schafsniere	1,38; 1,47		[1]
Hühnerherz	0,23	n = 1, 1984 Österreich	[6]
Hühnerleber	0,49–0,52	n = 2, 1984 Österreich	[6]
Hühnermagen	0,19	n = 1, 1984 Österreich	[6]
Gelatine	0,19	Sorte Knox	[1]
Hackfleisch	0,02–0,03	n = 2, 1984 Österreich	[6]
Kamm- oder Halsstück vom Schwein (Selchschopfbraten)	0,17–0,18	n = 2, 1984 Österreich	[6]

Tabelle 5.30. (Fortsetzung)

Lebensmittel	Gehalt (µg/g)	Bemerkung	Literatur (aus Kap. 5)
Rippenstück, geräuchert, vom Schwein (Selchripperl)	<0,01	n = 1, 1984 Österreich	[6]
Knackwurst	0,03	n = 1, 1984 Österreich	[6]
Krakauer	0,06–0,09	n = 4, 1984 Österreich	[6]
Pariser	0,02–0,03	n = 2, 1984 Österreich	[6]
Bierwurst	0,13	n = 1, 1984 Österreich	[6]
Karpatenwurst	0,12	n = 1, 1984 Österreich	[6]
Zigeunerwurst (Zigangwurst)	0,06	n = 1, 1984 Österreich	[6]
Salami	0,04	n = 1, 1984 Österreich	[6]
Frankfurter	0,01–0,13	n = 2, 1984 Österreich	[6]
Leberkäse	0,06	n = 1, 1984 Österreich	[6]
Leberpastete	0,09–0,21	n = 2, 1984 Österreich	[6]
Streichwurst	0,13–0,20	n = 2, 1984 Österreich	[6]
Gewürzschinken	0,10	n = 1, 1984 Österreich	[6]
Farmerschinken	0,05	n = 1, 1984 Österreich	[6]
Tiroler Schinken	0,08	n = 1, 1984 Österreich	[6]
Westfälischer Schinken	0,12	n = 1, 1984 Österreich	[6]
Beinschinken	0,04	n = 1, 1984 Österreich	[6]
Rauchschinken	0,14	n = 1, 1984 Österreich	[6]
Rauchspeck	0,11	n = 1, 1984 Österreich	[6]
Hamburger Speck	0,10	n = 1, 1984 Österreich	[6]
Bauchspeck	0,03	n = 1, 1984 Österreich	[6]
Preßsack	0,16	n = 1, 1984 Österreich	[6]
Fische, Schalentiere, Weichtiere, Muscheln			
Fische	0,174–1,37	Süß- und Meerwasser, China	[44]
	1,51	bezogen auf Trockensubstanz	[35]
	1,11 ± 0,03	Polen	[37]
	0,27–0,82	Kanada	[39]
Fischmehl	1,93		[1]
	1,47–2,45	aus verschiedenen Ländern	[1]
Walfisch	0,13		[12]
Walfischfleisch	0,50		[1]
	0,08	n = 3	[12]
Flunder	0,335; 0,338	Filet	[1]
Goldbarsch	1,96		[1]
Hering	1,43		[1]
	1,00	Filet	[1]
	1,41	geräuchert, kolorimetrisch bestimmt	[1]
	0,80	Knochen	[1]
	0,80	Haut	[1]
	0,16–0,22	n = 4, 1984 Österreich	[6]
Lachs	0,25	n = 2, 017–0,32	[12]
	0,03–0,07	n = 2, 1984 Österreich	[6]
	0,14	n = 2, 1984 Österreich geräuchert	[6]
Seelachs	0,33	n = 1, 1984 Österreich	[6]
Garnelen	0,35–0,46	n = 2, 1984 Österreich	[6]
	0,15	n = 2, 0,13–0,17	[12]
Scholle	0,50	n = 1, 1984 Österreich	[6]

Tabelle 5.30. (Fortsetzung)

Lebensmittel	Gehalt (µg/g)	Bemerkung	Literatur (aus Kap. 5)
Dorsch	0,15–0,49	n = 3, 1984 Österreich	[6]
Dorschleber	0,57–0,59	n = 2, 1984 Österreich	[6]
Tintenfisch	0,35	n = 1, 1984 Österreich	[6]
	3,00		[1]
Seeaal	0,16–0,17	n = 2, 1984 Österreich	[6]
Meeresaal	0,60	n = 1, 1984 Österreich	[6]
Zander	0,38	n = 1, 1984 Österreich	[6]
Forelle	0,16	n = 1, 1984 Österreich	[6]
	1,43		[1]
Karpfen	0,08	n = 1, 1984 Österreich	[6]
	1,37		[1]
Karpfenleber	<0,01–0,22	n = 2, 1984 Österreich	[6]
Karpfeneierstock	0,48–0,74	n = 2, 1984 Österreich	[6]
Sardinen	0,26	n = 1, 1984 Österreich	[6]
	0,78		[12]
	0,85	getrocknet	[1]
	1,64	n = 4, 1,15–2,10 getrocknet, (Niboshi)	[12]
Sardellenringe	0,23–0,27	n = 2, 1984 Österreich	[6]
Thunfisch	0,34–0,78	n = 2, 1984 Österreich	[6]
	1,36	Konserven	[12]
	1,24	Bonito (Konserven)	[12]
	1,30		[1]
Seezunge	0,24	n = 1, 1984 Österreich	[6]
Shrimps	0,09–0,23	n = 3, 1984 Österreich	[6]
Muscheln	0,05–0,47	n = 4, 1984 Österreich	[6]
	0,18	roh, 0,17–0,18	[12]
Kammuscheln	0,77		[1]
Miesmuscheln	3,90		[1]
Venusmuscheln	0,55		[1]
	2,60		[1]
Arkshell	0,42		[12]
Krabben	0,51	in Dosen	[1]
Blaufisch	2,83	n = 3, 2,34–3,64	[12]
Krake	0,09		[12]
Kuttelfisch	0,69	n = 3, 0,47–1,02	[12]
Katsuo-bushi	2,24	n = 5, 1,46–2,90	[12]
Kabeljau	0,12	Dorsch	[1]
	0,75	kolorimetrisch bestimmt	[1]
	1,24		[1]
	0,465; 0,390	Filet	[1]
	1,20		[1]
	8,60	Haut	[1]
	0,70	Knochen	[1]
	3,70	Leber	[1]
Makrelen	1,30	Filet reif	[1]
	1,40	Filet unreif	[1]
Schellfisch	0,14–0,25		[1]
	1,34	Trockengewicht	[24]
	1,50	Filet	[1]
Seebarsch	0,36		[1]
Brachse	1,60		[1]

Tabelle 5.30. (Fortsetzung)

Lebensmittel	Gehalt (μg/g)	Bemerkung	Literatur (aus Kap. 5)
Hecht	1,66		[1]
Rotauge	1,34		[1]
Austern	0,646; 0,659		[1]
	0,49		[1]
Crevetten	0,572; 0,604		[1]
	1,74	fluorimetrisch	[1]
	2,02	kolorimetrisch	[1]
Hummer	1,04	Fleisch gekocht	[1]
	1,50	Filet	[1]
	0,634; 0,681	Schwanz	[1]
Fischpastete			
Chikuwa	0,14	n = 2, 0,12–0,15	[12]
Hampen	0,11	n = 2, 0,05–0,16	[12]
Naruto	0,14	n = 2, 0,11–0,16	[12]
Tang (Wakame)	0,02	n = 1	[13]
Lavor (Nori)	0,06	n = 3, 0,02–0,09	[13]
Eier			
Eiprodukte	0,073–0,740	verschiedene, China	[44]
Hühnereier	9,10		[1]
	0,056–0,502		[1]
	0,96		[1]
	0,24	n = 3, 0,22–0,26	[12]
	0,14–0,15	n = 2, 1984 Österreich	[10]
	1,01	BR Deutschland, bezogen auf Trockensubstanz	[39]
Wachteleier	0,18	n = 2, 012,–0,24	[12]
1 Ei ca. 50 g	0,104		[1]
Eigelb	0,48	Kanada	[39]
	0,174–0,193		[1]
	0,324–0,039		[1]
	0,40		[1]
	0,38–0,45	n = 2, 1984 Österreich	[6]
Eiklar	0,07–0,08	n = 2, 1984 Österreich	[6]
Eiweiß	0,043–0,057		[1]
	0,51 ± 0,029		[1]
	0,10		[1]
	0,055	Kanada	[39]
Volleipulver	1,01		[1]
Milch, Milchprodukte			
Muttermilch	0,021		[1]
	0,013–0,053		[1]
	0,24	Trockenmilch	[1]
	0,012–0,031	China	[44]
Kuhmilch	0,05–0,13	frische Milch der staatlichen Molkerei Weihenstephan	[1]
	0,049–0,067	Extremwerte von Milch aus 67 Farmen in Oregon	[1]
	1,30		[1]
	0,005–0,067		[1]
	0,03	n = 11, 0,02–0,08	[13]

Tabelle 5.30. (Fortsetzung)

Lebensmittel	Gehalt (µg/g)	Bemerkung	Literatur (aus Kap. 5)
Kuhmilch (Forts.)	0,012; 0,013	evaporisiert, in Büchsen	[1]
	0,011–0,035	Extremwerte von Milch aus 67 Farmen in Oregon	[1]
	0,011; 0,013	homogenisert	[1]
	0,48	kolorimetrisch bestimmt	[1]
	0,045; 0,050		[1]
	0,012–0,014	China	[44]
Vollmilch	< 0,01–0,01	n = 2, 1984 Österreich	[6]
	0,003–0,004	Kanada, bezogen auf Fett	[39]
	0,14	bezogen auf Trockensubstanz	[35]
Milchpulver	0,14	Vollmilch	[1]
	0,094; 0,243		[1]
	0,06		[1]
	0,078–0,152	30 verschiedene Pulver aus der BR Deutschland	[1]
	0,172		[1]
	0,131–0,238	aus Schweden	[1]
Molkepulver	0,066	aus Schweden	[1]
Trockenmilch	0,031–0,094	China	[44]
	0,055–0,081	aus Schweden	[1]
Rahm	0,005; 0,006		[1]
Käse	0,090	amerikanisch	[1]
	0,02–0,05	n = 6, 1984 Österreich	[6]
Camembert	0,060		[1]
Cottage	0,050; 0,054		[1]
Emmentaler	0,101; 0,108		[1]
Fette, Öle			
Öle	< 0,01	n = 7, 1984 Österreich	[6]
Sonnenblumenkerne	0,13	n = 1, 1984 Österreich	[6]
Kürbiskerne	< 0,01	n = 1, 1984 Österreich	[6]
Schmalz	< 0,01–0,02	n = 2, 1984 Österreich	[6]
Sonnenblumensamen	0,248		[1]
Butter	0,0146	kolorimetrisch bestimmt	[1]
Schweinefett	0,42	kolorimetrisch bestimmt	[1]
Verschiedenes			
Vanillezucker	0,03	n = 1, 1984 Österreich	[6]
Backpulver	0,02	n = 1, 1984 Österreich	[6]
Suppenwürfel	< 0,01	n = 2, 1984 Österreich	[6]
Pilze	< 0,01–0,03	n = 4, 1984 Österreich	[6]
Schokolade	< 0,01–0,02	n = 11, 1984 Österreich	[6]
Puddingpulver	0,016; 0,015	Vanille	[1]
Hefe	< 0,01–0,04	n = 2, 1984 Österreich	[6]
Bierhefe	0,193	aus Deutschland	[1]
	0,085	aus Österreich	[1]
	0,505	kolorimetrisch bestimmt	[1]
	0,900		[1]
Torularhefe	0,665		[1]
Essig	0,89		[1]
Saccharin	0,005		[1]

Tabelle 5.30. (Fortsetzung)

Lebensmittel	Gehalt (μg/g)	Bemerkung	Literatur (aus Kap. 5)
Kindernahrung, püriert			
Birnen	0,002; 0,005		[1]
Bohnen	0,005; 0,004	grün	[1]
Hafermehlflocken	0,026; 0,033	mit Apfelmus und Bananen	[1]
Huhn	0,112; 0,101		[1]
Karotten	0,002		[1]
Lammfleisch	0,123; 0,128		[1]
Leber	0,247; 0,269		[1]
Pfirsiche	0,003; 0,004		[1]
Reisflocken	0,019; 0,023	mit Apfelmus und Bananen	[1]
Rindfleisch	0,118; 0,113		[1]
Schweinefleisch	0,114; 0,133		[1]
Kindernahrung	0,013–0,128	Infant-Formula (China)	[44]
Zigaretten			
Pall Mall, Tabak	0,31		[1]
Papier	0,07		[1]
Lucky Strike, Tabak	0,41		[1]
Papier	0,03		[1]
Getränke			
Kaffee	0–0,25	verschiedene Sorten	[1]
Tee	0–0,06	verschiedene Sorten	[1]
Bier	0,19	kolorimetrisch bestimmt	[1]
Wein „Old Duke“	0,05	kolorimetrisch bestimmt	[1]
Mineralwasser	5,3	Proben aus Bad Cannstatt und	[1]
	4,3–6,3	Bad Mergentheim, μg/l	[1]
Tomatensaft	n. n.–1,4	μg/l BR Deutschland n = 8	[38]
Wein	n. n.–1,0	μg/l BR Deutschland n = 28	[38]
Leitungswasser und Mineralwasser	0,16–5,3	μg/l BR Deutschland	[35]

Tabelle 5.31. Untersuchungen bestimmter Lebensmittelgruppen auf ihren Selengehalt. (Nach [2, 33])

Lebensmittelgruppe	Anteil an der Nahrung (%)	Aufnahme (μg/Person/Tag)	Durchschnittlicher Gehalt (μg/g)	Literatur (aus Kap. 5)
Milch und Käse	7	4	0,01	[2]
Milchprodukte	–	–	0,02	[33]
Fleisch	28	17	0,11	[2]
Fleisch, Geflügel, Fisch	37,6	56,3	0,17	[33]
Fisch	8	5	0,32	[2]
Fette	1	1	0,01	[2]
Getreide	50	30	0,11	[2]
Getreide und Getreideprodukte	61,8	92,5	0,17	[33]
Wurzelgemüse	1	1	0,01	[2]
	–	–	<0,02	[33]

Tabelle 5.31. (Fortsetzung)

Lebensmittelgruppe	Anteil an der Nahrung (%)	Aufnahme (μg/Person/Tag)	Durchschnittlicher Gehalt (μg/g)	Literatur (aus Kap. 5)
Blattgemüse	2	1	0,01	[2]
	–	–	<0,01	[33]
Obst	2	1	0,01	[2]
Kartoffel	0,65	0,4	<0,02	[33]

Tabelle 5.32. Aufgrund von statistischen Daten geschätzte Selenaufnahme für Japan (alle Altersgruppen, männlich und weiblich). (Nach [12])

Lebensmittel	Nahrungsaufnahme (g/Person/Tag)	Selengehalt (μg/g)	Durchschnittliche Selenaufnahme (μg/Person/Tag)
Getreide (gesamt)	393,7		
Reis	318,7	0,05	15,93
Gerste	6,2	0,08	0,49
Weizen	68,0		
Weizenmehl	7,1	0,08	0,56
Brot	20,4	0,08	1,63
Pfannkuchen	8,0	0,08	0,64
Nudeln, roh	15,4	0,04	0,60
Nudeln, getrocknet	15,8	0,08	1,26
Brösel	0,4	0,4	0,16
Weizen, anders verarbeitet	1,7	0,08	0,13
Kartoffeln (gesamt)	41,1		
Süßkartoffeln	3,5	0,02	0,07
Kartoffeln	26,3	0,02	0,52
andere	3,4	0,02	0,07
verarbeitete Kartoffeln	7,9	0,02	0,16
Zucker (gesamt)	19,2		
Zucker	18,5		
Konfitüre	0,7		
Kuchen	32,4	0,08	2,60
Öle und Fette (gesamt)	12,9		
Butter	1,5	0,03	0,05
Margarine	0,4		
Pflanzenfett	7,8		
tierisches Fett	0,1	0,16	0,02
Mayonnaise	3,1		
Hülsenfrüchte (gesamt)	74,0		
Sojabohne	69,0	0,02	1,38
Bean paste (Miso)	24,3	0,02	0,49
Bean curds (Tofu)	3,8	0,02	0,08
andere	4,9	0,02	0,10
Obst (gesamt)	92,3		
Orangen frisch	20,9	0,003	0,06
andere frisch	57,8	0,003	
Obst in Dosen	3,6	0,003	
Grünes oder gelbes Gemüse (gesamt)	44,0		
Karotten	6,2	0,01	0,06

Tabelle 5.32. (Fortsetzung)

Lebensmittel	Nahrungsaufnahme (g/Person/Tag)	Selengehalt (μg/g)	Durchschnittliche Selenaufnahme (μg/Person/Tag)
Spinat	11,1	0,01	0,11
Kürbis	3,4	0,01	0,03
andere	23,3	0,01	0,23
andere Gemüse und Pilze (gesamt)	154,6		
Tomaten	16,4	0,01	0,16
Rettich	10,0	0,01	0,10
Kohl	28,6	0,01	0,29
Chinakohl	4,5	0,01	0,05
Zwiebeln	20,8	0,01	0,21
Pilze	74,3	0,01	0,74
getrocknetes Gemüse	2,6	0,1	0,26
saures Gemüse	37,2	0,01	0,37
Gewürze und Getränke (gesamt)	107,7		
Soja	29,0	0,02	0,58
andere Gewürze	12,1		
Saki	36,5		
Obstsäfte und andere Getränke	30,1		
Fische	84,0		
roh	50,3	0,18	9,05
gesalzen oder getrocknet	13,5	1,89	25,52
Pasten	11,1	0,13	1,44
Fischschinken und Wurst	4,9	0,13	0,64
in Dosen oder anders verarbeitet	4,2	0,95	3,99
Fleisch (gesamt)	34,8		
Rind	5,1	0,08	0,41
Schwein	13,4	0,16	2,14
Huhn	6,0	0,18	1,08
andere	3,2	0,30	0,96
Schinken und Wurst	6,2	0,16	0,99
in Dosen oder anders verarbeitet	0,9	0,08	0,07
Eier (gesamt)	38,9		
Huhn	38,7	0,24	9,29
andere	0,2	0,18	0,04
Milch und Milchprodukte (gesamt)	75,4		
Milch	64,7	0,03	1,94
Käse	0,8	0,03	0,02
Kondens- und Trockenmilch	9,9	0,03	0,29
Total	2503,4		88,06

Tabelle 5.33. Tägliche Selenaufnahme mit der Nahrung in verschiedenen Ländern

Aufnahme (μg/Person/Tag)	Bemerkung	Literatur (aus Kap. 5)
Erwachsene		
55 ± 37,7	Deutschland (26 weibliche Probanden, Diätuntersuchung)	[3]
74 ± 31	Deutschland (Versuchstage mit Fisch)	[3]
62	USA (Hospitalessen)	[4]
60–150	USA (Normale Diät)	[4]
149,7	USA Diät (hochgerechnet)	[33]

Tabelle 5.33. (Fortsetzung)

Aufnahme (µg/Person/Tag)	Bemerkung	Literatur (aus Kap. 5)
168	Kanada	[8]
95	Hospitaldiät	[10]
74	Frauen (30 Jahre)	[9]
102	USA (Diät)	[11]
169	USA (Warenkorbstudie)	[16]
90–168	USA	[17]
93	USA	[18]
81	USA	[19]
60–150	USA	[43]
57	USA (Frauen)	
80	USA (Männer, Balance-Studies)	[31]
118	USA	[28]
25	Italien	[5]
141	Italien	[36]
60	England	[2]
234	typische Diät aus Glasgow	[24]
131 ± 53	100 Frauen, ca. 30 Jahre, Diät	[25]
1,2 ± 0,8	Patienten, parenteral ernährt	[26]
34 ± 16	Makrobiotische Ernährungsweise	[26]
12,7 ± 9,1	Vegetarische Ernährungsweise	[26]
45,5	Österreich (hochgerechnet)	[6]
70	Schweiz (4 verschiedene Diäten)	[7]
149,7	Schweiz	[33]
100	Japan (Hospitaldiät)	[12]
500	Japan (fischhaltige Diät)	[12]
88	Japan	[30]
100	Japan (typische Diät)	[22]
56	Neuseeland	[13]
28	Neuseeland	[20]
56	Neuseeland (Warenkorb)	[21]
25	Neuseeland	[36]
30	Finnland (Diät)	[14]
50–60	Finnland (Warenkorb)	[23]
218	Venezuela	[15]
40 ± 13	Belgien (Ältere Menschen)	[26]
43 ± 10	Belgien (Ältere Menschen)	[26]
56	Belgien	[27]
166	Frankreich	[36]
110	Niederlande	[36]
10–95	Schweden (Diät)	[29]
<3–66	Schweden Vegetarier	[29]
11–21	Schweden Vegetarier	[29]
40–80	Lavtovy-Diät	[29]
30–35	Jugendliche	[29]
23–210	Stationäre Patienten	[29]
10–40	Warenkorb (Jugendliche)	[29]
4490	China (Gebiet mit Selenosis)	[34]
11	China (Keshan-Gebiet)	[34]
471	Polen (Studenten; Bereich 10–765)	[37]
60–250	Erwachsene (abgeschätzt)	[42]
Kinder		
4,2–14	Kleinkinder (6 Monate, Warenkorb)	[26]
4–35	Kleinkinder (abgeschätzt)	[42]

5.12 Silicium

Über den Gehalt von Silicium in Lebensmitteln gibt es nur wenig Daten. Übereinstimmend werden Gerste, Hafer, brauner unpolierter Reis und andere pflanzliche Lebensmittel als Hauptquelle für die Siliciumzufuhr mit der Nahrung genannt [1,2]. In Amylopektinen soll Silicium in Konzentration von 1,4–2,3 mg/g bezogen auf das Trockengewicht, in Kartoffelstärke in Konzentration von 0,47–0,80 mg/g enthalten sein [3]. Alle anderen pflanzlichen Polysaccharide enthalten weniger als 0,1 mg/g Silicium. Es wird vermutet, daß es ähnlich wie Phosphor im Stärkekorn verteilt ist. Der Gehalt tierischer Lebensmittel schwankt zwischen 3 und 40 μg/g [1]. Nicht zu vernachlässigen ist die Siliciumaufnahme durch Mineralwasser, das oftmals sehr hohen Gehalt aufweist [4]. Schätzungen für die Aufnahme mit der Nahrung belaufen sich auf 31 mg Silicium/Tag [2].

Literatur

1. K. Lang: Biochemie der Ernährung, 3. Aufl. Steinkopff-Verlag 1974
2. H. J. M. Bowen, A. Peggs: J. Sci. Food Agric. 35: 1225 (1984)
3. G. M. Ranzi: Riv. Viticolt. Enol. 24: 187 (1971)
4. F. Armijo Castro, J. San Martin Baraicoa, M. Armijo Valencuela: Ann. Bromatol. 31: 365 (1979)
5. U. F. Khalil, H. J. Duncan: J. Sci. Food Agric. 32: 4, 5 (1981)
6. J. B. Lorenzola: Tec. Molit. 27: 119 (1976)
7. V. A. Grizo, L. I. Shilova, L. D. Brik, S. N. Meshuskaya: Vop. Pit. 1: 84 (1974)
8. P. Varo, P. Koivistoinen: Acta agric. scand., suppl. 22: 165, (1980)

Tabelle 5.34. Siliciumgehalt einzelner Lebensmittel

Lebensmittel	Gehalt (μg/g)	Bemerkung	Literatur (aus Kap. 5)
Mineralwasser	0,40–96,1	Spanien	[4]
Wein	48	Südtirol, Trentino (Durchschnittswerte)	[3]
Weißwein	31	(Durchschnittswerte)	[3]
Rotwein	44		[3]
Süßwein	92		[3]
Pektin	1400–2300		[5]
Kartoffelstärke	470–800		[5]
Brauner Reis	100000		[6]
Polierter Reis	n. n.		[6]
Wintergerste	7623–9921	Trockengewicht	[7]

Tabelle 5.35. Untersuchungen bestimmter Lebensmittelgruppen auf ihren Siliciumgehalt. (Nach [8])

Lebensmittelgruppe	Anteil an der Nahrung (%)	Aufnahme (μg/Person/Tag)	Durchschnittlicher Gehalt (μg/g) bezogen auf Trockengewicht
Milch und Käse	4	1900	16
Fleisch	3	1600	25
Fisch	<1	100	9

Tabelle 5.35. (Fortsetzung)

Lebensmittelgruppe	Anteil an der Nahrung (%)	Aufnahme (μg/Person/Tag)	Durchschnittlicher Gehalt (μg/g) bezogen auf Trockengewicht
Getreide	40	11000	63
Gemüse	13	3700	47
Getränke[a]	40	11000	71
Gesamtaufnahme		29300	

[a] vorwiegend Bier

5.13 Zinn

Obwohl es zahlreiche Arbeiten über die Auswirkung der Entzinnung, d. h. die Ablösung von Zinn aus Dosenmaterial bei eingedosten Lebensmitteln gibt, sind nur wenige Angaben über den eigentlichen Zinngehalt einzelner Lebensmittel vorhanden. Die großen Schwankungen der vorliegenden Daten über die nahrungsbedingte Aufnahme von Zinn gehen sowohl auf die allmählich verbesserte Analysentechnik zurück als auch auf den zunehmenden Ersatz verzinnter Dosen durch solche mit Innenlackierung.

Literatur

1. A. R. Byrne, L. Kosta, V. Ravnik, J. Stugnar, V. Hudnik: Nuclear Activation Techniques in Life Sciences, IAEA Wien, 1979, p. 255
2. A. R. Byrne, L. Kosta: Sci. Total. Environm. 10: 17 (1978) und 13: 87 (1979)
3. E. I. Hamilton, M. J. Minski, J. J. Cleary, V. J. Halsey: Sci. Total. Environm. 1: 205 (1972)
4. I. H. Tipton, P. L. Stewart, P. G. Martin: Health Phys. 12: 1683 (1966)
5. H. A. Schroeder, J. S. Balassa, I. H. Tipton: J. Chron. Dis. 17: 483 (1964)
6. D. Schlettwein-Gsell, S. Mommsen-Straub: Spurenelemente in Lebensmitteln. Verlag H. Huber, Bern, Stuttgart, Wien 1973
7. J. J. Connor, H. J. Shaklette: USGS Prof. Paper 574-F, Denver, Colorado, USA (1975) zitiert nach D. C. Adriano: Trace Elements in the Terrestrial Environment, Springer-Verlag New York, Berlin, Heidelberg, Tokio 1986
8. J. A. Duke: Econ. Bot. 24: 344 (1970)

Tabelle 5.36. Zinngehalt einzelner Lebensmittel

Lebensmittel	Gehalt (ng/g)	Bemerkung	Literatur (aus Kap. 5)
Muttermilch	2–3	bezogen auf Trockenmasse	[1]
IAEA Reference Sample			
Milchpulver	68	bezogen auf Trockenmasse	[2]
(A–8, A–11)	94		
Milch	7,8	eingedost	[3]
Karotten	20000	auf Asche bezogen	[7]
Mais	30000	auf Asche bezogen	[7]
Rüben	20000	auf Asche bezogen	[7]
Avocados	100	bezogen auf Trockengewicht	[8]

Tabelle 5.37. Tägliche Zinnaufnahme mit der Nahrung

Aufnahme (mg/Person/Tag)	Bemerkung	Literatur (aus Kap. 5)
0,94 ± 0,55	Diäten aus 5 italienischen Städten Bereich 0,34–1,41 µg/Tag	[2]
0,19	England	[3]
1,5	England	[4]
3,5	USA	[5]

5.14 Vanadium

Der Vanadiumgehalt in pflanzlichen Lebensmitteln schwankt aufgrund des sehr unterschiedlichen Vanadiumgehalts des Bodens beträchtlich [1]. Der Vanadiumgehalt zubereiteter Nahrung hängt stark von der Art des verwendeten Öls ab. Eine an ungesättigten Fettsäuren reiche Kost enthält mehr Vanadium als eine mehrheitlich auf gesättigten Fettsäuren aufbauende Nahrung [8]. Verarbeitete Öle enthalten kein Vanadium [8]. Alle anderen Lebensmittel treten hinsichtlich ihrer Bedeutung für die Vanadiumversorgung zurück. Leguminosen und Nüsse dürften ebenfalls höhere Vanadiumwerte aufweisen.

Auch die schwierige Analytik des Elements bedingt eine kritische Sichtung der publizierten Daten. Dies ist aus der breiten Streuung der Daten erkennbar, von denen eine Reihe kolorimetrisch und andere durch Neutronenaktivierungsanalyse (NAA) ermittelt wurden. Die NAA-Daten sind generell deutlich niedriger, erscheinen aber im allgemeinen verläßlicher zu sein. In [2] ist ein Vergleich mit älteren Daten tabellarisch angeordnet zu finden.

Nach Untersuchungen von Söremark [6] enthalten Makrelen, Sardinen, Dill, Salat, Radieschen und Kalbsleber verhältnismäßig hohe Konzentrationen an Vanadium. Fische akkumulieren nach radiographischen Untersuchungen mit dem Isotop ^{48}Vanadium dieses Spurenelement in Knochen, Haut und Leber.

Aufgrund Untersuchungen einzelner Lebensmittel, aber auch aufgrund von Diätuntersuchungen wurden 20,2 ± 2,3 µg/Tag [3] bzw. als Ergebnis eine Studie in 5 italienischen Städten 10,4 ± 1,5 µg/Tag [2] als tägliche Aufnahmedosis ermittelt.

Diese beiden Daten stimmten betreffend die einzelnen Lebensmittel gut überein; der Unterschied in der täglichen Gesamtaufnahme ergibt sich aus dem geringen Verzehr in den italienischen Städten. Die Verläßlichkeit beider Untersuchungsergebnisse dürfte deshalb gut sein, weil 2 verschiedene analytische Methoden verwendet wurden [2].

Literatur

1. D. Schlettwein-Gsell, S. Mommsen-Straub: Int. Z. für Vitamin- u. Ernährungsforschung, Beiheft 13, Spurenelemente in Lebensmitteln. Verlag H. Huber, Bern, Stuttgart, Wien, 1973
2. A. R. Byrne, L. Kosta: Sci. Total Environm. 10: 17 (1978) und 13: 87 (1979)
3. D. R. Myron, T.J. Zimmermann, T. R. Shuler, L. M. Klevay, D. E. Lee, F. H. Nielsen: Am. J. Clin. Nutr. 31: 527 (1978)

4. M. D. Waters: Toxicology of Vanadium. In: Toxicology of Trace Elements ed.: A. Groyer, M. A. Mehlmann Wiley, Washington, 1977 p. 147
5. D. R. Myron, S. H. Givaud, F. H. Nielsen: J. Agric. Food Chem. 25: 297 (1977)
6. R. Söremark: J. Nutr. 92: 183 (1967)
7. W. H. Strain: Proc. Geochemical Evolution Am. Assoc. Adv. Sci., Denver/Colorado 1961
8. H. A. Schroeder, J. J. Balassa, I. H. Tipton: J. Chron. Diseases 16: 104 (1963)
9. H. J. M. Bowen: Environmental Chemistry of the Elements, Academic Press, 1979

Tabelle 5.38. Vanadiumgehalt einzelner Lebensmittel

Lebensmittel	Gehalt (μg/g)	Bemerkung	Literatur (aus Kap. 5)
Getreide, Getreideprodukte			
Buchweizen	1,24		[1]
	1,00		[1]
	0,00027		[2]
Hafer	0,35	Ganzkorn	[1]
	0,0003		[2]
Hafermehl	0,12		[1]
Hirse	0,02	Ganzkorn	[1]
Mais	0,02	Ganzkorn	[1]
	0,0007		[2]
Maismehl	0,26		[1]
Reis	0,23	Nordamerika	[1]
	0,82	Japan	[1]
	0,00030		[2]
	0,00012	Italien	[2]
Weizen	0,02	Vollkorn	[1]
	0,82	Vollkorn	[1]
	2,30	amerikanisch	[1]
	n. n.	japanisch	[1]
Gerste	0,0016		[2]
Mehl	0,0154		[2]
Grießmehl	0,09		[1]
Brot- und Backwaren			
Brot	0,01310		[2]
Weißbrot	0,07	Weizen	[1]
Teigwaren			
Maccaroni	3,33		[1]
Kartoffeln			
Kartoffeln	0,01		[1]
	0,02		[1]
	0,00075–0,00089	Methode NAA	[1]
	1,49		
	0,0012; 0,0019		[2]
	0,00082	n = 10	[6]
Zucker, Zuckerwaren, Honig			
Melasse	0,71		[1]
Hülsenfrüchte, Nüsse			
Erbsen	0,65	grün	[1]
	< 0,0004	gefroren	[2]

Tabelle 5.38. (Fortsetzung)

Lebensmittel	Gehalt (μg/g)	Bemerkung	Literatur (aus Kap. 5)
Erbsen (Forts.)	3,27		[1]
	0,46		[1]
	0,0001	bezogen auf Asche, n = 10	[6]
Linsen	6,00	getrocknet	[1]
Saubohnen	0,70		[1]
Grüne Bohnen	0,092 ± 0,01		[1]
	0,194 ± 0,035		[1]
	0,87		[1]
Haselnüsse	1,92		[1]
	0,0037		[2]
Walnüsse	1,96		[1]
	0,26		[1]
Sonnenblumenkerne	0,22		[1]
Erdnüsse, Pekannüsse, Paranüsse	0,26		[1]
Gemüse			
Karotten	0,108		[1]
	0,103		[1]
	0,99		[1]
	0,0023; 0,0024		[2]
	< 0,0001	bezogen auf Asche, n = 10	[6]
Knoblauch	0,149		[1]
	0,051		[1]
	0,00062		[2]
Radieschen	0,052		[1]
	3,02		[1]
	0,0059		[2]
Rettich	0,0387 ± 0,0158		[1]
	0,0746 ± 0,0185		[1]
Gelbe Rüben	0,73		[1]
Zwiebel	0,0532 ± 0,0074		[1]
	0,0463 ± 0,0053		[1]
	0,06		[1]
	0,00064		[2]
Kohl	0,126 ± 0,009		[1]
	0,08 ± 0,021		[1]
	1,75		[1]
	0,00027		[2]
Blumenkohl	0,000072–0,000083		[1]
Rosenkohl	0,0005		
Blumenkohl	0,00085		[2]
	0,000077	n = 10	[6]
Petersilie	0,50–1,11	Mittelwert 0,79	[1]
	0,0001800		[2]
	0,79	n = 10	[6]
Salat	0,0010	Herz	[2]
	0,0027	grünes Blatt	[2]
	0,021	n = 10	[6]
Kopfsalat	0,019–0,023	Mittelwert 0,021	[1]
Lauch	0,0003		[2]
Spinat	0,00035		[2]

Tabelle 5.38. (Fortsetzung)

Lebensmittel	Gehalt (µg/g)	Bemerkung	Literatur (aus Kap. 5)
Spinat (Forts.)	0,000840; 0,000533		[2]
Gurken	0,0016–0,0023	Mittelwert 0,0021	[1]
	0,0021	n = 10	[6]
Kürbis	1,23		[1]
Tomaten	0,018 ± 0,0024		
	0,103 ± 0,009		
	0,000016–0,000038	Mittelwert 0,000027	[1]
	0,00033		[2]
	0,0011	n = 10	[6]
Pilze	0,00050–0,0002	26 Sorten	[2]
Champignons	0,00015		[1]
Dill	0,12–0,15	Mittelwert 0,14	[1]
	0,14	n = 10	[6]
Dillsamen	0,43–0,99		[5]
Gewürznelken	0,28	ganz	[1]
Pfeffer	0,06	rot, ganz	[1]
	0,011–0,093	schwarz	[5]
Obst			
Äpfel	0,0088		[1]
	0,0606		[1]
	0,0011		[1]
	0,78		[1]
	0,0003		[2]
	0,0016	n = 10	[1]
Birnen	0,0011 ± 0,00021		[1]
	0,00225 ± 0,0061		[1]
	0,0002		[2]
	< 0,0001	bezogen auf Asche, n = 10	[6]
Kirschen	1,27		[1]
	0,0004		[2]
Oliven grün eingelegt	0,95		[1]
schwarz	8,55		[1]
Zwetschken	0,028 ± 0,005		[1]
	0,0146 ± 0,0013		[1]
Heidelbeeren	0,0016		[1]
Bananen	0,06		[1]
	< 0,0002		[2]
Trauben	0,97		[1]
Orangen	0,00095		[2]
Pfirsich	0,0002		[2]
Aprikosen	0,00015		[2]
Fleisch			
Hühnerbrust	0,14		[1]
Kalbfleisch	< 0,0001	Stockholm, n = 10	[6]
Kalbsleber	0,01	Kalb	[1]
	0,0083–0,0118		[1]
	0,0018–0,003		[1]
	0,01	Stockholm, n = 10	[6]
	0,0024	Boston, n = 10	[6]
Schweinefleisch	< 0,0001	Stockholm, n = 10	[6]

Tabelle 5.38. (Fortsetzung)

Lebensmittel	Gehalt (µg/g)	Bemerkung	Literatur (aus Kap. 5)
Fische, Schalentiere			
Fische	0,03	Durchschnittswert	[9]
Forelle	0,0004	frisch, n = 10	[6]
Dorsch	0,96	getrocknet	[1]
Makrelen	0,0015–0,0036	Mittelwert 0,0026	[1]
	0,0026	frisch, Nordsee, n = 10	[6]
	2,0	Knochen, n = 10	[6]
Sardinen	0,0040–0,0132	Mittelwert 0,0086	[1]
	0,0081–0,018	Mittelwert 0,013	[1]
	0,0086	Schweden, n = 10	[6]
	0,0070	Norwegen, n = 10	[6]
	0,013	Portugal, n = 10	[6]
Austern	0,11		[1]
Hummer	0,032–0,053	Mittelwert 0,043	[1]
	0,043	Fleisch, Nordsee, n = 10	[6]
Hummerscheren	5,10		[1]
Eier			
Eigelb	0,68		[1]
Eiweiß	0,37		[1]
Milch, Milchprodukte			
Muttermilch	0,0098		[1]
Kuhmilch	0,093	Vollmilch	[1]
	0,000052–0,000096	Mittelwert 0,000074	[1]
	0,000076–0,000145	Mittelwert 0,0001	[1]
	0,000084	Boston, n = 10, Frischmilch	[6]
	0,000077	Chicago, n = 10	[6]
	0,00011	Stockholm, n = 10	[6]
	0,000080	Oslo, n = 10	[6]
Milchpulver	0,015		[7]
Fette, Öle			
Kochöl	< 0,0003		[2]
Kürbiskern	< 0,0002		[2]
Margarine	21,75	aus Maisöl	[1]
Erdnußöl	10,87		[1]
Maisöl	11,05–15,80		[1]
Olivenöl	0,225–0,38		[1]
	15,23		[1]
Sojabohnenöl	43,53		[1]
Sonnenblumenöl	0,41		[1]
	6,95		[1]
Schweinefett	6,76		[1]
	< 0,0002		[1]
Verschiedenes			
Mineralwasser	0,004	Schweiz (17 verschiedene)	[1]
Trinkwasser	0,0005	Mittelwert (Stockholm)	[1]
	0,006	Mittelwert (USA) Bereich 0,0004–0,07	[1]
	n. n.–0,220	USA	[7]

Tabelle 5.38. (Fortsetzung)

Lebensmittel	Gehalt (µg/g)	Bemerkung	Literatur (aus Kap. 5)
Coca Cola	0,0015		[2]
Weißwein	0,00013	Riesling	[2]
Rotwein	0,0035		[2]
	0,00032		[2]
Bier	0,0084		[2]
Tee	0,0003		[2]
Teeblätter	0,000150		[2]
Kakaopulver	0,000610		[2]

Tabelle 5.39. Tägliche Vanadiumaufnahme mit der Nahrung

Aufnahme (µg/Person/Tag)	Bemerkung	Literatur (aus Kap. 5)
20,4 ± 2,3	9 festgelegte Diäten, Mittelwert 32 ± 4 µg/g	[3]
10,4 ± 1,5	5 italienische Städte, Bereich: 29,7 ± 0,8 bis 46,0 ± 3,4 µg/g	[2]
6,1–170	Mittelwert 100	[4]

5.15 Zink

Überdurchschnittlich hoch ist der Zinkgehalt von Innereien wie Leber und Niere, von Fleisch, Milch und Milchprodukten sowie von Getreide und einigen Leguminosen, die damit die wesentliche Quelle für die Zinkversorgung darstellen. Die Zinkaufnahme dürfte in den letzten Jahrzehnten stetig gesunken sein; dies wird vor allem deshalb angenommen, weil der Verarbeitungsgrad bei Getreideprodukten stark angestiegen ist. Damit einher geht eine Verringerung des Zinkgehalts, die vor allem bei Vollkorngetreide beträchtlich ist.

Literatur

1. H. Droste, F. Jekat: Nutritio et dieta 7: 1 (1965)
2. D. Schlettwein-Gsell, S. Mommsen-Straub: Int. Z. für Vitamin- u. Ernährungsforschung, Beiheft 13, Spurenelemente in Lebensmitteln. Verlag H. Huber, Bern, Stuttgart, Wien, 1973
3. R. Masironi, S. R. Koirtyohann, J. O. Pierce: Sci. Total. Environm. 7: 27 (1977)
4. H. Schenkel, F. Berschauer, S. Gaus: Landw. Forsch. Sonderheft 36: 307 (1980)
5. S. A. Spring, J. Robertson, D. H. Buss: Br. J. Nutr. 41: 487 (1979)
6. N. O. Price, G. E. Bunce, R. W. Engel: Am. J. Clin. Nutr. 23: 258 (1970)
7. H. S. White: J. Am. Diet. Ass. 55: 38 (1969)
8. A. I. Vorobeva, N. A. Bolsarin: Vop. Pitan. 23: 78 (1964)
9. H. A. Schroeder, A. P. Nason, I. H. Tipton: J. chron. Dis. 20: 179 (1967)
10. G. F. Clemente: J. Radioanal. Chem. 32: 25 (1976)
11. R. Schelenz: J. Radioanal. Chem. 37: 529 (1977)
12. M. Stransky, D. M. Knopp, A. Blumenthal: Mitt. Hyg. (Bern) 71: 163 (1980)
13. P. Antila, V. Antila: Suomen Kemistilehti 44B: 161 (1971)
14. A. Wyttenbach, S. Bajo, L. Tobler, B. Zimmerli: 4th Int. Workshop on Trace Element Chemistry in Medicin and Biology. Neuherberg, BRD, 1986

15. E. W. Murphy, B. W. Willis, B. K. Watt: J. Am. Diet, Assoc. 66: 345 (1975)
16. R. S. Gibson, C. A. Scythes: Br. J. Nutr. 48: 241 (1982)
17. J. E. Holden, W. R. Wolf, W. Mertz: J. Am. Diet. Assoc. 75: 23 (1979)
18. M. A. Walker, L. Page: J. Am. Diet. Assoc. 70: 260 (1977)
19. E. D. Brown, M. A. Mc Guckin, M. Wilson, S. C. Smith: J. Am. Diet. Assoc. 69: 633 (1976)
20. Survey of Copper and Zink in Food Survaillance Paper No. 5. Ministry of Agriculture, Fisheries and Food, HSMO, 1981
21. B. E. Guttrie, M. F. Robinson: Br. J. Nutr. 38: 55 (1977)
22. J. Kumpulainen: Report on Activities 1983–85. FAO-European Cooperation Network on Trace Elements. Subnetwork E: Trace Element Status in Food (1985)
23. L. H. Russel jr.: In: F. W. Oehme ed. Toxicity of Heavy Metals in the Environment, Part III, 3–23 Marcel Dekker, New York, USA, 1979
24. R. Garcia Olmedo, C. Diez Marques: Ann. Bromatol. 37: 43 (1985)
25. F. B. A. Maroof, D. A. Hadi, A. H. Khan, A. H. Chowdhury: Sci. Total Environm. 53: (3), 233 (1986)

Tabelle 5.40. Zinkgehalt einzelner Lebensmittel

Lebensmittel	Gehalt (µg/g)	Bemerkung	Literatur (aus Kap. 5)
Getreide, Getreideprodukte			
Gerste	24,0	Vollkorn	[2]
	12,0–132,0		[2]
	27,0	entspelzt	[2]
	190,0	Keime	[2]
Gerstenkleie	58,1	braun	[2]
	103,9	weiß	[2]
Hafer	18,79	Vollkorn	[2]
	14,49–22,22		[2]
	29,0–70,0		[2]
	31,0–49,0		[2]
	30,0		[2]
	45,0		[2]
	31,71–77,50		[2]
	30,0	gepufft	[14]
Haferflocken	140,0		[2]
	69,7		[2]
Hafermehl	34,0	trocken	[14]
	5,0	gekocht	[14]
Hirse	17,0	Vollkorn	[2]
Mais	8,26	Vollkorn	[2]
	17,59		[2]
	15,15–19,61		[2]
	20,0		[2]
	25,0		[2]
	10,0–20,0		[2]
Feldmais, Ganzkorn	21	weiß oder gelb	[14]
Süßmais	5,0	gelb, roh	[14]
	4,0	gekocht, vom Wasser abgegossen	[14]
	3,0	eingedost, Ganzkorn in Lake, flüssig und fester Anteil	[14]
	4,0	in Lake, vom Wasser abgegossen	[14]

Tabelle 5.40. (Fortsetzung)

Lebensmittel	Gehalt (µg/g)	Bemerkung	Literatur (aus Kap. 5)
Süßmais (Forts.)	4,0	vakuumverpackt, flüssig und fester Anteil	[14]
Maischips	15,0		[14]
Maiskörner	4,0	weiß, ohne Keim, trocken	
Maismehl	25,0		[2]
Maismehl weiß oder gelb	18,0	Vollmehl	[14]
	8,0	ohne Keim, trocken	[14]
	1,0	ohne Keim, gekocht	[14]
Maisstärke	0,3		[14]
Cornflakes	1,3		[2]
	76,51		[2]
	3,0		[14]
Popcorn	39,0	ungepoppt	[14]
	41,0	gepoppt plain	[14]
	30,0	mit Öl und Salz	[14]
Reis	18,0	braun, trocken	[14]
	6,0	braun, gekocht	[14]
	13,0	weiß, trocken	[14]
	4,0	weiß, gekocht	[14]
	11,0	weiß, parboiled trocken	[14]
	3,0	weiß, parboiled gekocht	[14]
	7,0	weiß, schnell vorgekocht trocken	[14]
	2,0	weiß, schnell vorgekocht gekocht	[14]
	0,62	Voll	[2]
	21,0		[2]
	80,0–20,0		[2]
	18,0		[2]
	14,65–22,40		[2]
	16,4	unpoliert	[3]
	13,7	poliert	[3]
	18,0	glaciert	[2]
	1,61		[2]
	2,2		[2]
	20,0–80,0		[2]
	13,0		[2]
	9,7–14,5		[2]
Rice Crispies	2,2		[2]
Roggen	13,0	Vollkorn	[2]
	52,0–73,0		[2]
	15,0		[2]
	17,0		[2]
	208,0	Keime	[2]
	205,0–215,0		[2]
Roggenmehl	16,0	98%	[2]
	8,6	80–85%	[2]
	15,0	70–75%	[2]
	10,2	Type 997	[2]
	9,0–11,4		[2]
Weizen	30,2	Schweden, Vollkorn	[22]
	30,0	BR Deutschland	[22]

Tabelle 5.40. (Fortsetzung)

Lebensmittel	Gehalt (µg/g)	Bemerkung	Literatur (aus Kap. 5)
Weizen (Forts.)	25,0	Schottland	[22]
	36,8	Finnland	[22]
	30,2	Österreich	[22]
	31,52	ganzes Korn	[2]
	35,0		[2]
	16,23		[2]
	13,33–19,60		[2]
	100,0		[2]
	55,0		[2]
	19,8–100,0		[2]
	45,0		[2]
	22,1–84,8		[2]
	36,0	trocken	[14]
	5,0	gekocht	[14]
Weizen, Ganzkorn			
Hartweizen	34,0		[14]
Durum	27,0		[14]
weich	27,0		[14]
	22,0		[14]
Weizen genußfertig			
Kleieflocken 40%	36,0		[14]
Flocken	3,0		[14]
geröstete Keime	154,0		[14]
gepufft	26,0		[14]
geschrotet	28,0		[14]
Weizenkeime	135,35		[2]
	100,8		[2]
	198,7		[2]
	110,0–200,0		[2]
	142,0		[2]
	143,0	roh	[14]
Weizenmehl	55,0	98%	[2]
	63,0	95%	[2]
	32,0	80–85%	[2]
	48,2	75%	[2]
	56,4	70–75%	[2]
	17,0	70–75%	[2]
	9,1	1. Mahlung	[2]
	34,0	Type 2000	[2]
	32,0–37,0		[2]
	6,1	Schweden	[22]
	6,6	BR Deutschland	[22]
	11,6	Finnland	[22]
	4,4	Österreich	[22]
	13,0	Type 1700	[2]
Vollmehl	24,0		[14]
80% Extraktion	15,0		[14]
Mehrzweckmehl	7,0		[14]
Brotmehl	8,0		[14]
Kuchenmehl	3,0		[14]
Weizenkleie	98,0	roh	[14]

Tabelle 5.40. (Fortsetzung)

Lebensmittel	Gehalt (µg/g)	Bemerkung	Literatur (aus Kap. 5)
Weizenkleie (Forts.)	100,02		[2]
	99,4		[2]
	133,0		[2]
	100,0		[2]
	74,0–139,2		[2]
	65,4	grob	[2]
	32,4	fein	[2]
	100,0		[2]
	39,0	40%	[2]
Getreideflocken	14,0		[14]
Mehl (normal)			
trocken	5,0		[14]
gekocht	0,6		[14]
Sojamehl	62,0		[2]
	6,60		[2]
	7,8		[2]
	9,0		[2]
	7,0		[2]
	6,5–8,0		[2]
Brote			
Roggen	16,0		[14]
weiß	6,0		[14]
Vollweizenbrot	18,0		[14]
Vollkornbrot	17,0	Weizen	[2]
	5,33		[2]
	9,7		[2]
	50,0		[2]
Weißbrot	7,5	Weizen	[2]
	1,21	Weizen	[2]
	2,0–8,0		[2]
	20,0		[2]
	5,0		[2]
	4,1–8,0		[2]
Roggenbrot	12,0		[2]
	22,0		[2]
	7,8		[2]
Crackers	7,0		[2]
Graham	11,0		[14]
Salzgebäck	5,0		[14]
Lebkuchen	10,0		[2]
Eiernudeln	22,0		[2]
	16,14		[2]
Maccaroni	16,0		[2]
Bandnudeln	15,0	trocken	[14]
	5,0	weich gekocht	[14]
Spaghetti	17,0		[2]
Kartoffeln			
Kartoffeln	15,2	Schweden	[22]
	12,6	Schottland	[22]
	12,9	Finnland	[22]
	3,0	roh	[14]

Tabelle 5.40. (Fortsetzung)

Lebensmittel	Gehalt (μg/g)	Bemerkung	Literatur (aus Kap. 5)
Kartoffeln (Forts.)	3,0	gekocht	[14]
	2,0		[2]
	8,68		[2]
	0,2–4,0		[2]
	2,0–3,0		[2]
	3,03–4,87		[2]
	77,0	frisch	[2]
	3,0	3 Monate gelagert	[2]
	3,0	gekocht	[2]
Bataten	1,6		[2]
Zucker, Zuckerwaren, Honig			
Zuckerrohr	0,6–1,0	Puerto Rico	[2]
Kristallzucker	0,6		[14]
Zucker	0,29	braun	[2]
	0,2	weiß	[2]
Schokoladensirup	9,0		[14]
Melasse	2,88–8,28		[2]
Honig	1,03	Wabenhonig	[2]
	1,0–2,0		[2]
Schleuderhonig	10,0–17,0		[2]
Hülsenfrüchte, Nüsse			
Bohnen	0,10	grün	[2]
	12,58	braun	[2]
	9,0	grün, unreif, roh	[14]
	7,0	gekocht	[14]
	8,0	in Dosen	[14]
	32,0	grün, reife Samen, roh	
	11,0	grün, reife Samen, gekocht	[14]
Kichererbsen	27	Samen trocken, roh	[14]
	14	gekocht, vom Wasser abgegossen	[14]
	2,0	roh	[14]
	28	reif, trocken, roh	[14]
	10	gekocht, vom Wasser abgegossen	[14]
	3,1	grün	[2]
	1,25		[2]
	1,2		[2]
	0,8		[2]
	3,60	schwarz	[2]
	7,7	Lima	[2]
	31,52		[2]
Limabohnen	28	trocken, reif, roh	[14]
	9,0	trocken, reif, gekocht	[14]
Brechbohnen	4,0	grün, roh	[14]
	3,0	gekocht, vom Wasser abgegossen	[14]
	2,0	eingedost, mit Flüssigkeit	[14]
	3,0	eingedost, ohne Flüssigkeit	[14]
Rinderbohnen	29,0	roh	[14]
	12	gekocht	[14]

Tabelle 5.40. (Fortsetzung)

Lebensmittel	Gehalt (µg/g)	Bemerkung	Literatur (aus Kap. 5)
Sojabohnen	10,0	frisch	[2]
	33,0		[2]
	30,0		[2]
Weiße Bohnen	200,0		[2]
	52,0		[2]
Erbsen	42,48		[2]
	35,0		[2]
	0,36–16,08		[2]
	23,0		[2]
	30,0		[2]
	13,2–50,0		[2]
	28,0		[2]
	13,0		[2]
Linsen	20,0–90,0		[2]
	1,76	frisch	[2]
	31,0	reif, trocken, roh	[14]
	10,0	reif, trocken, gekocht	[14]
Hülsenfrüchte	10,0–50,0		[2]
Erdnüsse	32,40		[2]
	29,0	gesalzen	[2]
	29,0	roh	[14]
	30,0	geröstet	[14]
Haselnüsse	24,40		[2]
	13,0	getrocknet	[2]
Kokosnüsse	0,49–7,50		[2]
	10,0		[2]
	18,0	getrocknet	[2]
Mandeln	31,13	süß	[2]
	21,0		[2]
	15,0		[2]
Paranüsse	42,30		[2]
Pekannüsse	41,0		[2]
Pinienkerne	144,0		[2]
Walnüsse	32,0		[2]
	29,88		[2]
	24,0		[2]
	1,0–2,0		[2]
	24,0	getrocknet	[2]
	20,0		[2]
Kastanien	3,5	getrocknet	[2]
Gemüse			
Karotten	1,2		[2]
	5,21		[2]
	1,0–36,0		[2]
	1,0–2,0		[2]
	3,0		[2]
	4,0	roh	[14]
	3,0	gekocht, von der Flüssigkeit abgegossen	[14]
	3,0		[2]
	2,0–8,0		[2]

Tabelle 5.40. (Fortsetzung)

Lebensmittel	Gehalt (µg/g)	Bemerkung	Literatur (aus Kap. 5)
Knoblauch	5,91		[2]
	10,0		[2]
Lauch	3,1		[2]
	2,3		[2]
Pastinak	0,8		[2]
Radieschen	0,16		[2]
	1,6		[2]
Rüben	1,70	Kohlrüben	[2]
	1,43–2,11		[2]
	2,29		[2]
	0,8		[2]
	3,0–4,0		[2]
	3,0		[2]
Runkelrüben	0,48		[2]
Weiße Rüben	12,08		[2]
Rote Rüben	5,9	rote Beete	[2]
	2,8–9,0		[2]
	0,75		[2]
Sellerie	0,65	Knolle	[2]
	3,1		[2]
Zwiebeln	1,1		[2]
	0,89		[2]
	14,0		[2]
	10,0–14,0		[2]
	0,8		[2]
	10,02		[2]
	8,33–14,00		[2]
	3,0	roh	[14]
	13,8	gekocht	[2]
	15,0–28,0		[2]
Broccoli	2,7		[2]
Chicoree	3,4		[2]
	1,9		[2]
	22,0		[2]
Kohl	8,7	Rosenkohl	[2]
	4,0	roh	[14]
	4,0	gekocht, vom Wasser abge gossen	[14]
Blumenkohl	4,6		[2]
	3,40		[2]
	2,3		[2]
	2,5–3,0		[2]
Rotkohl	1,6–1,5		[2]
Weißkohl	1,4		[2]
	1,82		[2]
	1,6–15,0		[2]
	15,0		[2]
Spargel	0,02	ganz	[2]
	0,11	Spitzen	[2]
Kresse	1,5		[2]
	8,3		[2]
Petersilie	9,19		[2]

Tabelle 5.40. (Fortsetzung)

Lebensmittel	Gehalt (μg/g)	Bemerkung	Literatur (aus Kap. 5)
Rapunzel	5,4		[2]
Salat	2,5	Kopfsalat	[2]
	1,62		[2]
	1,8–11,0		[2]
	4,0–6,0		[2]
	3,5		[2]
	5,0		[2]
	4,0	Herz oder Blatt	[14]
Sauerampfer	2,2		[2]
Spinat	3,7		[2]
	2,21		[2]
	135,3	in voller Reife	[2]
	81,7–200,6	in voller Reife	[2]
	3,0–9,0		[2]
	4,5		[2]
	4,0–6,0		[2]
	6,0		[2]
	8,0	roh	[14]
	7,0	gekocht, vom Wasser abgegossen	[14]
	6,0	eingedost, flüssig und fest	[14]
	8,0	von der Flüssigkeit abgegossen	[14]
	1,30		[2]
Artischoken	0,60		[2]
Auberginen	2,8		[2]
	1,74		[2]
	1,55–2,22		[2]
Gurken	1,0		[2]
	1,20		[2]
	1,6		[2]
	1,65		[2]
	1,44–2,02		[2]
Kürbis	2,0		[2]
Peperoni	0,30		[2]
	8,61		[2]
	7,41–10,0		[2]
	2,0–8,0		[2]
	2,0–4,0		[2]
	3,0–4,0		[2]
	3,2		[2]
Tomaten	0,46		[2]
	0,59		[2]
	2,4		[2]
	2,5		[2]
	2,34		[2]
	1,76–2,67		[2]
	2,0	reif, roh	[14]
	2,0	reif, gekocht	[14]
	2,0	eingedost, flüssig und fest	
	0,13		[2]
Tomatensaft	0,65		[2]
	2,0–8,0		[2]

Tabelle 5.40. (Fortsetzung)

Lebensmittel	Gehalt (μg/g)	Bemerkung	Literatur (aus Kap. 5)
Topinambur	2,8		[2]
Pilze	40,0–280,0	allgemein	[2]
	11,0	allgemein, in Dosen	[2]
	6,0–8,0		[2]
Champignons	0,91		[2]
	2,8		[2]
Gewürze			
Allspice	7,0–19,0		[2]
Basilikum	38,0–70,0		[2]
Chilipulver	22,93		[2]
Dillkraut	20,0–46,0		[2]
Dillsamen	35,0–62,0		[2]
Estragon	13,0–67,0		[2]
Fenchel	25,0–52,0		[2]
Gewürznelken	9,35		[2]
Ingwer	68,16		[2]
Kardamon	58,0–87,0		[2]
Koriander	35,0–59,0		[2]
Knoblauchpulver	18,0–31,0		[2]
Kümmel	2,78		[2]
	37,0–56,0		[2]
Kurkuma	4,0–29,0		[2]
Lorbeerblätter	0,74		[2]
Majoran	35,0–46,0		[2]
Meersalz	28,0–49,0		[2]
Mohn	82,0–125,0		[2]
Muskatblüte	11,0–26,0		[2]
Muskatnuß	14,0–21,0		[2]
Origano	35,0–52,0		[2]
Paprika	27,04		[2]
	34,0–70,0		[2]
Petersilie	14,0–42,0		[2]
Pfeffer	17,0–21,0	rot	[2]
	18,32	schwarz	[2]
	5,0–14,0		[2]
	5,0–12,0	weiß	[2]
Rosmarin	28,0–36,0		[2]
Salatsauce	2,0		[14]
Salbei	35,0–62,0		[2]
Savoury (engl. Gewürzmischung)	27,0–72,0		[2]
Selleriesamen	42,0–93,0		[2]
Senf	64,76	gemahlen	[2]
	65,0–110,0		[2]
Sesamsamen	95,0–110,0		[2]
Thymian	55,20		[2]
	55,0–82,0		[2]
Zimt	13,35		[2]
	11,0–26,0		[2]

Tabelle 5.40. (Fortsetzung)

Lebensmittel	Gehalt (µg/g)	Bemerkung	Literatur (aus Kap. 5)
Obst			
Grapefruit	1,0		[2]
	2,0		[2]
	0,4		[2]
Grapefruitsaft	0,3		[2]
Mandarinen	0,8		[2]
Orangen	0,2		[2]
	1,7		[2]
	12,0		[2]
	2,0	roh	[14]
Orangensaft	0,15		[2]
	0,65		[2]
	0,7	eingedost, ungesüßt	[14]
	0,2	frisch oder gefroren	[14]
Tangerinen	1,45		[2]
Zitronen	0,3		[2]
	1,7		[2]
Zitronensaft	0,25–2,0		[2]
	1,0–2,0		[2]
Äpfel	0,12		[2]
	0,4–1,6		[2]
	3,0		[2]
	1,0		[2]
	0,5	roh	[14]
	4,8		[2]
Apfelmus	1,0		[14]
	0,13		[2]
Apfelsaft	0,43		[2]
Birnen	2,0–18,0		[2]
	1,6		[2]
	7,0		[2]
	0,55		[2]
Aprikosen	0,4		[2]
	1,0		[2]
	2,2		[2]
	0,05		[2]
Datteln	3000–4000		[2]
	3,0		[2]
	3,4		[2]
Kirschen	1,5–22,0		[2]
	1,5		[2]
	1,1		[2]
Pfirsiche	0,2		[2]
	1,0		[2]
	0,5		[2]
	2,0	roh	[14]
	1,0	eingedost, Spalten	[14]
Pflaumen	0,5		[2]
	1,0		[2]
	0,3		[2]
	3,3	gekocht	[2]
Erdbeeren	0,9		[2]

Tabelle 5.40. (Fortsetzung)

Lebensmittel	Gehalt (µg/g)	Bemerkung	Literatur (aus Kap. 5)
Johannisbeeren	2,0	rote	[2]
	2,0	schwarze (Cassis)	[2]
Stachelbeeren	0,9		[2]
Heidelbeeren	0,85		[2]
	1,2		[2]
Preiselbeeren (Krannbeeren)	1,2	besondere russische Sorte	[2]
Ananas	2,6		[2]
	2,5		[2]
	0,8	in Dosen	[2]
Ananassaft	0,7		[2]
Bananen	1,5		[2]
	0,23		[2]
	2,8		[2]
	2,0		[2]
	2,3		[2]
	2,0	roh	[14]
	6,9		[2]
Feigen	1,0–4,0		[2]
	2,5		[2]
	8,6		[2]
Kantalupen	1,4	Melonen	[2]
	0,9		[2]
	2,05		[2]
	1,85–2,38		[2]
Trauben	0,35		[2]
	1,1		[2]
	0,2–2,0		[2]
	1,0		[2]
Traubensaft	0,4		[2]
	3,11		[2]
Wassermelonen	0,85		[2]
Fleisch, Organe, Fleischprodukte			
Schweinefleisch	104,1	Muskel	[4]
	27,0	magere Stücke, roh	[14]
	38,0	magere Stücke, gekocht	[14]
Rindfleisch	31,7	ganze Hälften, mittelfett	[2]
	25,9–42,1		[2]
	47,0–50,0		[2]
	15,0		[2]
	42	mager, roh	[14]
	58	mager, gebraten	[14]
	62	mager, gekocht	[14]
	34	gehackt, roh	[14]
	44	gehackt, gekocht	[14]
Rinderfett	5,0	roh	[14]
Muskelfleisch	36,0		[2]
	42,0		[2]
	12,0–83,0		[2]
	56,61	Steak	[2]
	40,0–50,0		[2]
	31,0	Nierenstück	[2]

Tabelle 5.40. (Fortsetzung)

Lebensmittel	Gehalt (µg/g)	Bemerkung	Literatur (aus Kap. 5)
Muskelfleisch (Forts.)	24,0		[2]
	25,0	Lendenstück	[2]
Kalbfleisch	26,0	mittelfett	[2]
	28,0	mageres Fleisch, roh	[14]
	41,0	mageres Fleisch, gekocht	[14]
	5,0	abgetrenntes Fett, roh	[14]
	14,0	Lendenstück	[2]
	18,93		[2]
	22,0	Lendenstück, roh	[14]
	31,0	Lendenstück, gekocht	[14]
	3,61	Rippenstück	[2]
	17,0	Schinken	[2]
	14,0	Speck	[2]
Schaffleisch	24,0	Rippenstück	[2]
	53,30		[2]
	30,0	mager, roh	[14]
	43,0	mager, gebraten	[14]
	50,0	mager, gekocht	[14]
	5,0	Fett, roh	[14]
	32,0	Schlegel	[2]
Pferdefleisch	60,0		[2]
	40,0–50,0		[2]
Ente	27,0		[2]
Huhn	23,08	Flügel	[2]
	29,05	Schenkel	[2]
	5,9	weißes Fleisch	[2]
	15,0	dunkles Fleisch	[2]
	7,0	(Brat-, Back-, Brustfleisch) roh	[14]
	9,0	(Brat-, Back-, Brustfleisch) gebraten	[14]
	7,0	Brust, roh (81% Fleisch, 12% Haut, 7% Fett)	[14]
	9,0	Brust, gebraten (89% Fleisch, 11% Haut)	[14]
	18	Hühnerkeule, roh	[14]
	28	Hühnerkeule, gebraten	[14]
	17	Hühnerkeule, roh (85% Fleisch, 13% Haut, 2% Fett)	[14]
	25	Hühnerkeule, gebraten (8% Fleisch, 16% Haut)	[14]
	16	Flügel, Fleisch, roh	
	24	Flügel, Fleisch, gebraten	[14]
	27	Hals, Fleisch, roh	
	30	Hals, Fleisch, gebraten	[14]
	10	Huhn, broiler-fryer Haut, roh	[14]
	12	Huhn, broiler-fryer Haut, gebraten	
Truthahn	18,0	weißes Fleisch	[2]
	24,0	dunkles Fleisch	[2]

Tabelle 5.40. (Fortsetzung)

Lebensmittel	Gehalt (µg/g)	Bemerkung	Literatur (aus Kap. 5)
Truthahn (Forts.)	28,0	roh	[14]
	41,0	gekocht, vom Wasser abgegossen	[14]
	16,0	weißes Fleisch, roh	[14]
	21,0	weißes Fleisch, gekocht	[14]
	31,0	dunkles Fleisch, roh	[14]
	44,0	dunkles Fleisch, gekocht	[14]
	50,0	Halsfleisch, roh	[14]
	64,0	Halsfleisch, gekocht	[14]
	13,0	Haut, roh	[14]
	21,0	Haut, gekocht	[14]
Rinderleber	38,0	roh	[14]
	51,0	gekocht	[14]
	42,0		[2]
	39,23		[2]
	51,0		[2]
	30,0–85,0		[2]
	100,0–500,0		[2]
	54,0		[2]
	34,5–84,0		[2]
Rinderniere	19,96		[2]
	1,0		[2]
	24,0		[2]
	2,0	Blut	[2]
Rinderhirn	9,0–12,0		[2]
Kalbsleber	38,0	roh	[14]
	61,0	gekocht	[14]
Kalbsniere	3,7		[2]
Kalbsherz	2,0		[7]
Kalbshirn	17,0		[2]
	9,0–12,30		[2]
Hühnerleber	24,0	roh	[14]
	34,0	gekocht	[14]
Hühnermagen	29,0	roh	[14]
	43,0	gekocht	[14]
Hühnerherz	29,0	roh	[14]
	48,0	gekocht	[14]
Truthahnleber	27,0	roh	[14]
	34,0	gekocht	[14]
Entenleber	70,0		[2]
Schweineleber	230,04		[4]
	67,0		[2]
	36,17		[2]
Schweineniere	117,6		[4]
	26,78		[2]
	35,34		[2]
	3,7		[2]
Schafshirn	18,0		[2]
Schafsleber	39,0		[2]
Schafsniere	19,0		[2]
Aufschnitt	15,0		[2]

Tabelle 5.40. (Fortsetzung)

Lebensmittel	Gehalt (µg/g)	Bemerkung	Literatur (aus Kap. 5)
Wurst und Aufschnitt			
Rinderwurst	18,0		[14]
Braunschweiger	28,0		[14]
Frankfurter			
aus Rindfleisch	20,0		[14]
aus Rind- und Schweinefleisch	16,0		[14]
Schinken	28,0	roh	[14]
	40,0	gekocht	[14]
Gelatine	3,24		[2]
Fische, Schalentiere, Weichtiere, Muscheln			
Fische, weiß, verschiedene Arten, (nur Fleisch)	7,0	roh	[14]
	10,0	gekocht, Filet	[14]
	8,0	gekocht, Steak	[14]
Aal	2,0–8,0		[2]
	30,0		[2]
	2,5–10,0	geräuchert	[2]
Lachs	8,0		[2]
	20,29	geräuchert	[2]
	11,0	in Dosen	[2]
	9,0		[14]
Merlan	7,4		[2]
Schellfisch	3,2	gefroren	[2]
	17,37		[2]
Sardinen	29,08	geräuchert	[2]
Sardellen	17,71	in Dosen	[2]
Thunfisch	11,0	in Öl, Flüssigkeit abgegossen	[14]
	4,4	in Öl, in Dosen	[2]
	17,40		[2]
Seezunge	3,1		[2]
Scholle	32,0	roh	[14]
	45,0	gekocht	[14]
Austern	1487		[2]
	65,0–1600,0		[2]
	200,0–1000,0		[2]
	1070,0	gefroren	[2]
Austern roh oder gefroren			
Atlantik	747,0		[14]
Pazifik	90,0		[14]
Crevetten	19,0		[2]
	31,0		[2]
	17,5		[2]
	14,76	gefroren	[2]
	19,0	in Dosen	[2]
	14,90		[2]
Hummer	16,0		[2]
	27,0		[2]
	1,48	gefroren	[2]
	20,96	in Dosen	[2]

Tabelle 5.40. (Fortsetzung)

Lebensmittel	Gehalt (µg/g)	Bemerkung	Literatur (aus Kap. 5)
Hummer (Forts.)	18,0	roh	[14]
	22,0	gekocht	[14]
Shrimps	15,0	roh	[14]
	21,0	gekocht, geschält, ohne Schale	[14]
	21,0	eingedost	[14]
	22,0	gekocht	[14]
Krabben, blau und Dugeness	40,0	roh	[14]
	43,0	gekocht	[14]
Muscheln	15	mit weicher Schale, roh	[14]
	17	mit weicher Schale, gekocht	[14]
	15	mit harter Schale, roh	[14]
	17	mit harter Schale, gekocht	[14]
Brandungsmuscheln	12		[14]
Meermuscheln	20,0		[2]
Seemuscheln	10,99–27,79		[2]
	35,0		[2]
Frösche	25,0		[2]
Eier			
Hühnereier	18,0	ganz	[2]
	13,69		[2]
	13,5		[2]
	8,0–20,0		[2]
	9,8		[2]
	15,0		[2]
	13,69		[2]
	11,10–16,67		[2]
	10,0	ganzes Ei	[14]
Eigelb	15,0		[2]
	35,54		[2]
	26,0–40,0		[2]
	14,0		[2]
	40,0		[2]
	23,0–56,7		[2]
	30,0		[14]
Eiweiß	0,09		[2]
	0,27		[2]
	0,2		[14]
Volleipulver	50,0		[2]
	54,2		[2]
Milch, Milchprodukte			
Muttermilch	3,8		[2]
	2,3–5,3		[2]
	1,3		[2]
	7,5		[2]
	3,0–5,0		[2]
	1,11		[2]
	0,17–3,02		[2]
Kuhmilch	4,3	Vollmilch	[2]
	4,1		[2]

Tabelle 5.40. (Fortsetzung)

Lebensmittel	Gehalt (µg/g)	Bemerkung	Literatur (aus Kap. 5)
Kuhmilch (Forts.)	3,0–6,0		[2]
	3,9		[2]
	2,8–4,8		[2]
	3,7		[2]
	3,5		[2]
	1,0–5,0		[2]
	3,0–4,5		[2]
	3,0		[2]
	2,12		[2]
	1,19–2,64		[2]
	3,9		[2]
	0,17–6,6		[2]
	3,0–5,0		[2]
	2,89		[2]
	3,1		[2]
	2,07–5,60		[2]
	3,8–4,2	Mittel 4,0	[13]
Milchpulver	35,10	Vollmilch	[2]
	45,0		[2]
	3,0–4,5		[2]
	23,0		[2]
	41,0	Magermilch	[2]
	44,0		[2]
Magermilch	4,6		[2]
	4,0		[2]
	4,4		[2]
Buttermilch	3,7		[2]
Kaffeerahm	3,0		[2]
	0,9–4,3		[2]
Kondensmilch	7,3	ungezuckert	[2]
	5,0–9,0		[2]
flüssige Milch oder Molke	4,0		[14]
	8,0	eingedost	[14]
	45,0	trocken, fettfrei	[14]
	0,5	süß	[2]
	0,5–2,0		[2]
Eselsmilch	4,2		[2]
Käse, Typ Cheddar, Camembert	31,0	30% Fett	[2]
	18,0–41,0		[2]
	29,0	40% Fett	[2]
	17,0–30,0		[2]
	30,0	50% Fett	[2]
	17,0–39,0		[2]
	27,0	60% Fett	[2]
	16,0–36,0		[2]
Edamer	11,0–106,0	30% Fett	[2]
	10,0–100,0	40% Fett	[2]
	8,9–88,7	45% Fett	[2]
Emmentaler	46,0		[2]
Parmesan	30,0		[2]
	10,0–40,0		[2]

Tabelle 5.40. (Fortsetzung)

Lebensmittel	Gehalt (µg/g)	Bemerkung	Literatur (aus Kap. 5)
Schmelzkäse	10,0–40,0	60% Fett	[2]
Quark	6,0		[2]
Fette, Öle			
Öl, Salat- und Kochöl	2,0		[14]
Ernußbutter	29,0		[2]
	29,0		[14]
Margarine	1,55		[2]
Olivenöl	2,80	spanisch	[2]
Rizinusöl	0,52		[2]
Butter	1,00–2,45		[2]
	3,0		[2]
	0,02		[2]
	1,0		[14]
Margarine	2,0		[14]
Lebertran	0,35		[2]
Verschiedenes			
Schokolade	1,12		[2]
	4,6–65,0		[2]
Schokoladenpulver	11,0		[2]
Backpulver	4,62		[2]
Vanillewaffeln	3,0		[14]
Kuchen, weiß			
Nußkuchen	5,0		[14]
Glasur	2,0		[14]
Eiskrem	5,3	Vanille	[2]
	0,28		[2]
	5,0		[14]
Essig	31,8–60,8	g/l	[2]
Hefe	194,0	Bäckerhefe	[2]
	36,4–305,0		[2]
Bierhefe	83,79	getrocknet	[2]
Getränke mit Kohlensäure	<0,1	alkoholfrei, in Flaschen	[14]
	0,8	alkoholfrei, in Dosen	[14]
Kakao	20,0–50,0	schwach entölt	[2]
Kakaotrockenpulver	56		[14]
Kaffee	0,42	Aufguß	[2]
	0,03		[2]
	0,27	getrocknet	[2]
	0,02–0,13	97% getrocknet	[2]
	1,39–5,68	97% getrocknet	[2]
	6,0	Pulver	[14]
	0,3	flüssiges Getränk	[14]
	0,2		[14]
Tee	54,0	Blätter, schwarz	[2]
	34,36		[2]
	26,30	grün	[2]
	33,0	trockene Blätter	[14]
	0,37	Aufguß	[2]
	0,245–0,33		[2]
	0,44	Aufguß, getrocknet	[2]

Tabelle 5.40. (Fortsetzung)

Lebensmittel	Gehalt (µg/g)	Bemerkung	Literatur (aus Kap. 5)
Vollbier	0,28	hell	[2]
	0,38		[2]
	0,2		[2]
	0,1–0,2		[2]
Wein	1,0–2,8		[2]
	39,5–41,0		[2]
	2,3	weiß	[2]
	1,0–3,4		[2]
	3,0		[2]
Fechy	2,01		[2]
Fendant	14,4–27,6		[2]
Wein	1,80	rot, leicht	[2]
	1,0–3,0		[2]
	2,60	schwer	[2]
Beaune	1,54		[2]
Chianti	2,46		[2]
Kalterersee	1,03–1,27		[2]
Tunesischer	1,49		[2]
Pinot noir	1,59		[2]
Branntweine	7,0–9,5	allgemein	[2]
Gin	0,08		[2]
Vermouth	2,88	französisch	[2]
	2,58	italienisch	[2]
Whisky Bourbon	0,05		[2]
Scotch	0,15		[2]
Wasser (µg/l)			
Quellwasser	13,2–301	n = 17, Indien	[25]
Leitungswasser	13,2–301	n = 27, Indien	[25]
Zisternenwasser	42–370	n = 6, Indien	[25]
Standard-Formeldiät für Kinder	440	µg/100 kcal, Spanien	[24]
Formeldiät für Neugeborene	298	µg/100 kcal, Spanien	[24]

Tabelle 5.41. Untersuchungen bestimmter Lebensmittelgruppen auf ihren Zinkgehalt. (Nach [5, 23])

Lebensmittelgruppe	Anteil an der Nahrung (%)	Aufnahme (mg/Person/Tag)	Durchschnittlicher Gehalt (µg/g)
Milch und Käse	22	2,0	5,0
Milchprodukte	21,4	3,8	5,1
Eier	4	0,4	15,0
Fleisch	36	3,3	22,0
Fleisch, Fisch, Geflügel	37,2	6,6	30,0
Fisch	1	0,1	5,0
Getreide	22	2,0	8,7
Getreide und Getreideprodukte	18,8	3,4	7,4
Wurzelgemüse	3	0,3	1,7
Wurzelgemüse	3	0,54	8,1
Blattgemüse	7	0,6	5,5

Tabelle 5.41. (Fortsetzung)

Lebensmittelgruppe	Anteil an der Nahrung (%)	Aufnahme (mg/Person/Tag)	Durchschnittlicher Gehalt (μg/g)
Blattgemüse	0,8	0,14	3,0
Obst	1	0,1	0,6
Kartoffeln	6,7	1,20	4,0
andere	3	0,3	–

Tabelle 5.42. Tägliche Zinkaufnahme mit der Nahrung in einzelnen Ländern

Aufnahme (mg/Person/Tag)	Bemerkung	Literatur (aus Kap. 5)
9,1	England	[5]
4,8–6,8	USA (Schülerinnen)	[6]
4,79–47,60	USA (Collegestudentinnen Mittelwert 13,8)	[7]
15,52	USA	[9]
8,49	USA	[9]
10,1 ± 3,3	USA (100 Frauen, 30 Jahre Diät)	[16]
8,6	USA	[17]
11,0	USA	[18]
12,2	USA (vegetarische Kost)	[19]
17,9	USA	[23]
4,6	Russische Kinder, 1–3jährig	[8]
7,1	3–7jährig	[8]
13,6	7–16jährig	[8]
8,00	Indien	[10]
11 ± 2	BR Deutschland	[11]
15,6	Schweiz (7, 5–36,3)	[12]
10,2	Schweiz (4 verschiedene Diäten)	[14]
8,9	Neuseeland	[21]
11,6	Neuseeland	[21]
10,5	England, Warenkorb	[20]

6 Versorgungsstatus und empfohlene Aufnahmemengen

6.1 Versorgungsstatus und Nährstoffdichte

Der Versorgungsstatus der Bevölkerung mit essentiellen Spurenelementen wird entweder aus Untersuchungen der aufgenommenen Nahrung oder durch Messung der Spurenelementkonzentrationen in Körperflüssigkeiten oder Geweben ermittelt. Die Aufnahmemenge hängt wesentlich von Art und Menge der aufgenommenen Nahrung ab. Einer Abreicherung essentieller Spurenelemente bei einer Reihe von verarbeiteten Lebensmitteln steht dabei die energetische Überversorgung und die Überernährung mit Eiweiß gegenüber. Gerade aber durch zusätzliche Aufnahme eiweißhaltiger Nahrung könnte zumindest rechnerisch eine mögliche Unterversorgung mit Spurenelementen oft ausgeglichen werden. Hier besteht ein prinzipielles Dilemma für die optimale Versorgung mit Spurenelementen.

Die Nahrungsaufnahme in den Industrieländern muß, was die Aufnahme an Energie betrifft, gedrosselt werden. Der Eiweißkonsum, insbesondere aus tierischen Quellen, soll reduziert, aber der Gehalt an Spurenelementen erhöht werden. Daraus folgt, daß künftig der Spurenelement- und Nährstoffgehalt der Lebensmittel bezogen auf ihren Energieinhalt mehr Beachtung finden muß. Zwangsläufig muß das zur Änderung von einigen Ver- und Bearbeitungstechnologien hin zu weniger weitgehend verarbeiteten Lebensmitteln führen. Auch die Supplementierung der Lebensmittel mit essentiellen Spurenelementen darf nicht mehr derart restriktiv gehandhabt werden, wie es jetzt von Seiten der meisten Regierungen geschieht. Die Qualität eines Lebensmittels hinsichtlich des Gehalts an Vitaminen und essentiellen Spurenelementen wird mit dem Qualitätsindex (Nutritional Quality Index) bewertet. Dabei wird die Energiedichte in bezug auf die Nährstoffdichte berücksichtigt. Entspricht die Energie des Lebensmittels der empfohlenen Aufnahmemenge, dann ist die Nährstoffdichte gleich 1. Ist die Menge des Spurenelements in Relation zum Energieinhalt des Lebensmittel beispielsweise geringer, so besitzt das Lebensmittel keine ausreichende Nährstoffdichte. Demgemäß ergibt sich eine Rangordnung der Lebensmittel hinsichtlich ihres Beitrags zur Versorgung mit dem jeweiligen Spurenelement, normiert auf die empfohlene Energieaufnahme. Das Konzept der Nährstoffdichte hat sich besonders für neue und angereicherte Lebensmittel als Kalkulationsgrundlage gut bewährt. Im Hinblick auf eine kalorisch entsprechende, eine Überernährung vermeidende Versorgung gibt das Konzept gute Anhaltspunkte, eine adäquate Diät festzulegen.

Ein Beispiel soll den Begriff Nährstoffdichte (Nutrient Density) erläutern:

Die RDA (Recommended Dietary Allowances) für Zink beträgt 15 mg/Tag. Die wünschenswerte Energiezufuhr eines Mannes im Alter von 18–35 Jahren beträgt 2770 kcal (= 11,6 kJ). Ein Lebensmittel, das 5,5 mg Zink/1000 kcal (= 4,2 kJ) enthält, besitzt daher die Nährstoffdichte von 1 [1].

Der ermittelte Versorgungsstatus wird unterschiedlich beurteilt. Zumeist erfolgt die Bewertung der Versorgung nach einem 3teiligen Schema:

1. minimale (gerade noch tolerable) Aufnahmemenge;
2. annehmbare, im Durchschnitt erreichbare Aufnahmemenge;
3. wünschenswerte, für optimale Versorgung empfohlene Aufnahmemenge.

Gelegentlich und vor allem zur Vermeidung einer schädigenden Wirkung durch Selbstsupplementierung wird auch noch eine obere Grenze, die bei langfristiger Aufnahme potentielle toxische Aufnahmemenge, angeben.

Zu beachten ist, daß erhöhte körperliche Aktivität sowie z. B. Krankheit die empfehlenswerten Aufnahmemengen oftmals sogar beträchtlich verändern können. Körperliche Belastung führt etwa bei Dauerleistungssportlern zu z. T. erheblichem Zinkmangel. Dies wird dadurch hervorgerufen, daß feinste Muskelfasern in der Beanspruchungsphase reißen. Der Neuaufbau dieses Körperproteins erfordert erhebliche Zinkmengen. Starker Schweißverlust führt ebenfalls zu einem Defizit an Zink, das beim Hochleistungssportler supplementiert werden muß.

6.2 Empfohlene Aufnahmemenge

Die Recommended Dietary Allowances [2] des US Food and Nutrition Board, die in regelmäßigen Abständen neu aufgelegt werden, beinhalten für zahlreiche Nährstoffe Angaben über eine sichere und ausreichende Aufnahmemenge. Diese Werte basieren auf einem hohen Maß an Sicherheit. Sie sollen die individuellen Schwankungen in der Versorgung ausgleichen. Die Angaben verstehen sich für gesunde erwachsene Personen und stellen das Integral über die Zeit für die gesamte Bevölkerung dar und nicht die Angabe für eine kurzfristige Aufnahme für ein einzelnes Individuum. Die Empfehlung ist demnach so gehalten, daß sie den durchschnittlichen individuellen Bedarf übersteigt, um den Bedarf der Gesamtbevölkerung sicherzustellen.

Die RDA-Werte sollen mit den aktuellen Aufnahmedaten verglichen werden, wie sie aus Ernährungsstudien ermittelt wurden (vgl. dazu Kap. 5). Neben den RDA-Werten für Spurenelemente bestehen Werte für Mineralstoffe, die eine sichere und ausreichende Aufnahme garantieren sollen (Estimated Safe and Adequate Intakes). Hier sind noch nicht alle wünschenswerten, erforderlichen Daten erhoben worden, die zur Erstellung von RDA erforderlich wären. Sie stellen aber den derzeitigen Stand der Wissenschaft dar. Alle Angaben sind nach

Alter und Geschlecht getrennt aufgeführt. Sie sollen als Richtwerte für die Hersteller von Lebensmittelprodukten und für die Öffentlichkeit dienen.

Einschränkend muß angemerkt werden, daß Vergleiche, obwohl sie nützlich sind, als solche nicht gesicherte Auskünfte über Unterernährung, Fehlernährung oder Überversorgung geben. Neben der Beachtung des integralen Werts der RDA müssen derartige Schlüsse zusätzlich durch klinische und biochemische Untersuchungen gestützt sein.

In zunehmendem Ausmaß wird von der Bevölkerung eine optimale Versorgung mit Spurenelementen durch die Reduktion degenerativer Risken, durch Supplementierung oder gezielte Kostauswahl angestrebt. Zum Schutz der Gesundheit des Konsumenten sind deshalb obere Grenzen der Aufnahme von Spurenelementen angezeigt, um potentiell toxische Wirkungen vermeiden zu helfen.

Die Tabellen 6.1–6.4 geben die USA-Recommended Dietary Allowances [2] sowie die Empfehlungen anderer Staaten [1] an. Daraus ist ersichtlich, daß die meisten Staaten der Welt für die Elemente Calcium und Eisen Aufnahmeempfehlungen aussprechen. Für Jod, Fluor und Zink gibt es gleichfalls eine Reihe von Angaben. Für andere essentielle Spurenelemente sind lediglich in den USA und der UdSSR verfügbare empfohlene Aufnahmemengen angegeben.

Tabelle 6.1. Empfohlene Aufnahmemengen (Recommended Dietary Allowances, 1980) für Spurenelemente. (Nach [2])

Altersgruppe (Jahre)		(mg/Person/Tag)			
		Ca	Fe	Zn	J
Kinder	0–0,5	360	10	3	40
	0,5–1	540	15	5	50
	1–3	800	15	10	70
	4–6	800	10	10	90
	7–10	800	10	10	120
Männer	11–14	1200	18	15	150
	15–18	1200	18	15	150
	19–22	800	10	15	150
	23–50	800	10	15	150
	>51	800	10	15	150
Frauen	11–14	1200	18	15	150
	15–18	1200	18	15	150
	19–22	800	18	15	150
	23–50	800	18	15	150
	>51	800	10	15	150
Schwangere		+ 400[a]	+ 30–60	+ 5	+ 25
Stillende		+ 400	+ 30–60	+ 10	+ 50

[a] (+ Mehrbedarf)

Tabelle 6.2. Empfehlungen über Spurenelementgehalte in der Nahrung

	USA 1980 (mg/Person/Tag)	UdSSR
Ca	800–1200	800–1500
Fe	10–18	15–20
J	150	100–200
F	1,5–2,5	0,5–1
Zn	15	15–20
Cu	2–3	2–3
Cr	0,05–0,2	–
Mn	2,5–5,0	–
Se	0,05–0,2	5–10
Mo	0,15–0,5	–
Co	0,1–0,2	–

Tabelle 6.3. Empfehlungen über Spurenelementgehalte in der Nahrung (Ca, Fe, J, F, Zn, Cu). (Nach [1])

Land	Jahr	Ca (mg)	Fe[a] (mg)	J (mg)	F (mg)	Zn (mg)	Cu (mg)
Argentinien	1976	500–1000	5–10	–	–		
			12–28	–	–		
Australien	1978	500–650	8–14	115–145	–		
			8–21	105–120	–		
Bulgarien	1978	400–1200	9–25	–	–		
Karibik	1976	500–1000	6–12	–	–		
			6–19	–	–		
Chile	1978	500–700	10–18	–	–		
			15–18	–	–		
VR China	1981	600–1200	12–15	–	–		
			15–18				
Columbien	1975	500–650	9–14	85–140	–		
			9–22				
Tschechoslowakei	1981	700–1200	8–12,5	–	8–12,5		
			8–10				
FAO/WHO	1974	400–700	5–10				
			5–28				
Finnland	1980	500–700	5–9				
			5–14				
	1981	800–1000	10–15	90–140			
			1–20				
BR Deutschland	1975	800–1200	12				
			18				
DDR	1980	600–800	10				
			10–15	120–150	–	12–15	
Ungarn	1978	500	12				
			18				
INCAP (Institut der Ernährung für Zentralamerika und Panama)	1973	450–650	9–18				
			10–28				
Indien	1981	400–700	20–25				
			20–40				

Tabelle 6.3. (Fortsetzung)

Land	Jahr	Ca (mg)	Fe[a] (mg)	J (mg)	F (mg)	Zn (mg)	Cu (mg)
Indonesien	1980	500–700	9–18				
			8–28				
Italien	1978	500–700	10–15	100–140	–	15	
			10–18				
Japan	1979	400–800	10–12				
			10–12				
Korea	1980	600–1000	10–18				
			10–18				
Malaysia	1973	450–650	9–18				
			9–28				
Mexiko	1970	500–700	10–18				
			10–18				
Niederlande	1978	800–1200	10–15				
			10–15				
Neuseeland	1981	600–800	10–12				
			12	100–200	1,5–3	15	2
Philippinen	1979	500–1000	10–13				
			8–18				
Polen	1969	800–1200	10–15	110–150			
			12–15				
Portugal	1978	800–1200	13–15				
			13–15				
Skandinavische Länder	1980	600–800	10–18				
(ohne Finnland)			10–18				
Spanien	1980	600–850	10–15				
			10–18				
Taiwan	1980	500–800	10–15				
			10–18				
Thailand	1980	500–700	6–11				
			6–16				
Türkei	1975	500–700	7–15				
			7–23				
Großbritannien	1979	500–700	10–12				
			10–12				
Uruguay	1977	800–1200	10				
			10–18				
USA	1980	800–1200	10–18	150	1,5–2,5	15	2–3
			10–18				
UdSSR		800–1500	15–20	100–200	0,5–1	15–20	2–3
			15–20				
Venezuela	1976	450–650	9–18				
			9–28				

[a] oberer Wert Männer
unterer Wert Frauen

Tabelle 6.4. Abgeschätzte sichere und ausreichende tägliche Aufnahme ausgewählter Mineralstoffe mit der Nahrung. (Nach [2])

Altergruppe (Jahre)	Ca (mg)	Mn (mg)	F (mg)	Cu (mg)	Se (mg)	Mo (mg)
Kinder 0–0,5	0,5–0,7	0,5–0,7	0,1–0,5	0,01–0,04	0,01–0,04	0,03–0,0
0,5–1	0,7–1,0	0,7–1,0	0,2–1,0	0,02–0,06	0,02–0,06	0,04–0,0
1–3	1,0–1,5	1,0–1,5	0,5–1,5	0,02–0,08	0,02–0,08	0,05–0,1
4–6	1,5–2,0	1,5–2,0	1,0–2,5	0,03–0,12	0,03–0,12	0,6–0,1
6–10	2,0–2,5	2,0–3,0	1,5–4,5	0,05–0,2	0,05–0,2	0,10–0,3
> 11	2,0–3,0	2,5–5,0	1,5–2,5	0,05–0,2	0,05–0,2	0,15–0,5
Erwachsene	2,0–3,0	2,5–5,0	1,5–4,0	0,05–0,2	0,05–0,2	0,15–0,5

6.3 Bewertung der experimentellen Daten

Eine Bewertung des Versorgungsstatus basiert auf dem Vergleich der Aufnahme mit der empfohlenen Zufuhr. Diese Beurteilung muß durch den Vergleich mit biochemischen Meßwerten, zumeist den Gehalten an Spurenelementen in Blut(plasma) und Urin ergänzt werden.

Die Schwierigkeit besteht darin, daß es einen kontinuierlichen Übergang mit individuellen Schwankungen zwischen den klinisch-chemischen Meßwerten von pathologischem Status und befriedigendem Status gibt. Die gemessenen Werte, etwa im Blut, können ebensogut lediglich die Menge an Transportproteinen wiedergeben. Mangelsymptome werden selten als eindeutig ermittelt. Es besteht ein allenfalls latenter Mangel mit vieldeutigen Symptomen wie Müdigkeit und Konzentrationsschwäche.

In letzter Zeit wird nachdrücklich eine Revision mancher RDA-Werte betrieben [3]. Besonders die Empfehlung für die Calciumaufnahme für Frauen von 800 µg/Tag soll auf 1000–1500 µg/Tag erhöht werden. Dies sei erforderlich, um die Calciumbilanz im Gleichgewicht zu halten und eine Osteoporose (stoffwechselbedingte, mit dem Abbau von Knochensubstanz einhergehende Erkrankung der Knochen) zu vermeiden. Auch die empfohlene Aufnahmemengen für Zink, Eisen und Magnesium seien zu niedrig angesetzt. Hinzu kommt noch, daß Ernährungsgewohnheiten, Verarbeitungspraktiken, Medikamentkonsum und Alkoholkonsum die Aufnahme von Spurenelementen beträchtlich beeinflussen [4].

Weitere Forschung zur Feststellung des Bedarfs und daher auch verbesserte Methoden zur Untersuchung der Auswirkung von Supplementierung sind erforderlich, um mehr Erkenntnisse über die komplexen Zusammenhänge zu erhalten.

Die empfohlenen Zufuhrmengen sind zumeist integrale Werte, deren fallweise Unterschreitung kurzfristig unbedenklich ist. Die empfohlene Menge liegt zudem über den durchschnittlich erforderlichen Mengen, um auch für schlechter versorgte Gruppen noch eine adäquate Zufuhr sicherzustellen. Der Sicherheitsspielraum richtet sich nach der Differenz zwischen adäquaten und potentiell toxischen Mengen.

6.4 Essentielle Spurenelemente mit höherem Risiko der Unterversorgung

Eisen

Eisen stellt ohne Zweifel jenes essentielle Spurenelement dar, dessen Versorgung insbesondere bei der weiblichen Bevölkerung wenig gesichert ist. Die von den meisten Ländern (vgl. Tabelle 6.3) empfohlene Zufuhrmenge von 18 mg/Tag für Frauen wird in den vorliegenden Untersuchungen in den meisten Fällen nicht erreicht [5–9]. Aber auch für eine marginale Unterversorgung von Männern mit Eisen gibt es Anhaltspunkte [10]. Die Weltgesundheitsorganisation (WHO) verwies erst kürzlich auf diese bestehende Mangelsituation [11]. Die in Kap. 4 beschriebenen Gründe für die unterschiedliche Resorption von Eisen aus der Nahrung sind ebenfalls für eine Unterversorgung maßgebend. Untersuchungen von Körperdepots können über den Versorgungszustand mit Eisen guten Aufschluß geben.

Grundsätzlich ist es möglich, die Versorgung mit Eisen bei Frauen zu verbessern, indem man den Anteil von tierischem Eiweiß (Leber, Muskelfleisch) und die Energiezufuhr erhöht. Allerdings zeigen die Ernährungsberichte der industrialisierten Staaten [9, 12, 13], daß ohnedies eine energetische Überversorgung und Proteinüberernährung besteht. Es ist daher schwierig, eine Mischkost zu empfehlen, die den ernährungsphysiologischen Erfordernissen gerecht wird und gleichzeitig Eisen gemäß den Empfehlungen in ausreichender Menge enthält. Das ist ein geradezu klassischer Fall einer notwendigen Supplementierung bestimmter Lebensmittel für eine ausreichende Versorgung mit dem essentiellen Spurenelement Eisen.

Zink

Die Versorgungssituation bei Zink ähnelt der bei Eisen. Empfehlungen von 15 mg/Tag stehen in der Mehrzahl der Fälle experimentell ermittelter, marginaler Unterversorgung gegenüber [5, 10, 13–17]. Im Prinzip gilt für Zink weitgehend das bei Eisen erwähnte. Eine Erhöhung des Proteinverzehrs könnte die marginale Unterversorgung beseitigen, wenn dem nicht ernährungsphysiologische Erwägungen betreffend einer Überversorgung mit tierischem Eiweiß mit den daraus resultierenden, schädigenden Wirkungen wie z. B. Osteoporose entgegenstünden. Auch hier könnte an eine Supplementierung einzelner Hauptnahrungsmittel gedacht werden; unter dem Gesichtspunkt der Vermeidung einer marginalen Unterversorgung mit Zink wäre das auch wünschenswert.

Mangan

Mangan wird nach den wenigen experimentellen Daten über die Aufnahme mit der Nahrung im RDA-Bereich von 2,5–5 mg/Tag [5, 10] dem Körper zugeführt.

Eine Unterversorgung ist beim derzeitigen Stand der Kenntnis nicht zu erwarten. Allerdings ist die Wechselwirkung von Mangan/Eisen und Mangan/Zink zu beachten [5], wodurch auch ein Absinken der Manganaufnahme bei Eisen- oder Zinkmangel möglich wäre.

Selen

Der Selengehalt in Lebensmitteln hängt sehr stark mit dem Selengehalt des Bodens zusammen. Der in vielen Teilen der Welt stattfindende intensive Warenaustausch verwischt zum Teil diese lokalen Einflüsse. Der RDA-Wert von 50–200 μg/Tag wird in Finnland [18] und Neuseeland [24] stark unterschritten, in der BR Deutschland eben erreicht [5], in anderen Ländern z. B. in Kanada erheblich überschritten [25] (vgl. auch Tabelle 5.33).

Die in Kap. 4 erörterte Bedeutung von Selen als Bestandteil des Peroxidfängers Glutathionperoxidase für die Prävention von Krebserkrankungen unterstreicht die Wichtigkeit, auf diesem Gebiet weitere Informationen über Gehalt, Wirkungsweise und optimale Versorgung zu erhalten.

Cupfer

Hier sind die vorliegenden experimentellen Befunde unterschiedlich. Während die Schweizer Studie [10] in 3 Rekrutenschulen Cupferaufnahmen zwischen 2,0 und 4,5 mg/Tag feststellte, kommt eine Bundesdeutsche Untersuchung [5] zu einem Mittelwert von 1,8 ± 0,98 mg/Tag. Die hohe Schwankung der Werte wird auf unterschiedlich starken Verzehr von Rinderleber zurückgeführt.

Eine geringe Energiezufuhr bedeutet wiederum eine geringe Kupferversorgung mit einer tendenziellen Unterversorgung.

Jod

In zahlreichen Gegenden ist aufgrund der verzehrten Nahrung eine Bedarfsdekkung nicht oder nur unzulänglich gegeben [13, 19, 20], weshalb eine Supplementierung zumeist mit Kochsalz in vielen Ländern die Regel ist. Hier gibt es große Unterschiede. So enthält das supplementierte Kochsalz in den USA etwa 10mal mehr Jod als in Europa [21].

Cobalt

Cobalt ist nur in Form des Vitamin B_{12}-Komplexes biologisch wirksam. Daher ist die Abschätzung einer adäquaten Versorgung analytisch schwierig. Vergleicht man die aktuelle Aufnahme (15 ± 5 μg/Tag) mit dem RDA-Wert (0,1–0,2 mg/Tag), so fällt hier eine große Diskrepanz auf. Vitamin B_{12} kommt nur in Lebensmitteln tierischer Herkunft vor, in Pflanzen konnte Vitamin B_{12} bisher nicht gefunden werden [22]. Interessanterweise zeigen strikte Vegetarier dennoch keine Mangelsymptome auf, wenngleich sie einen niederen, aber offenbar ausreichenden Vitamin B_{12}-Serumspiegel haben [23].

6.5 Versorgungsstatus verschiedener Bevölkerungsgruppen

Dieser Aspekt der essentiellen Spurenelemente [9] ist unterschiedlich gut untersucht.

Säuglinge erscheinen abhängig vom Versorgungsgrad der Mutter gut mit essentiellen Spurenelementen versorgt.

Die Eisenzufuhr liegt bei Säuglingen im zweiten Lebenshalbjahr mit 4,8–5,1 mg/Tag unter den Empfehlungen von 10 mg/Tag. Kleinkinder werden geringfügig mit Calcium unterversorgt. Vegetarisch ernährte Säuglinge weisen nach einer Untersuchung [26] Cobaltmangelerscheinungen (Vitamin B_{12}) auf. Der hohe Nährstoffbedarf von Jugendlichen läßt, obwohl nur wenige experimentelle Daten vorliegen, auf eine zumindest marginale Unterversorgung bei Eisen, Jod und Calcium schließen. Häufig ist bei Frauen eine Unterversorgung mit Eisen und Calcium anzunehmen. Der Fehlernährung kommt für Gesundheit und Wohlbefinden älterer Menschen große Bedeutung zu. Es wird vermutet, daß der Nährstoffbedarf konstant bleibt, jedoch der Energieverbrauch verringert ist. Unzureichende Verwertung oder eine ungenügende Resorption kann sogar einen höheren Bedarf an essentiellen Spurenelementen bedingen. Vor allem erscheint ein Calciummangel und als dessen Folge eine Osteoporose eine typische, ernährungsbedingte Krankheit zu sein. Zusätzlich ist die Versorgung mit Eisen, Zink und Jod nicht immer ausreichend. Zink wird insbesondere im Zusammenhang mit einer Verringerung der Immunleistung diskutiert. Aber auch der Geschmackssinn und die Wundheilung werden durch Zinkmangel vermindert. Allgemein ist anzumerken, daß Alkoholkonsum, Medikamentenkonsum, bei Frauen vor allem orale Kontrazeptiva, aber auch sozioökonomische Verhältnisse, die Aufnahme von essentiellen Spurenelementen stark beeinflussen [4].

Literatur

1. Recommended Dietary Intakes Around the World Part I IUNS-Report 1/5 (1982). Nutr. Abst. Rev., Rev. Chem. Nutr. 53: 939 (1982)
2. Recommended Dietary Allowances (Natl. Acad. Sci., Washington), 1980
3. G. A. Leiveille, J. S. Stern, L. D. Satterlee: Food Technol. 39: (6), 28 R (1985)
4. K. Kieffer in: Mangelernährung in Mitteleuropa, Wiss. Verl. Ges., Stuttgart 1982
5. R. Schelenz in: Berichte der BFA f. Ernährung BFE-R-8302, Karlsruhe 1983
6. S. Bingham, N. I. Mc Neil, J. H. Cummings: Br. J. Nutr. 45: 23 (1981)
7. W. R. Wolf in: „Human Nutrition Research", BARC-Symposium, Allenheld, Osmun, Totowa; ed: G. R. Beecher
8. L. Arab, B. Schellenberg, G. Schlierf: Ann. Nutr. Metab 26: 244 (1982)
9. Ernährungsbericht 1984. Deutsche Gesellschaft f. Ernährung/Frankfurt 1984
10. M. A. Walker, L. Page: J. Am. diet. Ass. 70: 260 (1977)
11. WHO: Wld. Hlth. June 39, (1983)
12. Österreichischer Ernährungsbericht 1982 – Literaturstudie. Herausgeber: Bundesministerium für Gesundheit und Umweltschutz
13. Zweiter Schweizerischer Ernährungsbericht. Herausg.: H. Aebi, A. Blumenthal, M. Bohren-Hoerni, G. Brubacher, U. Frey, H.-R. Müller, G. Ritzel, M. Stransky. Verlag Huber, Bern, Stuttgart, Wien, 1984
14. J. E. Holden, W. R. Wolf, W. Mertz: J. Am. diet. Ass. 75: 23 (1979); J. Am. diet. Ass. 75: 23 (1979)
15. Survey of Copper and Zink in Food. Surveillance Paper No 5, 1981. Ministry of Agriculture Fisheries and Food, HMSO, London
16. B. E. Guthrie, M. F. Robinson: Br. J. Nutr. 38: 55 (1977)
17. E. D. Brown, M. A. McGuckin, M. Wilson, J. C. Smith: J. Am. diet. Ass. 69: 633 (1976)
18. Mineral Element Composition of Finnish Foods; ed: P. Koivistoinen. Acta Agric. Scand. Suppl. 22: (1980)
19. J. B. Orr: Med. Res. Council Spec. Rept. Sen. No. 134 (HMSO London) 1931
20. D. Marine, O. P. Kimball: J. Lab. clin. Med. 3: 40 (1917)

21. B. F. Harland, R. D. Johnson, E. M. Blundermann, L. Prosky, J. E. Vanderseen, G. L. Reed, A. L. Forbes, H. R. Roberts: J. Am. diet. Ass. 77: 16 (1980)
22. S. Davidson, R. Passmore, J. F. Brock, A. S. Truswell in: Human Nutrition and Dietetics, 7. Aufl. Kap. 11 Churchill-Livingstone, London 1979
23. E. L. Smith; Cobalt; in Corna, Broaue: Mineral Metabolism. Vol. II, part. B, chap. 31, Academic Press, London 1962
24. R. D. H. Stewart, N. M. Griffith, C. D. Thomson, M. F. Robinson: Br. J. Nutr. 40: 435 (1978)
25. J. N. Thompson, P. Erdody, D. C. Smith: J. Nutr. 105: 274 (1975)
26. M. C. Higginbotton, L. Sweetran, W. L. Nyhan: New. Engl. J. Med. 299: 317 (1978)

7 Wechselwirkung von essentiellen Spurenelementen mit mineralischen und organischen Bestandteilen der Nahrung

7.1 Einleitung

Wechselwirkungen von Spurenelementen untereinander, mit Elementen, die in unbedeutend höherer Konzentration im Organismus vorhanden sind, sowie mit den organischen Bestandteilen der Nahrung sind in verwirrender Vielfalt möglich (Abb. 7.1). Grundsätzlich können alle Bestandteile der Nahrung den Transport und die Resorption von Spurenelementen beeinflussen, die selbst auch vom pH-Wert und der Konzentration des Elements sowie der Art der chemischen Verbindung, in der es vorliegt, abhängig sind. Der experimentelle Nachweis derartiger Wechselwirkungen ist außerordentlich schwer zu führen, allein schon deshalb, weil zahlreiche Parameter und deren oft unkontrollierbaren Veränderungen die Beobachtung des gewünschten Effekts verhindern.

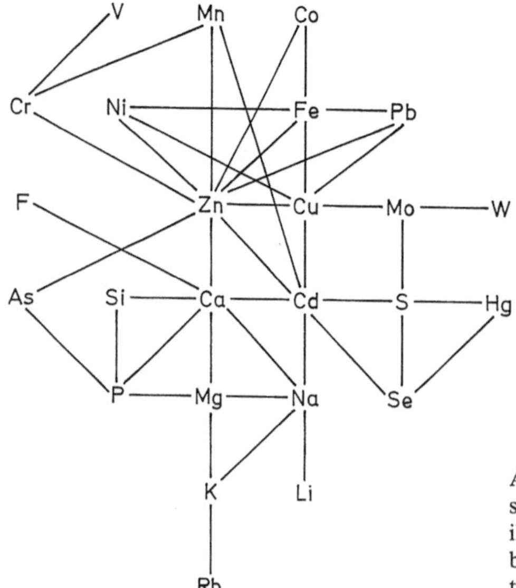

Abb. 7.1. Mögliche Wechselwirkungen zwischen essentiellen und toxischen Elementen, die ihre Aufnahme beeinflussen. Durch Linien verbundene Elemente beeinflussen sich gegenseitig. (Nach [5])

Die Konkurrenz der vorhandenen Ionen um Bindungsplätze in einfachen Proteinen, Metallothioneinen, Komplexbildner (wie z. B. Ascorbinsäure oder Picolinsäure) und Phytaten bis hin zu Nahrungsfasern beeinflußt die Resorptionsgeschwindigkeit. Je nach Ligand erleichtert das die Aufnahme oder erschwert sie derart, daß das Spurenelement nicht frei verfügbar ist.

Lediglich in Teilbereichen gibt es Anhaltspunkte über qualitative Zusammenhänge bei derartigen Vorgängen.

Eine Hypothese über die Aufnahme und damit über die Bioverfügbarkeit von Mineralstoffen haben Byrd und Matrone [1] aufgestellt. Sie gehen davon aus, daß die Möglichkeit für einen bestimmten Mineralstoff, seinen Resorptionsweg innerhalb der Mukosa des Epithels zu beschreiten oder mit einem bestimmten Nahrungsbestandteil in Wechselwirkung zu treten –, so daß seine Verfügbarkeit also behindert oder verbessert wird, – von der Konzentration aller anderen Kationen im intestinalen Lumen abhängt. Angenommen wird dabei, daß diese Kationen um denselben Resorptionsweg konkurrieren oder mit denselben Nahrungsbestandteilen in Wechselwirkung treten („Total Cation Concept“).

Cobalt und Mangan vermindern die Eisenresorption, weil sie den gleichen Resorptionsweg benützen [2]. Ein anderes Beispiel stellt die gute Resorption von Eisenphytat als leicht lösliche Verbindung dar, während bei Anwesenheit von Calciumionen das verhältnismäßig unlösliche Eisencalciumphytat gebildet wird und damit auch schlecht resorbiert werden kann [3].

Eine Reihe widersprüchlicher und zweideutiger Ergebnisse vermag die von Graf [4] vorgeschlagene Hypothese über den Einfluß von Phytaten auf die Resorption erklären. Er nimmt an, daß alle Metallphytatkomplexe im Magen-Darm-Trakt bei niedrigem Metall-Phytat-Verhältnis löslich und damit auch bioverfügbar sind. Dies trifft auf Monoeisenphytat und Mono- sowie Dicalciumphytat zu. Der die Bioverfügbarkeit vermindernde Effekt der Phytinsäure beruht demnach nicht auf der Bildung des Metallsalzes, sondern auf der Gesamtionenkonzentration der Nahrung. Damit ist aber nur bei sehr geringem oder sehr hohem Metall-Phytat-Verhältnis eine optimale Spurenelementzufuhr garantiert.

Die Bedeutung der Wechselwirkung von Ionen mit anderen Nahrungsbestandteilen ergibt sich aus der in einzelnen Bereichen vermuteten marginalen Unterversorgung. Als Beispiel dafür seien die Versorgung der Bevölkerung bzw. bestimmter Bevölkerungsgruppen, wie Frauen oder ältere Menschen, mit Eisen, Zink und Calcium angeführt. Die Beachtung der nachstehend dargestellten Wechselbeziehung durch Ernährungsphysiologen, aber auch durch den Gesetzgeber – der bisher im allgemeinen einer Supplementierung von Lebensmitteln mit essentiellen Spurenelementen sehr reserviert gegenübersteht – muß aufgrund der vorliegenden Befunde in stärkerem Maß als bisher erfolgen.

Es soll aber auch nicht verschwiegen werden, daß die Kenntnis der Zusammenhänge der Wechselwirkung von Spurenelementen mit mineralischen und organischen Nahrungsbestandteilen sehr lückenhaft ist, eine systematische Zusammenschau bisher fehlt und manche Widersprüche in der Fachliteratur auftreten.

In diesem Abschnitt wird daher hauptsächlich auf jene Ergebnisse eingegangen, die durch vergleichbare Arbeiten weitgehend gesichert sind.

7.2 Wechselwirkungen zwischen essentiellen Spurenelementen untereinander und mit mineralischen Bestandteilen der Nahrung

1967 beschrieben Parizek und Ostadalova [6] erstmals die Beeinflussung der Toxizität von Methylquecksilber durch Selenit. Bei gleichzeitiger Aufnahme verändert sich die Verteilung der Elemente gegenüber der Aufnahme von nur einem Element wesentlich. So zeigte sich eine vermehrte Aufnahme von Quecksilber als $Hg(II)Cl_2$ und Selen als Natriumselenit (Na_2SeO_3) in der Leber, dem Gehirn und dem Blut, während in den Nieren Selen vermehrt, Quecksilber jedoch vermindert aufgenommen wurde. In Feten nahm der Gehalt beider Elemente bei gleichzeitiger Aufnahme jeweils im Vergleich zur Aufnahme eines Elements ab. In-vivo-Experimente zeigten im Blut die Wechselwirkung der Elemente durch die Ausbildung gleicher Mengen hochmolekularer Komplexe von Selen und Quecksilber annähernd im molaren Verhältnis 1:1 [7]. Aus dem Plasma ließ sich 1 h nach Applikation eine hochmolekulare Substanz mit dem Verhältnis Selen/Quecksilber 1:1 isolieren. Desgleichen konnte eine derartige Substanz aus der Leber 24 h nach der Aufnahme identifiziert werden.

Der Einfluß von Selen auf die Toxizität von Quecksilber kann so erklärt werden:

1. Die Quecksilberanreicherung in der Niere wird durch die Ausbildung hochmolekularer Komplexe mit Selen im Blut verringert. Die Glomeruli sind für diese Komplexe nicht durchlässig.
2. Die Retentionszeit von Quecksilber und Selen im Blut (besonders in den Erythrozyten als inaktive hochmolekulare Komplexe) wird verlängert.
3. Es bilden sich inerte, stabile, nicht diffusionsfähige Komplexe von Selen und Quecksilber in verschiedenen Organen aus.

Bei der Wechselwirkung von Selen mit Methylquecksilber, einer weit höher toxischen Verbindung als anorganisches Quecksilber, fanden Sumino et al. [8], daß die Zugabe von Selenit zu einer Mischung mit proteingebundenem Methylquecksilber dieses freisetzt. Aus Hasenblut wurde nach Behandlung mit Methylquecksilber und Selenit eine Verbindung extrahiert, die ein Quecksilber-Selen-Verhältnis von 2:1 aufwies. Die Verbindung wurde durch Dünnschichtchromatographie, Elementaranalyse und Massenspektrometrie als Methylquecksilberselenid ($(CH_3Hg)_2Se$) identifiziert [7]. Vermutlich bildet sich diese Verbindung im Blut aus Selenit und Methylquecksilber unter Beteiligung von Glutathion. Ob diese Verbindung auch in nennenswertem Ausmaß eine In-vivo-Wirkung besitzt, ist nicht gesichert.

Darauf basiert die Hypothese, daß Arsenspuren die Wirkung von Selen als Antidot gegen Quecksilber und Methylquecksilber verbessert [9] und daß ferner eine biochemische Beziehung zwischen Arsen und Selen besteht [10]. Arsen katalysiert nämlich die Bildung von Glutathion [11]. Der Oxidations-Reduktions-Zyklus von Glutathion wirkt auch als Abwehrmechanismus in Tumorzellen gegen einen oxidativen Angriff [12].

Wechselwirkungen zwischen Cadmium, Kupfer, Zink und Eisen

Mit ziemlicher Sicherheit handelt es sich dabei um eine Konkurrenz dieser Ionen um die verfügbaren Bindungsstellen. Diese auch als „isomorphe Wechselwirkung" [13] bezeichnete Interaktion beeinflußt offenbar sehr stark die Aufnahme von Spurenelementen, auch beim Menschen. Insbesondere ist dies bei der therapeutischen Anwendung essentieller Spurenelemente in ihrer anorganischen Form der Fall. Freilich ist zu beachten, daß die Übertragbarkeit von derartigen, bei Tieren beobachteten Wechselwirkungen auf den Menschen jeweils genau überprüft werden muß. In Tierversuchen wurde ermittelt, daß eine deutliche Veränderung der Gehalte an Cadmium, Cupfer und Zink in der Nahrung die Verteilung dieser Elemente im Gewebe und in Körperflüssigkeiten stark beeinflussen.

Ein hohes Verhältnis von Cadmium/Cupfer verursacht signifikate Skelettveränderungen. Damit geht ein Abfall der Cupferkonzentration in Plasma und Leber einher. Diese Erscheinung wird auf eine mangelhafte Cupferverwertung zurückgeführt und durch eine entsprechende Cupferaufnahme verringert [14].

Hohe Zinkgehalte in der Nahrung beeinflussen die Bioverfügbarkeit von Eisen.

Zuerst induziert eine hohe Zinkgabe einen Cupfermangel, der mit stark fallender Ceruloplasminaktivität einhergeht. Ceruloplasmin fungiert als Ferroxidase, letztlich tritt also Eisenanämie auf. Diese indirekte Wirkung von hohen Zinkapplikationen auf den Eisenmetabolismus wird bei noch höherer Zinkaufnahme durch eine direkte Wirkung ersetzt. Die Zinkaufnahme konkurriert mit der Eisenaufnahme durch die Leber, die Eisendepotform Ferritin sinkt folglich ab. Eisen und Zink treten in der intestinalen Mukosa in Konkurrenz und die Zinkabsorption wird durch Eisen verringert [81]; Eisen(III) inhibiert die Zinkabsorption mehr als Eisen(II) [16]. Die Aufnahme von Eisen als Eisen(II)-sulfat wird durch Zugaben wie Zink(II)-sulfat beim Menschen stark verringert [15]. Sie ist umgekehrt proportional zum Verhältnis Eisen/Zink (vgl. Tabelle 7.1). Aber auch der umgekehrte Einfluß, nämlich die Inhibition der Zinkabsorption durch konkurrierendes zugesetztes Eisen(II) konnte nachgewiesen werden [16].

Tabelle 7.1. Einfluß von oral aufgenommenem Zink auf die Absorption und Gewebsretention von zugesetztem Eisen beim Menschen. (Nach [13])

Experiment 1	Zusatz Fe allein ($47\,mg\ FeSO_4$)	Fe/Zn = 2,5:1	
Plasmaeiseninkrement	71,6 ± 17,6	54,7 ± 12,5	
Fe-Absorption (μmol)	285 ± 74	176 ± 51	
Experiment 2	Zusatz Fe allein ($23{,}5\,mg\ FeSO_4$)	Fe/Zn 1:1	Fe/Zn 1:2,5
Plasmaeiseninkrement	87,1 ± 12,3	17,7 ± 9,2	91 ± 12,2

Plasmaeiseninkrement: Mittleres stündliches Inkrement von Plasmaeisen (μmol) im Zeitraum 0–6 h nach Applikation

Eine Erklärung kann zumindestens zum Teil die Hypothese von Byrd und Matrone [1] bieten. Eine Hypothese, die alle Aspekte berücksichtigt, fehlt derzeit aber noch. Jedenfalls scheint das Protein Apolaktoferrin eine Rolle als unspezifischer Träger von Elementen, außer Eisen, zu spielen. Apolaktoferrin hat eine hohe Affinität zu Eisen und ist eng mit den Zellen verbunden, die absorptive oder sekretorische Funktionen erfüllen und ist damit wahrscheinlich ein Vermittler des Eisentransports. Apolaktoferrin kann aus der Nahrung, z. B. der Milch stammen, aber auch endogen über Galle, Pankreas und intetestinale Mukosa ausgeschieden werden.

Eine Studie über die Beeinflussung der Bleiaufnahme bei Ratten, denen Apolaktoferrin und mit Eisen gesättigtes Apolaktoferrin verabreicht wurde [13] zeigte eine verringerte Aufnahme von Blei im Vergleich zu einer halbsynthetischen Diät bei Verabreichung von mit Eisen gesättigtem Apolaktoferrin und eine erhöhte Bleiaufnahme im Blut und in den Geweben, wenn ungesättigter Apolaktoferrin zugemischt wurde. Es konnte auch gezeigt werden, daß die Absorption von Zink durch eisenfreies Apolaktoferrin erhöht wird [15].

Zink hemmt die Cupferabsorption

Der Mechanismus des hemmenden Effekts von Zink auf die Cupferaufnahme aus dem Gastrointestinaltrakt steht im Zusammenhang mit Metallothionein [17]. Metallothionein besitzt ein niedriges Molekulargewicht von 6500 und hohe Metallbindekapazität (7–10 g Atome/Mol). Diese resultiert daraus, daß Metalle wie Cupfer, Zink und Cadmium an Cysteinylgruppen gebunden werden; das Molekül besteht etwa zu 30% aus Cystein. Auf ein Metallatom kommen 3 Cysteinylgruppen.

Das Metall ist in 2 mehrkernigen Clustern angeordnet, in denen jedes Metall tetrahedral an ein Schwefelatom gebunden ist [18, 19] (vgl. Abb. 4.2 und 4.3). Cupfer kann in Metallothionein Zink und auch Cadmium ersetzen, Cadmium ersetzt dagegen nur Zink.

Üblicherweise regelt der Organismus die Aufnahme homöostatisch. Eine Toxizität tritt erst dann auf, wenn die Konzentration des potentiell toxischen Elements die Möglichkeit der homöostatischen Regelung übersteigt [5]. Interessant sind die Ergebnisse von Tierversuchen, wo auch Gaben von Zink gegen Bleivergiftungen wirken [17] (vgl. Abb. 7.1). In einem anderen Fall wird eine mit Zink angereicherte Diät gegen Cupfervergiftungen eingesetzt [20]. Auch das potentiell toxische Element Cadmium behindert die Aufnahme von Cupfer. Nach einer Applikation von Cupfer wird dieses im Bereich der Darmschleimhaut angereichert. Aufgrund der stärkeren Bindung von Cupfer an Metallothionein im Vergleich zu Zink wird ein Cupfermangel infolge geringerer transportierter Mengen im Plasma beobachtet. Der erste Effekt der Zinksupplementierung ist daher die Induzierung der intestinalen Synthese von Metallothionein. In der Literatur sind weitere Wechselwirkungen zwischen Spurenelementen beschrieben [21].

Wechselwirkung zwischen Eisen und Nickel

Eine Wechselwirkung zwischen Eisen und Nickel wurde bei der Supplementierung mit Eisen(II)-sulfat gefunden. Es ergeben sich stärkere Anzeichen einer Unterversorgung mit Nickel bei geringem Eisengehalt in der Nahrung. Es können auch Anzeichen marginalen Eisenmangels stärker ausgeprägt sein, wenn der Nickelgehalt der Nahrung mangelhaft ist. Bemerkenswert ist der Befund, daß diese Wechselwirkung zwischen Eisen und Nickel von der Anwesenheit relativ unlöslichen Eisens(II)-sulfats abhängt, was vermuten läßt, daß Nickel bei der

Absorption von Eisen(II)-Ionen, aber nicht von Eisen(III)-Ionen eine Rolle spielt. Mit anderen Worten: Nickel wandelt das nicht verfügbare Eisen(II)-Ion in eine absorbierbare Form um. Möglicherweise verbessert Nickel die Komplexierung von Eisen(II)-Ionen mit einem lipophilen Molekül. Sowohl aktiver wie passiver Transport des Eisen(III)-Komplexes ist möglich [21].

Wechselwirkung zwischen Eisen und Mangan

Hohe, mit der Nahrung zugeführte Mengen von Mangan können störend in den Eisenstoffwechsel eingreifen und die Hämoglobinbildung absenken [79]. Mangansupplementierung verringert die Eisenabsorption, umgekehrt verringert Eisensupplementierung die Manganresorption.

Matrone et al. [80] zeigten, daß der in Futtermitteln für Schafe und Hasen zur Beeinflussung des Eisenstoffwechsels erforderliche Mangangehalt durchaus vorhanden ist und Wechselwirkungen von Eisen und Mangan größere Bedeutung besitzen, als bisher angenommen wurde.

Wechselwirkung zwischen Nickel und Cupfer

Eine Wechselwirkung zwischen Nickel und Cupfer wurde mehrfach beschrieben. Eine Form der Erblindung von Schafen, die durch vermehrte Cupferzufuhr hervorgerufen wird, kann durch Nickel verhindert werden.

Eine antagonistische Wirkung zwischen Nickel und Cupfer wurde festgestellt, wenn die Nahrung mit 60% Eisen(II)- und 40% Eisen(III)-sulfat versetzt wurde. Die Anzeichen von Cupfermangel waren bei Ratten, die mit Nickel suppliert wurden, größer als bei mit Nickel unterernährten Tieren. Im Zustand des Eisenmangels bei geringen Gaben von Eisen(II)-sulfat allein trat keine erkennbare Wechselwirkung zwischen Cupfer und Nickel auf.

Wechselwirkung zwischen Arsen und Zink

Die Wechselwirkung zwischen Arsen und Zink wurde im Rahmen einer Argininzufuhr bei Küken festgestellt. Zeichen von Arsenmangel traten auf und der Zinkgehalt der Leber war erhöht. Die Wechselwirkung ist nicht kompetitiv, was durch die verschiedene chemische Form – Arsen in anionischer Form, Zink als Kation – erklärt wird. Die Befunde deuten darauf hin, daß Arsen für den Metabolismus von Zink erforderlich ist [22].

Wechselwirkung zwischen Selen und Arsen

Arsen schützt gegen die chronisch toxische Wirkung von selenhaltigem Getreide bei Ratten, Hunden, Rindern und Schweinen [76]. Hill und Matrone [77] haben postuliert, daß Elemente, die ähnliche Elektronenstrukturen wie Selen(IV), Arsen(III) und Tellur(IV) besitzen, biologische Antagonisten sein sollten. Hill [78] konnte bestätigen, daß Selenat dem Effekt des Arsenats, die oxidative Phosphorylierung zu entkoppeln, entgegenwirkt.

Damit ist die Möglichkeit gegeben, daß Arsen als Antidot gegen Selenvergiftungen verwendet werden kann. Umgekehrt kann aber auch Selen als Antidot gegen Arsenvergiftung eingesetzt werden. Dieser Aspekt kann beispielsweise für die Linderung der Symptome einer chronischen Arsenvergiftung durch arsenhaltiges Trinkwasser herangezogen werden [76].

Wechselwirkung zwischen Vanadium und Chrom

Eine Wechselwirkung zwischen Vanadium und Chrom wird vermutet, da in einem Experiment mit Hühnern 500 µg Chrom/g Futter eine Gabe von 5 µg Vanadium/g Futter toxisch wirken ließ. Diese Befunde könnten jedoch auch auf die durch Calciumzusatz hervorgerufene, anormale Zerstörung von Vitaminen im Futter zurückzuführen sein [21].

Wechselwirkung zwischen Cupfer und Molybdän

Cupfer ist Bestandteil des Enzyms Lipidoxidase, das für die Bildung der elastischen Gewebe von Bedeutung ist und außerdem an der Ausbildung von Sulfidbindungen beteiligt ist. Die Rolle dieses Enzyms besteht in der Bildung von Chondroitinsulfat und den Mukopolysacchariden, die für die Knochenbildung nötig sind. Mißbildungen können dadurch auftreten, daß in der Nahrung ein Überschuß von Molybdän einen funktionellen Cupfermangel hervorruft [76].

Beispiel für die Wechselwirkung von Cupfer, Zink und Eisen

Schweine, die mäßig mit Zink und Eisen versorgt sind, zeigen ein verbessertes Wachstum bei Cupfergaben bis zu einem Optimum von 6–10 ppm im Futter. Die Leistung verringert sich oberhalb von 35–50 ppm Cupfer im Futter (Abb. 7.2) [82].

Einfluß von Zinn auf Zink, Cupfer, Eisen, Mangan und Magnesium

Im Rahmen einer Diätuntersuchung an 6 erwachsenen Männern während 40 Tagen wurden mit einer Kontrolldiät, die 0,11 mg Zinn/Tag enthielt und einer Testdiät von 49,67 mg Zinn/Tag Ausscheidungsstudien durchgeführt [23]. Bei Gabe der Testdiät wurde signifikant mehr Zink im Fäzes und weniger Zink im Urin gefunden. Es ergab sich eine signifikant geringere Retention von Zink bei der Testdiät im Vergleich zur Kontrolle. Die Ausscheidung von Cupfer, Eisen und Mangan wurde hingegen nicht signifikant beeinflußt.

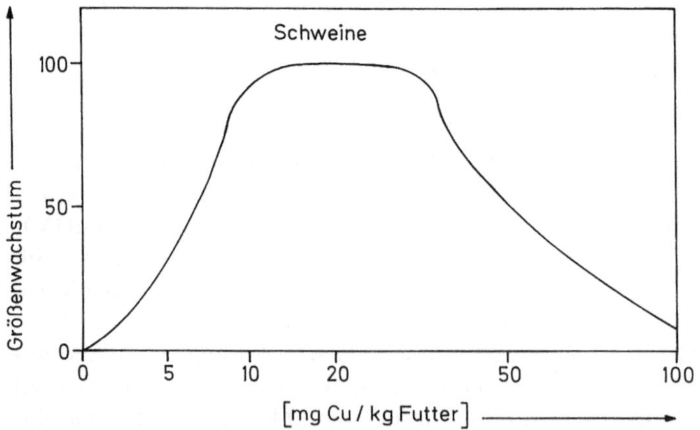

Abb. 7.2. Einfluß des Cupfergehalts im Futter auf das Größenwachstum bei Schweinen bei mittlerer Eisen- und Zinkaufnahme

7.3 Wechselwirkungen mit organischen Bestandteilen der Nahrung

Jeder Inhaltsstoff der Nahrung kann mit Spurenelementen in Wechselwirkung treten. Die in der Literatur angeführten Einflüsse organischer Inhaltsstoffe schließen Phytate, Proteine, Zucker und Tannine ein. Sie gehen bis hin zur adsorptiven Bindung von Spurenelementen an Nahrungsfasern. Hinzu kommen noch die bereits beschriebenen synergistischen Wirkungen anderer Spurenelemente. Die Metall-Protein-Wechselwirkung ist für die Prozesse des Transports, der Akkumulation und Exkretion von Bedeutung [24]. In komplexen Systemen des Nahrungsbreis und der Spurenelemente sind viele mögliche Ursachen einer verringerten, aber auch verbesserten Spurenelementaufnahme denkbar. Gerade bei Elementen, deren Versorgung bei manchen Bevölkerungsgruppen nicht gesichert erscheint, spielt die Verfügbarkeit eine wesentliche Rolle.

Cupfer ist im Blut überwiegend an Ceruloplasmin gebunden, 5–10% liegen auch an Albumin und Aminosäuren gebunden vor. Nickel liegt im Blut an Albumin, teilweise an Histidin sowie an α_2-Myoglobuline gebunden vor. Nickel und Cupfer besetzen im Humanalbumin vermutlich die gleiche Stelle, nämlich die aminoterminale Gruppe des Proteins (Abb. 7.3). So ist beispielsweise bei Ratten experimentell gesichert, daß der Tryptophanmetabolit Picolinsäure als Komplexbildner für Zink fungiert und dessen Resorption erleichtert [5]. Tannine, beispielsweise aus Tee, hemmen die Eisenresorption durch Ausfällung.

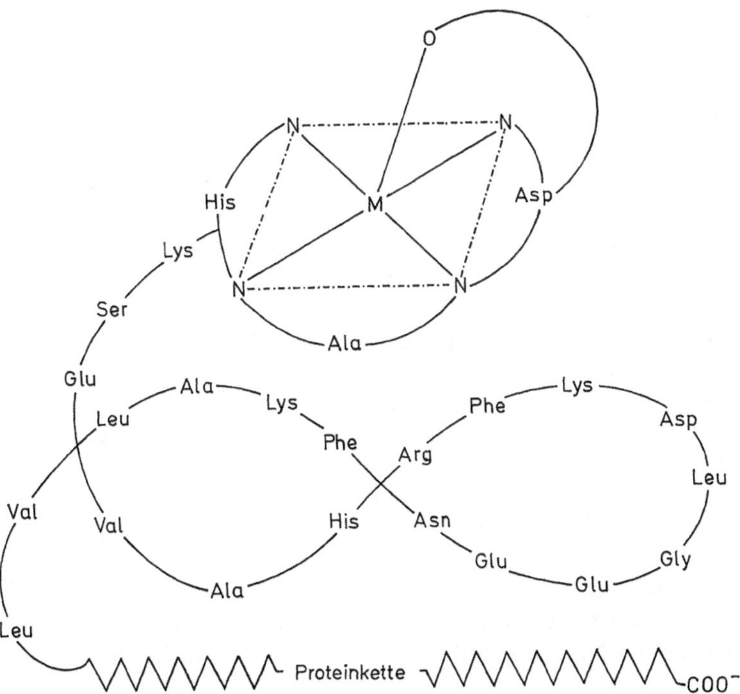

Abb. 7.3. Schematische Darstellung der Transportstellen (M) von Cupfer und Nickel bei menschlichem Albumin. (Nach [24])

Die Wechselwirkung von Phytaten mit essentiellen Spurenelementen

Phytate, die in pflanzlichen Lebensmitteln in z. T. hoher Konzentration vorkommen, werden seit geraumer Zeit als eine der Ursachen für sinkende Verfügbarkeit von essentiellen Spurenelementen angesehen.

Phytinsäure (myo-Inositolhexaphosphat) kommt in großen Mengen in Pflanzensamen vor. Auch Kleie, vor allem Sojakleie, Leguminosen und Ölsaaten enthalten Phytinsäure in Mengen bis zu 6% und mehr [4].

Durch Chelatisierung mit den für die Ernährung wichtigen Elementen Calcium, Zink und Eisen (und teilweise auch anderen essentiellen Spurenelementen) wird deren Absorption unterdrückt. Bei Versuchen über die Bindungsverhältnisse von Calcium an Phytinsäure in Abhängigkeit von Temperatur, pH-Wert und Ionenstärke wurde nachgewiesen, daß verschiedene Bindungsstellen vorhanden sind [4]. Die Wirkung der Phytinsäure geht über einen breiten pH-Bereich. Die Festigkeit der Bindung hängt auch von der Konformation der Phytinsäure ab. In verdünnten Lösungen liegt sie in der Sesselform mit 5 äquatorialen und einer axialen Phosphatgruppe vor (Abb. 7.4). Die Wannenform bildet sich bei hohen Ionenstärken aus. Die Komplexierung von Calcium(II) durch Phytinsäure erfolgt bereits in saurem Medium bis pH = 2, es entstehen 2 verschiedene Komplexe.

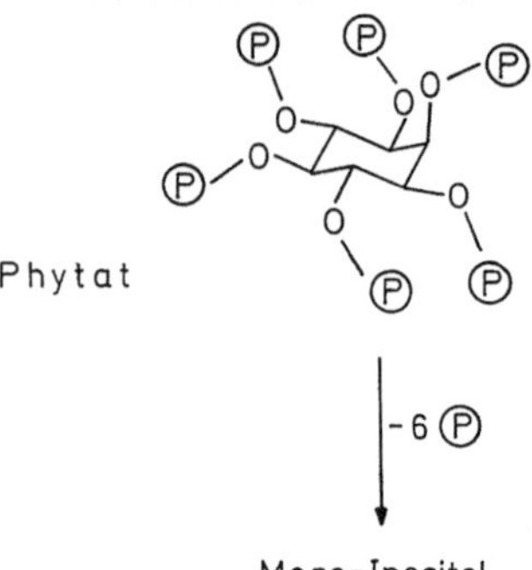

Abb. 7.4. Strukturformel des Phytats. Pythinsäure bildet unlösliche Salze mit Ca^{2+}, Fe^{2+}, Zn^{2+}

Die Komplexierung schon bei sehr niedrigem pH Wert bedeutet, daß tatsächlich schon beträchtliche Mengen von Calcium(II) im Magen komplexiert werden, die dann die Ausfällung im Darm erleichtert.

Von besonderer ernährungsphysiologischer Bedeutung ist das Vorliegen zweier Calciumphytatspezies.

Ellis et al. [3] haben auf das lösliche und somit auch bioverfügbare Monoeisenphytat verwiesen, aufgrund dessen die Wahrscheinlichkeit besteht, daß Metallphytatkomplexe bei niedrigem Metall-Phytat-Verhältnis unter den Bedingungen, die im Darmtrakt herrschen, löslich sind. Die besondere ernährungsphysiologische Konsequenz dieser beiden Calciumphytatspezies ist, daß die submarginale Supplementierung der Nahrung, abhängig von der Ionenstärke, bedenklich sein kann.

Graf [4] faßt die bisherigen Ergebnisse und eigene Forschung in folgender Hypothese zusammen:

Der negative Effekt der Phytinsäure beruht nicht auf ihrer Bildung, sondern auf der Unlöslichkeit ihrer Metallsalze. Daher erfolgt eine optimale Aufnahme der Kationen bei sehr niedrigem und sehr hohem Metall-Phytat-Verhältnis. Damit werden einige vorerst unerklärliche Befunde und widersprüchliche Effekte, die Resorption von Zink, Eisen und anderer essentieller Spurenelemente betreffend, erklärt.

Phytinsäure kann in Lebensmitteln durch das Enzym Phytase teilweise abgebaut werden. Damit wird auch die verringerte Bioverfügbarkeit von essentiellen Spurenelementen behoben. Besonders große Mengen von Phytinsäure finden sich in Schrot- und Grießkleien. Die Phytatreduzierung ist bei Zubereitungsformen umso größer, je feiner das Getreide vermahlen ist, je mehr Wasser zugegeben wurde und je länger die Phytase im optimalen Temperaturbereich (55° C) einwirken konnte [25].

Wechselwirkung von Zink mit Phytaten und Calcium

In Ägypten tritt aus 2 wesentlichen Gründen Zinkmangel auf. Erstens sind der Boden und damit auch die wesentlichen Nahrungspflanzen extrem zinkarm und zweitens werden die landesüblichen Brotfladen ohne Hefeteiggärung gebacken. Dadurch wird das Phytin des Weizens nicht zerstört und somit die Verdaulichkeit des Zinks stark herabgesetzt. Generell wird Zink aus pflanzlicher Nahrung zu etwa 5–10% resorbiert. Hingegen liegt die Resorptionsgröße für Zink aus Fleisch und Milch bei 30–40%. Phytin blockiert die Resorption zweiwertiger Metalle wie Eisen, Cupfer, Zink, Mangan in Gegenwart von Calcium. Calciumphytat ist unlöslich und adsorbiert die Spurenelemente [26] infolge Mitfällung bei entsprechend höheren Calciumkonzentrationen [1]. In Versuchen mit Ratten zeigte sich

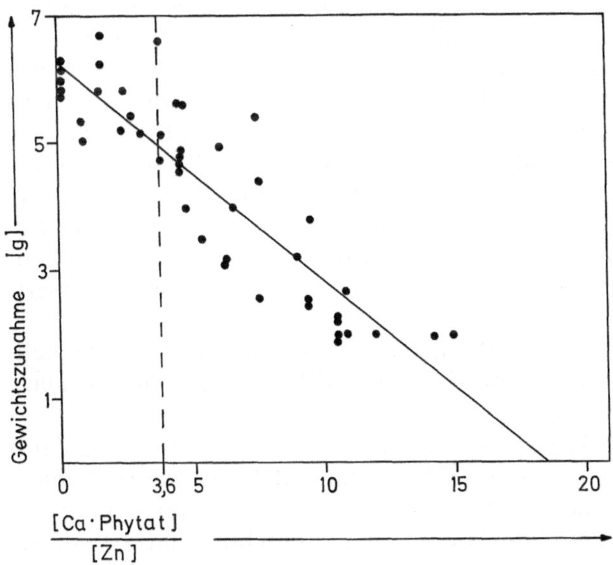

Abb. 7.5. Beziehung zwischen dem Calciumphytat-Zink-Molverhältnis in der Nahrung und der täglichen Gewichtszunahme von Ratten. Das Verhältnis 3,6, oberhalb dem die Gewichtszunahme merklich verringert ist, wird von der gestrichelten Linie angegeben. (Nach [13])

Tabelle 7.2. Einfluß des Zink-Calcium-Verhältnisses auf den Einbau von Phytat. (Nach [1])

Molarität (mol/l)		
Zink (als $ZnCl_2$)	Calcium (als $CaCl_2$)	Zinkeinbau (%)
für Bedingungen der Bildung des Tricalciumphytats:		
0,00025	–	13,8
0,00025	0,03	98,8
0,0005	–	39,9
0,0005	0,03	98,7
für Bedingungen der Bildung des Hexacalciumphytats:		
0,00025	–	0
0,00025	0,03	99,4
0,0005	–	7,9
0,0005	0,03	99,4

eine Abnahme des Zinkgehalts im Plasma bei einem Verhältnis von Zink/Phytat größer als 15 und eine deutliche Verringerung des Größenwachstums bei einem Verhältnis über 25 [27, 28] (Abb. 7.5). Als Beispiel ist die Gewichtszunahme von Ratten bei Änderung des Verhältnisses von Calcium und Phytat angeführt (Abb. 7.4 und 7.5). Calcium wirkt synergistisch zur Zink-Phytat-Wechselwirkung (Tabelle 7.2) [1, 13], nur liegt der Gehalt an Phytaten in der menschlichen Ernährung oft noch wesentlich höher und damit das Verhältnis noch ungünstiger. In Weizen etwa liegt 70% des Phosphors im Phytin gebunden vor. Der größte Teil wird durch die Phytase im Mehl bei der Teigbereitung zu Meso-Inosit hydrolysiert. Diese Reaktion ist ernährungsphysiologisch erwünscht. Wenig verarbeitete Produkte verfügen jedoch über erhebliche Phytatkonzentrationen. Es kommt im Intestinaltrakt zur Ausbildung von Calcium-Zink-Phytatkomplexen und damit zur Verringerung der Verfügbarkeit dieser Spurenelemente. Beim Menschen kommt hinzu, daß die antagonistische Wechselwirkung von Zink und Phytat noch durch den Eiweißgehalt der Nahrung umgekehrt portional beeinflußt wird. Das heißt, daß ein hoher Eiweißgehalt der Nahrung vermutlich infolge der Bildung von Komplexen der Aminosäuren mit Zink und Calcium die Bildung der unlöslichen Calcium-Zink-Phytatkomplexe unterdrückt. Damit wird trotz hohen Phytatgehalts die Resorption von Zink und Calcium durch Eiweiß verbessert [29].

Die in den RDA angegebenen hohen Magnesiummengen könnten eventuell wegen der chemischem Ähnlichkeit von Calcium und Magnesium die Calcium-Zink-Komplexbildung beeinflussen.

De Rahm und Jost [30] beschreiben auch die Bildung eines Spurenelementdefizits von Zink durch Sojaprotein, das zu 1,5% Phytin enthält. Bisher sind keine Sojaaufbereitungsmethoden bekannt, die zu einer deutlichen Verminderung des Phytingehalts führen. Sojaprodukte müssen deshalb hinsichtlich ihres Beitrags zur Verminderung der Resorption von essentiellen Spurenelementen beachtet werden. Davies und Olpin [27] haben gleichfalls darauf hingewiesen, daß die Resorbierbarkeit von Zink durch Sojaprotein verringert wird.

Interessant ist in diesem Zusammenhang, daß in den in Ostasien üblichen, fermentierten Sojaprodukten kein Phytin mehr enthalten ist.

Verläßliche Aussagen über die tatsächliche Verfügbarkeit von Zink sind wegen der über weite Strecken unbekannten Reaktionen, die die Bildung des

Tabelle 7.3. Untersuchungen über die Verbesserung der Eisenresorption durch Ascorbinsäure

Chemische Form	Eisengehalt (mg)	Probanden (n)	Mahlzeit
$FeCl_3$	4,1	Gesunde Männer 13	Standard-Mahlzeit
		12	Standard-Mahlzeit
$FeSO_4$ und natives Eisen	5	Gesunde Männer und Frauen 6 6 6 6 6	Maismehlbrei
$FeSO_4$ und natives Eisen	3	Frauen (Tendenz zu Eisenmangel) 25 8	Reismahlzeit
$FeSO_4$ und natives Eisen	3–4,2	Frauen (Tendenz zu Eisenmangel) 13 18 7	200 g gemalzter (äquimolar zu Eisen) Sorghumbrei und 1 Tasse Tee
		16 12	ungeschältes Sorghum ungeschältes Sorghum geschältes Sorghum
Natives Eisen	3,1 (ohne Weizenkleie) 4,8 (mit Weizenkleie)	Gesunde Männer und Frauen 13	2 Gebäckstücke und ein Milchshake ohne Weizenkleie mit Weizenkleie
$FeCl_3$		11 Gesunde Männer	Standardmahlzeit mit Soja-Protein-Isolat
Natives Eisen	2	Frauen (Tendenz zu Eisenmangel) 22 8 8 8 11	Maismehlbrei (und 1 Tasse Tee) mit Tee ohne Tee mit Tee ohne Tee mit Tee mit Tee mit Tee

unlöslichen Zink-Calcium/Phytat-Calcium steuern, nicht möglich. Die Hypothese von Graf [4] gibt jedoch erstmals Ansatzpunkte, die eine qualitative Beurteilung der Situation erlauben.

Tabelle 7.3. (Fortsetzung)

Vitamin C-Gehalt (mg)	Eisenresorption (%) ohne Ascorbinsäure	Eisenresorption (%) mit Ascorbinsäure	Verhältnis der Eisenresorption mit/ohne Ascorbinsäure	Literatur (aus Kap. 7)
25	0,77	1,27	1,7	[73]
50	0,77	1,94	2,5	[73]
100	0,77	3,19	4,1	[73]
250	0,74	3,48	4,7	[73]
500	0,74	4,59	6,2	[73]
1000	0,74	7,10	9,6	[73]
12,5	8,5	9,32	1,1	[74]
25	5,75	13,05	2,3	[74]
50	12,80	37,80	3,0	[74]
100	4,00	19,30	4,8	[74]
200	2,63	9,83	3,7	[74]
–	3,1	–	–	[34]
15	–	8,1	–	[34]
9,5	–	2,4	–	[33]
50,0	–	9,4	–	[33]
50,0	–	4,0	–	[33]
–	1,7	–	–	[33]
9,5	–	2,4	–	[33]
–	6,3	–	–	[33]
100	3,46	9,26	2,7	[31]
100	1,69	3,89	2,3	[31]
100	0,56	3,2	5,7	[37]
–	2,1	–	–	[75]
–	3,8	–	–	[75]
50	–	6,7	–	[75]
50	–	34,0	–	[75]
100	1,5	9,4	–	[75]
250	3,7	21,6	–	[75]
500	2,0	21,3	–	[75]

Wechselwirkung zwischen Eisen und Phytat

Phytate sind ein vielfach untersuchter Hemmstoff. Allerdings sind die Ergebnisse recht unterschiedlich. Vermutlich ist das auf die unterschiedliche Form der in der Untersuchung eingesetzten Phytatpräparate zurückzuführen. Es zeigte sich nämlich, daß entphytinierte Weizenkleie ebenso hemmend auf die Eisenresorption wirkt wie phytathaltige Kleie [31]. Ein großer Teil des Phytats wird während der Hefe- bzw. Sauerteigherstellung durch das Enzym Phytase zerstört, und somit wird die Eisenverfügbarkeit aus Getreideprodukten wenig beeinflußt [32]. Auch andere Inhaltsstoffe, z. B. Ballaststoffe, Polyphenole und Tannine wirken hemmend auf die Eisenresorption [33, 34]. Polyphenolverbindungen sind in Gemüse enthalten. Die in Gemüse enthaltenen organischen Säuren bewirken allerdings eine verbesserte Eisenresorption. Die gute Eisenresorption aus Sauerkraut (> 30%) deutet darauf hin, daß auch Milchsäure aufgrund seiner Komplexbildungsfähigkeit zur Eisenresorption beiträgt.

Ascorbinsäure (Vitamin C) ist ein wertvoller Komplexbildner, der die Eisenresorption stark begünstigt (Tabelle 7.3). Zusätzlich muß allerdings eine Anpassung an geänderte Ernährungsweisen, wie sie erhöhter Ballaststoffkonsum darstellt, berücksichtigt werden.

Einen Sonderfall stellt Soja dar. Sojaproteinisolate werden als starke Hemmfaktoren für die Eisenresorption angesehen [32]. Vermutlich sind aber nicht die Phytate für die Hemmung verantwortlich, sondern vielmehr die Ausbildung eines unlöslichen Komplexes zwischen Proteinen des Isolats und Eisen, wie ein Experiment unter simulierten Gastrointestinalbedingungen gezeigt hat [35].

Wechselwirkung zwischen Zink und Biotin

Neuere Untersuchungen [36] zeigen, daß eine Wechselwirkung zwischen Biotin und Zink besteht. Es wurde beobachtet, daß hohe Biotingaben die durch Zinkmangel hervorgerufenen Symptome im Versuch mit Ratten reduzieren. Offenbar gibt es ein optimales Biotin/Zink-Verhältnis von 1:6. Die eigentliche Rolle des Biotins bei den beobachteten Vorgängen ist noch unklar.

Einfluß von Tanninen in Kaffee und Tee auf die Eisenresorption ohne Häm-Eisen

Eine Untersuchung über die Beeinflussung der Resorption von Nichthäm-Eisen in Form von ^{57} Eisen- bzw. ^{59} Eisenzugabe zu Hamburgern bei Freiwilligen ergab eine Inhibierung der Eisenresorption in konzentrationsabhängiger Weise. Die Aufnahme von Eisen wurde bei Konsum einer Tasse Kaffee bzw. Tee mit der Nahrung um 64 bzw. 39% verringert. Ein Konsum zeitlich vor oder nach der Mahlzeit blieb ohne Einfluß [37, 38] (Tabelle 7.4). Bei Kaffee ist dieser Einfluß

Tabelle 7.4. Resorption von Eisen (ohne Häm-Eisen) aus Hamburgern. (Nach [37])

Getränke	Resorption
Wasser	3,71%
Tee (1 Tasse)	1,32%
Kaffee (1 Tasse)	2,25%

auch vorhanden, aber nicht so stark ausgeprägt. Die Bioverfügbarkeit von Eisen sinkt auf rund 40% [37]. Auch Kaffee hemmt in vergleichsweise geringem Ausmaß die Eisenresorption [33].

Tannine als Bestandteil der Gerbstoffe von Tee und Kaffee bilden mit Eisen unlösliche Komplexe und verhindern so dessen Resorption. Andererseits stimuliert Kaffee die Magensaftsekretion und senkt damit den pH-Wert. Dadurch wird die Löslichkeit des Eisens wieder größer und die Resorptionsrate erhöht sich.

Einfluß von Protein und Phosphat auf die Verfügbarkeit von Zink, Chrom und Mangan

In Tierversuchen wurde festgestellt, daß hohe Proteingaben den Zinkgehalt im Serum und die Absorption von Chrom erhöhen [3]. Die Ausscheidung von Zink im Urin ist bei vermehrter Proteinzufuhr erhöht, Phosphatgaben beeinflussen diesen Effekt nicht. Jedoch wird die Zinkabsorption durch Zufuhr von Phosphat in Richtung einer verringerten Absorption, bei Zufuhr von Protein in Richtung einer verbesserten Absorption beeinflußt.

Einfluß von Protein auf die Resorption von Eisen

Verschiedene Eiweißquellen beeinflussen die Eisenresorption in unterschiedlichem Ausmaß.

Ein Ei, zu einem Standardfrühstück zugefügt, reduziert die prozentuale Eisenresorption von 9,3 auf 7,6% [39]. Da aber Eier Eisen enthalten, sollte ein Ausgleichseffekt zu beobachten sein. Vermutlich sind Phosphorproteine für die verstärkte Eisenresorption verantwortlich [40]. Dies trifft möglicherweise auch auf Milch zu. In Milch wird Eisen an die Calciumcaseinmizellen gebunden.

Über die Wirkung von Casein als Phosphoprotein auf die Verfügbarkeit von Eisen liegen widersprüchliche Ergebnisse vor. Casein inhibiert einerseits im Tierversuch die Eisenresorption, fördert aber andererseits als qualitativ hochwertiges Protein die Resorption. Hohe Bioverfügbarkeit von Eisen in Muttermilch wird durch deren geringen Caseingehalt erklärt.

Fleisch stellt eine sehr gute Eisenquelle dar, da das Häm-Eisen zu etwa 20% resorbiert wird, zusätzlich fördert Fleisch auch die Resorption von anderem Eisen [39].

Tierversuche mit hochwertigem Protein (Milchprotein) und geringwertigem Protein (Gluten) zeigten bessere Bioverfügbarkeit von Eisen bei der Verwendung des hochwertigen Proteins. Diese Korrelation mit der Eiweißqualität ist in ihren Ursachen noch nicht geklärt [41]. Grundsätzlich können, wie im Kap. 4 ausgeführt, Proteine die Resorption und damit die Bioverfügbarkeit verbessern, indem in Darmlumen gut lösliche Eisenkomplexe gebildet werden. Cystein begünstigt z. B. die Eisenresorption. Aber auch Abbauprodukte von Proteinen können begünstigend wirken. Nach derartigen Faktoren wird derzeit gesucht [32, 39]. In anderen Arbeiten [42, 43] konnte festgestellt werden, daß Cystein und Histidin die Zink- und Eisenresorption verbessern.

Wechselwirkung zwischen Vitamin C und Cupfer

Cupfermangel kann durch Zufuhr von 500 mg Vitamin C erzeugt werden [44]. Möglicherweise ist dafür die bevorzugte Komplexierung und Resorption anderer

Spurenelemente und damit verbunden die geringere Resorption von Cupfer verantwortlich.

Einfluß von Calcium, Magnesium und Zink auf die Resorption von Eisen

Experimentell wurde die Eisenbindungskapazität von Lignin in der Nahrung bei Supplementierung mit der RDA-Dosis für Zink, Magnesium und Calcium untersucht [45] (Tabelle 7.5). Die Bindungsstellen des Lignins werden offenbar z. T. irreversibel durch Spurenelemente besetzt. Es ist daher nicht gleichgültig, in welcher Reihenfolge die Spurenelemente in die Nahrung gelangen. Eisen ist dann besser verfügbar, wenn Zink, Magnesium und Calcium vor der Zugabe von Eisen zugefügt wurden. Der Einfluß des pH-Werts auf die Resorption ist gering, hauptsächlich spielt die ionische Verdrängungsreaktion („competitive displacement“) eine Rolle und beeinflußt damit die Löslichkeit der Mineralstoffe. Verschiedene Diäten können dementsprechend die Resorption von Spurenelementen beträchtlich beeinflussen.

Tabelle 7.5. Beeinflussung der Eisenresorption in ligninhaltigen Diäten durch Supplementierung mit Zink, Magnesium und Calcium. (Nach [45])

Diät: 1 mg Fe	Erhöhung der Eisenresorption (%)	
A. Zufuhr der RDA-Dosis:	15 mg Zn	12,01
	300 mg Mg	21,42
	800 mg Ca	22,37
B. Zufuhr der RDA-Dosis *vor* der Zugabe von Eisen	15 mg Zn	21,12
	300 mg Mg	28,75
	800 mg Ca	33,47

Hemmung der Jodmetabolisierung durch Kropfbildner

Kropfbildner verringern die Fähigkeit des Organismus Jod zu metabolisieren und führen zu Mangelerscheinungen. Die Hemmung der Thyroidhormonsynthese erfolgt durch Gemüse vom Typ Brassica durch Glukosinolate [46].

Im Kohl und Rüben wurde 1,5-Vinyl-3-thiooxazolidon isoliert [47], andere Kropfbildner sind Thiocyanate und Thioglukoside [48], Hämagglutinine aus Sojabohnen und Polyphenole in Erdnüssen [49, 50].

7.4 Ernährungsphysiologische Einflüsse auf die Spurenelementaufnahme

Die Bindung von Spurenelementen an Ballaststoffe

Ballaststoffe sind aufgrund ihrer Ionenaustauscher – und Adsorptionswirkung und infolge ihrer großen Oberfläche imstande, Spurenelemente und Makroelemente zu binden und diese damit der Resorption zu entziehen. Diese Wirkung der Ballaststoffe muß aber immer im Zusammenhang mit dem pH-Wert, der Konzentration des Elements und anderen, in der Nahrung vorhandenen Stoffen wie z. B. Komplexbildner, betrachtet werden. Auch sind die experimentellen Befunde möglicherweise deshalb nicht immer eindeutig. Einer Zusammenfassung von Kelsay folgend [51] zeigen zahlreiche Arbeiten, daß Ballaststoffe die Aufnahme von Mineralstoffen erniedrigen. Die Phytatkonzentration, die Höhe der Ballaststoffaufnahme mit der Nahrung und die Art des Ballaststoffs beeinflussen, entsprechend ihrer verschiedenen physikalischen und chemischen Eigenschaften und ihrer Bindungskapazität für Mineralstoffe, in vielfältiger Weise die Aufnahme von Spuren- (und auch Makro-)elementen.

Mit Zellulose und mikrokristalliner Zellulose angereichertes Brot zeigte eine unveränderte Eisenresorption [52]. Hingegen wurde beobachtet, daß Eisen(II) an den mit der „Neutral-Detergent-Fibre"-Methode (NDF) isolierten Ballaststoffanteil von Weizen und Mais stark gebunden wird [53]. Die NDF-Methode erfaßt Zellulose, Lignin und teilweise Hemizellulosen, nicht jedoch die löslichen Hemizellulosen. Eine maximale Bindung an die Ballaststoffe wurde bei pH = 7 festgestellt. Getreideballaststoffe setzen die Resorption von in anorganischer Form supplementiertem Eisen herab [54], Langzeitversuche mit ballaststoffangereicherter Nahrung (Guar) ergaben keine Änderung des Serumspiegels bei Zink, Cupfer und Calcium [55].

Als Inhibitoren für die Bindung an die Faserstoffe fungieren Ascorbinsäure, Zitronsäure, Phytinsäure, EDTA, Cystein, Phosphat, Calcium und Taurocholin – jene Verbindungen, die die Eisenresorption begünstigen.

Nichthäm-Eisen aus der Nahrung scheint weitgehend an Ballaststoffe gebunden zu sein. Unter sauren Bedingungen ($pH < 7$) erfolgt die Dissoziation. Untersuchungen mit dem Verdickungsmittel Alginat verringerten die enterale Aufnahme von Barium, Strontium, Zinn, Cadmium, Mangan und Zink [56]. In einer Studie [57] beeinflußten 22 g NDF-Ballaststoffe/Tag die Zinkresorption nicht, aber 35 g NDF/Tag ergaben eine verringerte Zinkabsorption. In einer Reihe von Tierversuchen konnte kein Einfluß der Ballaststoffgabe auf die Zinkaufnahme nachgewiesen werden [58]. Lediglich Reiskleie beeinflußt die Zinkaufnahme in einer Studie an Hühnern [59].

Wechselwirkung von Zink und Cupfer mit Ballaststoffen

Untersuchungen über die Auswirkung verschiedener Nahrungsfasern auf die Cupfer- und Zinkaufnahme ergaben signifikante Unterschiede [25].

Die fäkale Ausscheidung von Cupfer und Zink aus einer Grunddiät war beim Zusatz von Hemizellulose größer als bei Zellulose, gefolgt von Pektin und der nicht supplementierten Diät; letztere ergaben annähernd gleiche Ausscheidungsraten.

In einer australischen Studie [60] über die Bioverfügbarkeit von Zink im Zusammenhang mit der Proteinaufnahme bei Frauen (älter als 70 Jahre) wurde bei 29% aller Personen eine unter dem Wert von 12,2 µmol/l Plasma liegender Zinkwert, also eine Mangelsituation, festgestellt. Diese Frauen nehmen durchschnittlich deutlich weniger Protein auf. Eine höhere Proteinaufnahme verbesserte den Zinkstatus und zwar in größerem Ausmaß, als es den aufgenommenen Mengen entspricht. Es kann eine bessere Verfügbarkeit von schon ursprünglich vorhandenem, aber nicht resorbierbaren Zink infolge der Bildung von Aminosäurekomplexen angenommen werden (Peptid). Ballaststoffe verringerten, Protein erhöhte die Bioverfügbarkeit von Zink bei dieser Gruppe. Der Einfluß von Calcium und Phytat wurde bei dieser Studie nicht untersucht.

Die Beobachtung, daß die Phytaseaktivität in zinkmangelernährten Ratten geringer ist, führte zur Annahme einer Beziehung zwischen der Phytaseaktivität und Zink [61]. Drei Hypothesen wurden aufgestellt:

1. Phytase ist eine Metalloenzym – seine Aktivität ist unmittelbar mit der Zinkkonzentration verknüpft.
2. Phytase ist ein zinkabhängiges Enzym, Zink(II) stimuliert indirekt seine Aktivität.
3. Phytase ist ein allosterisches Enzym. Zink(II) besetzt einzelne Stellen (allosterische Stellen), andere Stellen werden durch das Substrat (aktive Stellen) besetzt.

Einfluß von Ballaststoffen auf die Eisenresorption

Isolierte Ballaststoffe wie Zellulose, Lignin oder Pektin verringern die Bioverfügbarkeit und Resorption von Eisen. Lignin und Pektin binden Eisen und machen es damit nicht verfügbar [62, 63]. In Weizenkleien sind die löslichen Ballaststoffe stärker eisenbindend als die unlöslichen [31]. Ferner besteht eine ausgeprägte Abhängigkeit der Wechselwirkung zwischen Eisen und Ballaststoffen vom pH-Wert, von der Konzentration und anderen eisenbindenden oder komplexierenden Substanzen.

Bei Humanstudien wurde bis zu Gaben von 22 g Weizenkleie/Tag keine signifikante Abnahme der Eisenresorption beobachtet [32, 64, 72]. Hingegen fanden van Dokkum et al. [57] bei 35 g Weizenkleie/Tag eine signifikante Abnahme der Eisenresorption. Die Eisenresorption wurde auch bei Gaben von Reiskleie verringert [59].

Latente Mängel infolge verarbeiteter Lebensmittel und der Ernährungsgewohnheiten [65]

Die schon beschriebene Zinkmangelsituation kann bei alten und kranken Menschen zu Appetitverlust führen, wodurch die Erkrankung noch gesteigert wird. Haarausfall und schlechte Wundheilung sind weitere Symptome.

Hoher Proteinkonsum erhöht die Magnesium-, Cupfer-, Zink- und Calciumausscheidung.

Alkoholkonsum führt zu Magnesiummangel [66] und Zinkmangel [67]. Die Mangelerscheinung entsteht aufgrund der Ausscheidung über die Niere, gekoppelt mit einer Hemmung der Resorption.

Hoher Kleiekonsum und der Verzehr von reichlich Sojafasern [27] stört wegen der hohen Phytatgehalte die Resorption von Zink, Cupfer und Eisen. Stärkere Ausscheidung von Cupfer, Zink [68] und Magnesium [69] wurde beobachtet.

Tannine in Tee hemmen die Eisenresorption durch Ausfällung. Zucker (z. B. Glukose und Galaktose), die bei ihrer Resorption aktiv transportiert werden, verringern die Zinkaufnahme im vaskulären System. Der Zinkgehalt sinkt ab. Die passiv transportierten Zucker (z. B. Fruktose und Mannit) üben keinen derartigen Einfluß aus. Es wird vermutet, daß diese Wechselwirkungen an der basolateralen Seite der Mukosa erfolgt [70].

Wechselwirkung zwischen Calcium, Protein und Phosphat

In der Vergangenheit gab es eine ausgedehnte und kontroverse Diskussion über die empfehlenswerte Calciumaufnahme. Es konnte gezeigt werden, daß die Menge an Protein, die in der Nahrung enthalten ist, die Calciumausscheidung mit dem Urin signifikant beeinflußt. Es erfolgt bei höherer Proteinaufnahme eine erhöhte Calciumausscheidung ohne eine höhere Resorption. Daraus ergibt sich eine Abnahme des Calciumspiegels [71]. Der Einfluß ist sehr ausgeprägt: 500 μg Calcium/Tag sind bei einer Aufnahme von Protein entsprechend RDA ausreichend, jedoch ist eine Unterversorgung bei Aufnahme von 100 g Protein gegeben. Dies entspricht einer täglichen Proteinaufnahmemenge in industrialisierten Staaten. Die daraus resultierende Unterversorgung könnte für die hohe Rate an Osteoporoseerkrankungen in höherem Alter verantwortlich sein. Nun konnte aber gezeigt werden, daß beim Konsum des Proteins als Fleisch dieser Effekt vernachlässigt werden kann.

Die Lösung dieses scheinbaren Widerspruchs fand sich in der zusätzlichen, entgegengerichteten Wechselwirkung zwischen Phosphat und Calcium auf dessen Ausscheidung über den Urin. Des weiteren konnte gezeigt werden, daß Phosphat diese Wirkung unabhängig davon besitzt, ob es als Verbindung einer vorher von Phosphat befreiten Proteindiät zugegeben oder aber natürlich im Fleisch enthalten war.

Metallhaltige Enzyme schützen vor peroxidierenden Agentien

Radikale als extrem reaktionsfähige Produkte reagieren auch mit Substanzen in ihrer Umgebung, die oxidiert werden können. Eine der Theorien zur Krebsauslösung und auch eine Theorie des Alterns schreibt Radikalen diese Wirkung zu. Im einen Fall wirken Radikale als Starter. Im anderen Fall ziehen sie eine Schwächung des Immunsystems infolge Inaktivierung von wichtigen Enzymen nach sich.

Die toxische Wirkung hoher Sauerstoffkonzentrationen infolge der Bildung des Sauerstoffradikals bzw. die Radikalbildung aus mehrfach ungesättigten Fettsäuren wird durch Vitamin A, β-Carotin, Vitamin E und selen- und manganhaltige Enzyme unterdrückt. Durch Peroxide werden Zellen stark geschädigt, wenn nicht biologische Schutzmechanismen eingreifen.

Wasserstoffperoxid (H_2O_2) und andere Peroxide können durch Peroxidasen rasch zersetzt werden, wobei ein Reduktionsmittel, d. h. eine in reduzierter Form vorliegende Verbindung den überschüssigen Sauerstoff aufnehmen muß. Meist ist dies der Wasserstoff in Glutathion. Eine der wichtigsten Peroxidasen, die z. B. Fettsäureperoxide unschädlich machen kann, ist das selenhaltige Enzym Glutathionperoxidase.

Das Sauerstoffradikal wird durch Superoxiddismutase unschädlich gemacht. In der Zellflüssigkeit besorgt dies die Zink und Kupfer enthaltende Superoxiddismutase. Die äußerst empfindliche Mitochondrienmembran wird demgegenüber durch eine manganhaltige Superoxiddismutase geschützt. Daraus ergibt sich die eminente Wichtigkeit der Elemente Cupfer, Mangan, Selen und Zink hinsichtlich ihrer antioxidativen Wirkung und damit für die Prophylaxe gegen Krebs und frühzeitige Alterungserscheinungen [72, 76].

Literatur

1. C. A. Byrd, G. Matrone: Proc. Soc. exp. Biol. Med. 119: 374 (1965)
2. W. Forth, W. Rummel: Nutr. Rept. Int. 14: 515 (1976)
3. R. Ellis, E. R. Morris, A. D. Hill: Nutr. Res. 2: 319 (1982) und J. Nutr. 110: 2000 (1980)
4. E. Graf: J. Agric. Food Chem. 31: 851 (1983)
5. H. H. Sandstead: Ann. NY. Acad. Sci. 355: 282 (1980)
6. J. Parzik, I. Ostadalova: Experientia 23: 142 (1967)
7. N. Imura, A. Naganuma: Nutr. Res. Suppl. I: 499 (1985)
8. K. Sumino, R. Yamamoto, S. Kitamura: Nature 268: 73 (1977)
9. M. El.-Bagiarmi, H. Ganther, M. Sunde: Rev. Toxicol. Environm. Sci. 8: 585 (1980)
10. Natl. Acad. Sci.-NRC: Arsenic Washington 1977
11. D. V. Frost: In: Proceedings des 3. Spurenelement Symposiums: Arsen. Jena 1980; eds.: M. Anke, H. J. Schneider, Ch. Brückner
12. C. Nathan, B. Arrik, H. Murray, N. De Santis, Z. Cohn: J. Exp. Med. 153: 766 (1981)
13. C. F. Mills, N. T. Davies, J. Quarterman, P. J. Aggett: Nutr. Res. Suppl. I: 471 (1985)
14. J. K. Campell, C. F. Mills: Proc. Nutr. Soc. 33: 15A (1974)
15. R. W. Crafton, G. Gvozdanovic, P. J. Aggett: Proc. Nutr. Soc. 41: 17A (1982)
16. N. W. Salomon, N. W. Pineda, F. Viteri, H. H. Sandstead: J. Nutr. 113: 337 (1983)
17. G. J. Brewer, M. Gretchen, G. M. Hill, R. D. Dick, C. R. Piko, A. S. Prasad, Z. T. Cossak: Nutr. Res. Suppl. I: 478 (1985)
18. R. W. Briggs, I. M. Armitage: J. Biol. Chem. 257: 1259 (1982)
19. C. D. Garner, S. S. Hasain, I. Bremner, J. J. Bordas: J. Inorg., Biochem. 16: 253 (1982)
20. I. Bremner, R. K. Mehra: Nutr. Res. Suppl. I: 482 (1985)
21. F. H. Nielsen: Ann. NY Acad. Sci. 355: 152 (1980)
22. E. O. Uthus, F. N. Nielsen: In: M. Anke, H.-J. Schneider, Chr. Brückner: eds. Arsen, 3. Spurenelement-Symposium 1980. VEB Kongreß Verlag, Oberlungnitz DDR
23. M. A. Johnson, M. S. Baier, B. S. Gregner, J. L. Gregner: Am. J. Clin. Nutr. 35: 1332 (1982)
24. B. Sakar: Nutr. Res. Suppl. I: 489 (1985)
25. M. Drews, C. Kies, H. M. Fox: Am. J. Clin. Nutr. 32: 1983 (1979)
26. C. F. Mills: IUNS Kongress Brighton 1985
27. N. T. Davies, S. E. Olpin: Br. J. Nutr. 41: 590 (1979)
28. E. R. Morris, R. Ellis: J. Nutr. 110: 1037 (1980)
29. B. Sandstrom, B. Arvidsson, A. Cederblad, E. Bjorn-Rasmussen: Am. J. Clin. Nutr. 33: 739 (1980)
30. O. de Rahm, T. Jost: J. Food Sci. 44: 596 (1979)
31. K. M. Simpson, E. R. Morris, J. D. Cook: Am. J. Clin. Nutr. 34: 1469 (1981)
32. E. R. Morris, R. Ellis: Fed. Proc. 42: 1716 (1983)
33. M. Gilooly, T. H. Bothwell, R. W. Charlton, J. D. Torrance, W. R. Bezwoda, A. P. McPhail, D. P. Derman: Brit. J. Nutr. 51: 37 (1984)
34. M. Gilooly, T. H. Bothwell, J. D. Torrance, A. P. McPhail, W. R. Derman, A. W. Bezwoda, W. Mills, R. Charlton: Br. J. Nutr. 49: 331 (1983)
35. R. S. Kadan, G. M. Ziegler: Cer. Chem. 61: 5 (1984)
36. L. Alavi, J. C. McClain, M. B. Essatara: Nutr. Res. Suppl. I: 203 (1985)
37. T. A. Morck, S. R. Lynch, J. D. Cook: Am. J. Clin. Nutr. 37: 416 (1983)
38. L. Hallberg: Am. J. Clin. Nutr. 34: 2242 (1981)
39. L. Hallberg: Ann. Rev. Nutr. 1: 123 (1981)
40. L. Rossander, L. Hallberg, E. Björn-Rasmussen: Am. J. Clin. Nutr. 32: 2484 (1979)
41. D. J. Kroe, T. D. Kinney, N. Kaufmann, J. F. Klavins: Blood 21: 546 (1963)
42. F. J. Schwarz, M. Kirchgessner: Nutr. Metab. 18: 157 (1975)
43. D. Van Campen: J. Nutr. 103: 139 (1973)
44. E. B. Finley: Am. J. Clin. Nutr. 37: 553 (1983)
45. S. R. Platt, F. M. Clysdau: J. Fd. Sci. 50: 1322 (1985)
46. G. R. Fenwick, R. K. Heany: Food Chem. 11: 249 (1983)
47. E. B. Artwood, M. A. Green, M. G. Ettlinger: J. Biol. Chem. 81: 121 (1949)
48. F. W. Clements: Br. med. Bull. 16: 133 (1960)
49. N. T. Davis: Proc. Nutr. Soc. 38: 121 (1979)

50. V. Shrinivasan, N. R. Mondgal, P. J. Sarma: J. Nutr. 61: 87 (1957)
51. J. L. Kelsay: Am. J. Clin. Nutr. 31: 142 (1978)
52. G. S. Raukkota: Cereal Chem. 56: 156 (1979)
53. S. G. Reinhold, J. Salvador-Garcia, P. Garzon: Am. J. Clin. Nutr. 34: 1384 (1981)
54. J. R. Dobbs, I. M. Baird: Brit. Med. J. 1: 1641 (1977)
55. D. J. A. Jenkins, T. M. S. Wolever, R. H. Taylor, D. Reynolds, R. Nineham, T. D. K. Hockaday: Brit. Med. J. 1: 1353 (1980)
56. A. J. Silva, G. Gleshman, B. Shore: Health Phys. 19: 245 (1970)
57. W. Van Dokkum, A. Westra, F. Schippers: Br. J. Nutr. 47: 451 (1982)
58. R. B. Thoma, D. J. Curtis: Food Technol. 1986: 11
59. S. A. Thompson, C. W. Weber: Poulty Sci. 60: 840 (1981)
60. M. L. Wahlquist, D. M. Flint, A. E. Parish: Nutr. Res. Suppl. I: 213 (1985)
61. R. Karonani, M. B. Essatara, C. J. McClarin, M. Ettalibi: Nutr. Res. Suppl. I: 238 (1985)
62. M. J. Leigh, D. Miller: Am. J. Nutr. 38: 202 (1984)
63. R. Fernandez, S. F. Phillips: Am. J. Clin. Nutr. 35: 107 (1982)
64. R. Rattan, N. Trevia, E. Graf, N. Weizen, T. Gilat: J. Clin. Gastro 3: 389 (1981)
65. F. Kieffer: In: Probleme der Ernährungs- und Lebensmittelwissenschaft I, 69 Maudrich Verlag, Wien, 1978
66. J. McDonald, S. Mayen: Am. J. Clin. Nutr. 32: 823 (1979)
67. J. McDonald, S. Mayern: Am. J. Clin. Nutr. 33: 1096 (1980)
68. S. M. Snedecker, J. L. Greger: Nutr. Rept. Int. 23: 853 (1980)
69. G. E. Bunce: J. Nutr. 79: 220 (1963)
70. S. F. Chikosi, D. McMaster, A. H. G. Love: Nutr. Res. Suppl. I: 259 (1985)
71. H. M. Linkswiler: In: G. R. Beecher ed: Beltsville Symposia on Agricultural Research IV., Human Nutrition Research. J. Wiley & Sons, New York, 1980
72. B. Halliwell: IUNS Kongreß Brighton 1985
73. J. D. Cook, E. R. Monsen: Am. J. Clin. Nutr. 30: 235 (1977)
74. E. Björn-Rasmussen, L. Halberg: Nutr. Metabol. 16: 94 (1974)
75. D. P. Derman, M. H. Sayers, S. R. Lynch, R. W. Charlton: Br. J. Nutr. 38: 261 (1977)
76. R. J. Shamberger: 4th Int. Workshop Trace Element Chemistry in Medicin and Biology, Neuherberg, BRD, 1986
77. C. H. Hill, G. Matrone: Fed. Proc. 29: 1474 (1970)
78. C. H. Hill: In: Trace Elements in Human Health and Discase, II A. S. Prasad ed., Academic Press, New York 1976
79. R. H. Hartmann, G. Matrone, G. H. Wise: J. Nutr. 57: 429 (1955)
80. G. Matrone, R. H. Hartmann, A. J. Clawson: J. Nutr. 67: 309 (1979)
81. N. W. Salomons, R. J. Jacobs: Am. J. Clin. Nutr. 34: 475 (1981)
82. H. Schenkel: Schriftenreihe Daten und Dokumente, Heft 23, 1979. Univ. Hohenheim, BRD

8 Chemische Analyse essentieller Spurenelemente

Die rasante Entwicklung, die die Erforschung essentieller Spurenelemente erfahren hat, steht in engem Zusammenhang mit der Entwicklung der modernen Spurenelementanalyse. Die Arbeiten von Walsh auf dem Gebiet der Atomabsorptionsspektralphotometrie [1] und die Entwicklung der Spektroskopie unter Verwendung von induktiv gekoppeltem Plasma [2, 3] haben eine Entwicklung eingeleitet, die eine genaue Untersuchung des Vorkommens und der Wirkung von essentiellen Spurenelementen überhaupt erst möglich machte. Es soll deshalb in diesem Kapitel mit gebotener Kürze auf die Leistungsfähigkeit und Grenzen der Methoden der Spurenelementanalyse und die Möglichkeit der Qualitätskontrolle in analytisch-chemischen Laboratorien eingegangen werden. Daraus können Rückschlüsse auf die Verläßlichkeit der aufgeführten Daten gezogen werden. Der analytische Prozeß soll nachfolgend speziell für Spurenelementanalysen knapp dargestellt werden.

Der analytische Prozeß

Definition des Problems	Problemstellung, Auftrag, Ziel
Probennahme	repräsentative Proben Reinraum Geräte (Kontamination) Chemikalien (Kontamination)
Beseitigung der Störungen	Veraschung Extraktion
Messung	Blindwert! Untergrundstörungen (Kompensation)
Datenverarbeitung (Interpretation des Ergebnisses)	richtige Angabe des Ergebnisses (Streubereich, Vertrauensbereich, Standardabweichung, Zahl der Analysen)
Lösung des Problems	Antwort auf Problemstellungen

Spurenanalytik bedarf neben einer hochwertigen apparativen Ausstattung vor allem der Erfahrung und Kenntnis der für die Qualität der Analyse wichtigen Schritte Probennahme und Probenvorbereitung [4–8]. Erfahrungsgemäß sind diese Schritte der Analyse jene, bei denen die Fehler am größten sind [9]. Wie

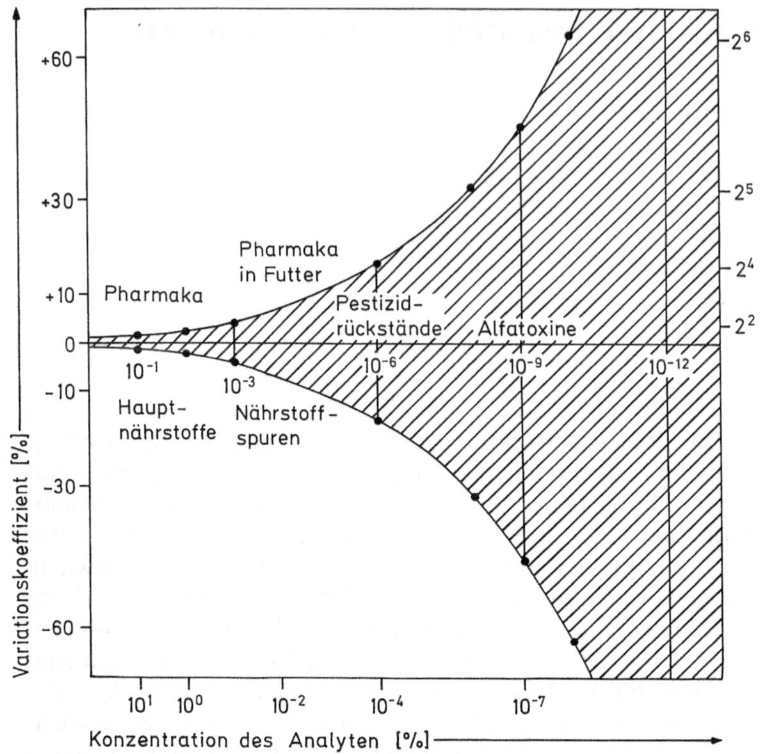

Abb. 8.1. Variationskoeffizient zwischen verschiedenen Laboratorien als Funktion der Konzentration. (Nach [10])

sehr der Variationskoeffizient in %[1] bei Spurenanalysen in Abhängigkeit von der Konzentration ansteigt, zeigt Abb. 8.1 [10].

In der Arbeit von Horwitz et al. [10] wurden mehr als 50 Ringversuche verschiedener Laboratorien mit unterschiedlichen Spurenbestandteilen in Lebensmitteln ausgeführt, um den Verlauf des Variationskoeffizienten als Funktion der Konzentration zu bestimmen.

Für toxische Spurenelemente im 1 ppm-Konzentrationsbereich beträgt der Variationskoeffizient 16%, im 10 ppb-Bereich (für Aflatoxin) bereits 32%!

Die Fehlerquellen bei der Spurenelementanalyse im ng- und pg-Bereich sind vielfältig [11] und gerade die Geschichte der Analyse von essentiellen Spurenelementen ist oft eine Kette von Irrtümern und Fehlern [12–15]. Ins einzelne gehende Darstellungen des Themas können der im Anhang angeführten Literaturübersicht entnommen werden.

Für die Analyse von Spurenelementen kommen neben der Neutronenaktivierungsanalyse (NAA) die Atomabsorptionsspektralphotometrie (AAS) und die induktiv gekoppelte Plasmaspektroskopie (ICP) in Betracht.

[1] $V\% = \frac{S}{X} \cdot 100$; für alle $\overline{X} > 0$; S = Standardabweichung; $\bar{X}$ = Mittelwert.

Der grundlegende Unterschied zwischen AAS und ICP besteht in der Möglichkeit, mittels ICP die Konzentration mehrerer Elemente gleichzeitig zu bestimmen.

Mit Spezialtechniken wie der elektrothermalen AAS unter Verwendung der L'vov-Platform oder der Hydridtechnik hat die AAS eine außerordentliche niedrige Nachweisgrenze erreicht. Die Flammentechnik als ältere, jedoch sehr leistungsfähige Methode liegt hinsichtlich der Nachweisgrenze um etwa 2–3 Zehnerpotenzen höher (Tabelle 8.1). Wesentlich für die Güte der Analyse ist die Kompensation von Untergrundabsorptionen. Mittels des Zeemann-Effekts gelingt es, im Vergleich mit den bisher verwendeten Deuteriumlampen, eine bessere Kompensation über einen breiten Bereich zu erzielen. Die Atomabsorptionsspektralphotometrie erlaubt heute die Bestimmung der Spurenelemente im unteren ppb-Bereich (10^{-9} g/g oder ng/g).

Die ICP-Techniken befinden sich noch in der Entwicklung. Die Nachweisgrenzen (Tabelle 8.1) liegen gleichfalls im ppb-Bereich. Die rasante Entwicklung ist dokumentiert durch 5000 im Jahr 1985 weltweit vorhandener ICP-Geräte. 1975 waren es nach der kommerziellen Einführung der Technik 15, die Zuwachsrate beträgt etwa 400 ICP-Geräte pro Jahr [3].

Die hohe Nachweisempfindlichkeit dieser Techniken erlaubt das Studium essentieller Spurenelementgehalte in allen Trägermaterialien, gleichgültig ob es sich um Gewebe, Plasma, Blut oder Lebensmittel handelt. Allerdings werden die Anforderungen an die Qualität der Probenahme und die Qualität des Laborraums nicht gleichermaßen beachtet. Reinräume, spezielle Werkzeuge und hochreine Chemikalien, die eine Kontamination des Probeguts nach der Probenahme verhindern, sind zur absoluten Notwendigkeit geworden.

Viele Beispiele aus der Literatur zeigen, daß durch die Entwicklung der Technik und durch kritische Qualitätskontrolle oftmals ältere Daten als unverläßlich und viel zu hoch erkannt wurden. Ein besonders illustratives Beispiel ist

Tabelle 8.1. Essentielle Spurenelemente-Nachweisgrenze der Methoden

Element	Atomabsorptionsspektralphotometrie Graphitrohr (ppm)	Flammentechnik (ppm)	Hydridtechnik (ppm)	Induktiv gekoppelte Plasmaspektroskopie (ppm)	Literatur (aus Kap. 8)
As	< 1,000	0,050	0,001	0,002000	[16–18]
Co	0,010	0,010		0,000100	[15–22]
Cr	0,002	0,003		0,000080	[23–25]
Cu	0,010	0,001		0,000040	[26–28]
Fe	0,010	0,005		0,000090	[29–31]
Li		0,003		0,0040	[32–33]
Mn	0,010	0,002		0,000010	[34–36]
Mo	0,200	0,020		0,0080	[37–39]
Ni	0,010	0,010		0,000200	[40–43]
Se	0,001	0,050	0,005	0,0120	[44–46]
Si	0,500	0,100		0,0300	[47–49]
Sn		0,040		0,003000	[50–51]
V	0,100	0,040		0,000060	[52–54]
Zn	0,001	0,001		0,000100	[55–57]

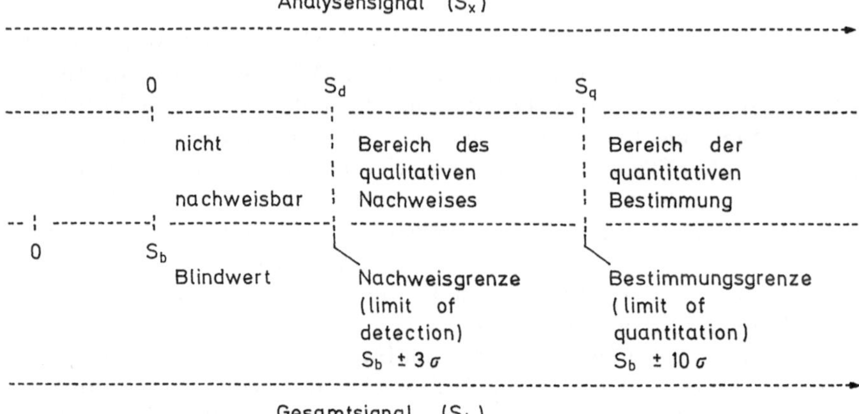

Abb. 8.2. Bereiche der analytischen Messung

die Analyse von Chrom. Im Urin wurden zwischen 1964 und 1970 Werte von bis zu 1500 μg/Tag angegeben. Angaben zwischen 1970 und 1978 lagen zwischen 3 und 10 μg/Tag [15]. Die Hauptursache für diese fehlerhaften Analysen sind im Bereich der Probennahme und Probenvorbereitung festgestellt worden [58].

Für die Beurteilung der analytisch-chemischen Daten ist eine vollständige Angabe des Analysenergebnisses unerläßlich. Die analytische Information muß qualifiziert sein [59]. Qualifiziert bedeutet, daß aus den Angaben auf ihre Vergleichbarkeit mit anderen verfügbaren Daten und auf ihre Präzision aus dem Streubereich, der Zahl der Messungen und der Ausreißer geschlossen werden kann.

Dazu ist eine Standardform der Resultatangabe erforderlich. Die Mindestinformation für eine sinnvolle Bewertung eines Analysenergebnisses muß folgende Angabe beinhalten:

Mittelwert ± Standardabweichung σ, Anzahl der Messungen; also z. B. 0,53 ± 0,02 mg Zink/kg; (n = 2).

Die Angabe des Meßwertes (Mittelwertes) hat zu berücksichtigen, ob lediglich eine qualitative Aussage oder eine quantitative Bestimmung möglich ist (vgl. Abb. 8.2). Die Nachweisgrenze ist jene Konzentration (Menge), die der Analytiker mit einer gegebenen Methode noch als statistisch verschieden vom Blindwert (Untergrundrauschen) bestimmen kann. Experimentell ist sie durch mehrfache Bestimmung des Blindwerts des Analysenverfahrens zu bestimmen. Ein Analysenwert, der die 3fache Standardabweichung σ des Blindwertes aufweist, ist mit 99,7% statistischer Sicherheit vom Blindwert verschieden.

Damit kann aus dem Resultat sofort festgestellt werden, wie nahe dieses an der Nachweisgrenze der Meßwerte liegt. Daraus ergibt sich auch der Vertrauensbereich der Angabe. Naturgemäß steigt die Streuung der Meßwerte bei Annäherung an die Nachweisgrenze stark an. Daraus wurde die Folgerung gezogen, daß

Tabelle 8.2. Bereich der analytischen Messung

Analysensignal (S_x)	Schlußfolgerung	Beurteilung
$< 3\,\sigma$	kann nicht nachgewiesen werden	n. n. (Nachweisgrenze)
3–10 σ	kann qualitativ nachgewiesen werden	nachweisbar
$> 10\,\sigma$	kann quantitativ bestimmt werden	Wert

Bezugsquelle für Referenzmaterial. (Nach [15])

Abkürzung	Name und Anschrift
BCR	Community Bureau of Reference (BCR) Commission of the European Communities 200 Rue de la Loi B-1049 Brussels, Belgium
BI	Behring-Institute P.O. Box 1140 D-3550 Marburg 1, Fed. Rep. of Germany
BOWEN	Dr. H. J. M. Bowen Department of Chemistry The University of Reading Whiteknights P.O. Box 224 Reading RG6 2AD, United Kingdom
IAEA	International Atomic Energy Agency Analytical Quality Control Services Laboratory Seibersdorf P.O. Box 100 A-1140 Wien, Austria
KL	Kaulson Laboratories, Inc. 691 Bloomfield Ave. Caldwell, N. J. 07006, USA
IRANT	Institute of Radioecology and Applied Nuclear Techniques Komenskeho 9 P.O. Box A-41 040 61 Kosice, Czechoslovakia and PZO Sluzba vyskumu Konevova 131 130 86 Prague 3-Zizkov, Czechoslovakia
NBS	Office of Standard Reference Materials Room B311, Chemistry Building National Bureau of Standards Gaithersburg, MD 20899, USA
NIES	National Institute for Environmental Studies Japan Environment Agency P.O. Yatable Tsukuba Ibaraki 300–21, Japan
NRCC	National Research Council of Canada Division of Chemistry Ottawa KlA 0R6, Canada
NYE	Nyegaard & Co AS Diagnostic Division Postbox 4220 Torshov N-0401 Oslo 4, Norway
SABS	South African Bureau of Standards Private Bag X191 Pretoria 0001, Rep. of South Africa

erst oberhalb eines Bereichs lediglich qualitativer Bestimmung eine quantitative Messung sinnvoll ist. Als Bestimmungsgrenze wurde die 10fache Standardabweichung des Blindwerts (Geräterauschens) einheitlich festgelegt [9, 60–62]. Daraus ergibt sich der in Abb. 8.1 angeführte Zusammenhang. Für die Angabe von Analysenergebnissen sind die in Tabelle 8.2 angeführten Schlußfolgerungen wesentlich. Demnach ist strikt zwischen dem (qualitativen) Nachweis und der (quantitativen) Bestimmung zu unterscheiden.

In jedem Fall (schon allein aus statistischen Gründen) ist der Meßwert mit einer prinzipiellen Unsicherheit behaftet. Es ist falsch, wenn Analysenwerte ohne Angabe der Standardabweichung und der Zahl der Messungen oder der Methode angegeben werden. In der Spurenanalyse muß dazu noch die Nachweisgrenze ersichtlich sein.

Die wissenschaftliche Begründung für die Standardisierung von Resultatangaben folgt aus der statistischen Mathematik und ist damit frei von „Anschauungen", aber auch zwingend.

Die Warnung und Aufforderung eines Kollegen sollte allen Analytikern, aber nicht nur diesen, zu denken geben [63]: „Der analytische Chemiker muß der Öffentlichkeit gegenüber immer darauf hinweisen, daß das einzige und wichtigste Merkmal eines jeden Ergebnisses, das aus einer oder mehreren Messungen erhalten wird, eine dementsprechende Aussage über dessen Unsicherheitsbereich ist".

In jedem analytischen Labor kommt der Qualitätskontrolle erste Priorität zu. Auch noch so hohe Inanspruchnahme mit der Routinearbeit darf die laufende verdeckte oder offene Qualitätskontrolle nicht unterbinden. Vergleichsproben, zu denen im Labor analysierte, nicht zertifizierte oder zertifizierte Referenzmaterialien verwendet werden können (siehe Übersicht Tab. 8.2), können in jedem Labor dazu herangezogen werden, um die Verläßlichkeit von Gerät und Personal zu überprüfen. Die Überprüfung von Blindwerten und deren Schwankung gehört in die gleiche Kategorie von notwendigen Qualitätskontrollen. Darüber hinaus bestehen bei den meisten gängigen Elementen Möglichkeiten an Ringversuchen teilzunehmen.

Die grundsätzliche Einsicht, daß der Meßwert nicht isoliert, sondern als Ergebnis des analytischen Prozesses und nur im Zusammenhang mit Streubereich, Methode, Nachweisgrenze und Zahl der Bestimmungen zu verstehen und richtig zu interpretieren ist, sollte sich auch außerhalb des engeren Fachgebietes der Analytischen Chemie in einer breiteren Öffentlichkeit durchsetzen.

Literatur

1. A. Walsh: Spectrochim. Acta 7: 108 (1955)
2. R. Wendt, V. A. Fassel: Anal. Chem. 37: 920 (1965)
3. V. A. Fassel: Z. Anal. Chem. 324: 511 (1986)
4. A. D. Hill, K. Y. Patterson, C. Veillon, E. R. Morris: Anal. Chem. 58: 2340 (1986)
5. S. E. Raptis, G. Knapp, A. P. Schalk: Z. Anal. Chem. 316: 482 (1983)
6. D. R. Boline, W. G. Schrenk: J. Assoc. Off. Anal. Chem. 60: 1170 (1977)
7. K. Ladefoged: Clin. Chim. Acta 100: 149 (1980)
8. S. E. Raptis, G. Kaiser, G. Tölg: Anal. Chim. Acta 138: 93 (1982)
9. ACS Committee on Environmental Improvement: Anal. Chem. 55: 2210 (1983)

10. W. Horwitz, L. R. Kamps, K. W. Boyer: J. Assoc. Off. Anal. Chem. 63: 1344 (1980)
11. P. Tschöpel, G. Tölg: J. Trace Microprobe Techn. 1: 1 (1982)
12. S. E. Raptis, G. Kaiser, G. Tölg: Z. Anal. Chem. 316: 105 (1983)
13. D. Bahne, P. Bratter, H. Geßner, G. Huber, W. Mertz, U. Rösik: Z. Anal. Chem. 278: 269 (1976)
14. J. Kumpulainen, Thesis: Univ. Helsinki, Dept. Food Chemistry and Technology, EKT Series 553, 1980
15. C. Veillon: Anal. Chem. 58: 851 A (1986)
16. W. B. Barnett, E. A. McLaughlin: Anal. Chem. Acta 80: 285 (1975)
17. R. W. Madsen jr.: At. Absorp. Newslett. 10: 57 (1971)
18. H. W. Sinemus, M. Melcher, B. Welz: Angew. Atom-Spektro. Nr. 24
19. K. W. Olson, W. J. Haas, V. A. Fassel: Anal. Chem. 49: 632 (1977)
20. C. W. Fuller: Anal. Chim. Acta 62: 261 (1972)
21. G. K. Murthy, U. Rhea, J. T. Peeler: Environ. Sci. Tech. 5: 436 (1971)
22. K. W. Olson, W. J. Haas, V. A. Fassel: Anal. Chem. 49: 632 (1977)
23. W. Wolf, W. Mertz, R. Masinoni: J. Agr. Food Chem. 22: 1037 (1974)
24. M. R. Midgett, M. J. Fishman: At. Absorp. Newslett. 6: 128 (1967)
25. K. W. Olson, W. J. Haas, V. A. Fassel: Anal. Chem. 49: 632 (1977)
26. C. W. Fuller: At. Absorption Newslett. 12: 40 (1973)
27. W. W. Harrison, A. B. Tyree: Clin. Chim. Acta. 31: 63 (1971)
28. K. W. Olson, W. J. Haas, V. A. Fassel: Anal. Chem. 49: 632 (1977)
29. C. W. Fuller, J. Whitehead: Anal. Chim. Acta 68: 407 (1974)
30. A. D. Olson, W. B. Hamlin: Clin. Chem. 15: 438 (1969)
31. P. W. J. M. Boumans, F. J. de Boer: Spectrochim. Acta 30B: 309–334 (1975)
32. A. L. Levy, E. M. Katz: Clin. Chem. 16: 840 (1970)
33. P. W. J. M. Boumans: Z. Anal. Chem. 279: 1 (1976)
34. C. W. Fuller: Anal. Chim. Acta 62: 261 (1972)
35. J. P. Mahoney, K. Sargent, M. Gerland, W. Small: Clin. Chem. 15: 312 (1969)
36. P. W. J. M. Boumans, F. J. de Bour: Spectrochim. Acta 30B: 309–334 (1975)
37. S. Henning, T. L. Jackson: At. Absorption Newslett. 12: 100 (1973)
38. F. M. Tindall: At. Absorption Newslett. 4: 339 (1965)
39. K. W. Olson, W. J. Haas Jr., V. A. Fassel: Anal. Chem. 49: 632 (1977)
40. C. W. Fuller: At. Absorption Newslett. 12: 40 (1973)
41. A. H. Jones: Anal. Chem. 37: 1761 (1965)
42. P. W. J. M. Boumans, F. J. de Boer: Anal. Chem. 30B: 309–334 (1975)
43. T. D. Martin, J. F. Kopp, R. D. Edinger: At. Absorption Newslett. 14: 109 (1975)
44. V. C. O. Schuler, Jansen, G. S. James: J. S. African Inst. Mining Met. 62: 807 (1962)
45. H. W. Sinemus, M. Melcher, B. Welz: Angewandte Atom-Spektroskopie, Nr. 24
46. K. W. Olson, W. J. Haas Jr., V. A. Fassel: Anal. Chem. 49: 632 (1977)
47. G. J. Langmyhr, Y. Thomassen, A. Massoumi: Anal. Chim. Acta 68: 305 (1974)
48. J. A. Bowman, J. B. Willis: Anal. Chem. 39: 1210 (1967)
49. T. E. Edmonds, G. Horlick: Appl. Spectrosc. 31: 536 (1977)
50. G. R. Simpson, R. A. Blay: Food Trade Review pp. 35–37 (Aug. 1966)
51. P. W. J. M. Boumans, F. J. de Boer: Spectrochim. Acta 30B: 309–334 (1975)
52. S. H. Omang: Anal. Chim. Acta 56: 473 (1971)
53. J. D. Kerber: Appl. Spec. 20: 212 (1966)
54. P. W. J. M. Boumans, F. J. Boer: Spectrochim. Acta 30B: 309–334 (1975)
55. D. V. Brandy, J. G. Montalvo Jr., G. Glowacki, A. Pisciotta: Anal. Chim. Acta 70: 448 (1974)
56. J. B. Dawson, D. J. Ellis, H. Newton: Clin. Chim. Acta 21: 33 (1968)
57. K. W. Olson, W. J. Haas, V. A. Fassel: Anal. Chem. 49: 632 (1977)
58. J. A. Burke: J. Assoc. Off. Anal. Chem. 68: 1069 (1985)
59. R. E. Kaiser: Z. Anal. Chem. 272: 186 (1974)
60. U. Bos, A. Junke: Z. Anal. Chem. 316: 135 (1983)
61. ACS Committee on Environmental Improvement: Anal. Chem. 52: 2242 (1980)
62. J. D. Winefordner, G. C. Long: Anal. Chem. 55: 712 A (1983)
63. L. B. Rogers et al. eds.: „Recomendation for Improving the Reliability and Acceptability of Analytical Chemical Data used for Public Purposes. Chem. Eng. News. 60: 44 (1982)

Zusätzliche Literatur zu Kap. 8

W. Slavin: „Graphite Furnace Source Book" Perkin Elmer Corp.: Ridgefield, CT, 1984

P. D. La Fleur: „Accuracy in Trace Analysis: Sampling, Sample, Handling and Analysis", Vol. 1–2, Nat. Bureau of Standards, Special Publication 422, Washington 1976

O. G. Koch, G. A. Koch-Dedic: „Handbuch der Spurenanalyse", Springer, Berlin 1974

H. Kaiser: „Two Papers on the Limit of Detection of a Complete Analytical Procedure", Hafner, New York 1969

J. D. Winefordner: „Trace Analysis: Spectroscopic Methods for Elements", Wiley, New York 1976

9 Entwicklungstendenzen in der Spurenelementforschung

9.1 Speziesanalytik und Spurenelementgehalt in Lebensmitteln

Nach einer Periode stürmischer Entwicklung der Spurenelementanalyse, die zu mehr und mehr Daten über den Gehalt essentieller Spurenelemente in verschiedenen Lebens- und Futtermitteln führte, konzentrieren sich jetzt die Forschungsanstrengungen auf die Analyse schwermetallhaltiger Verbindungen in biologischem Material. Hier finden allmählich Techniken der Biochemie wie die enzymatische Analyse, der Trennmethoden wie Gelelektrophorese, Chromatofokussierung und Gelchromatographie Verwendung.

Die Speziesanalyse[1] hat auch über den engen Bereich der Untersuchung der biologisch aktiven Verbindungen essentieller Spurenelemente hinaus Bedeutung für die Untersuchung des Verhaltens von Metallen in der Umwelt und damit deren Transformation und Weitergabe im Ökosystem [1].
Diese Betrachtung eines Elements als Bestandteil des Ökosystems ist für die Kenntnis des Vorkommens und Verhaltens der Metallspezies in Lebensmitteln und deren Wirkung von erheblichem Interesse. Insbesondere sind Organometallverbindungen mit Chalcogenatomen von Interesse. Schwefelatome sind in vielen Biomolekülen enthalten (Thioaminosäuren, Sulfide, Disulfide, Thiole etc.). All diese Schwefelverbindungen können als Liganden für Koordinationsverbindungen dienen.

Die meisten Elemente, die stabile Kohlenstoff-Metall-Bindungen bilden, sind auch in der Lage, solche Bindungen mit Schwefel einzugehen. Die sehr unterschiedliche Toxizität der Organometallverbindungen, ihre Funktionen in der Ernährung und beim Ablauf wichtiger biologischer Prozesse zeigen, daß eine einfache Elementkonzentrationsbestimmung unzulänglich ist. Obwohl in der Umweltanalytik die Bestimmung der individuellen Konzentration der verschiedenen chemischen Verbindungen, die Speziesanalyse, systematisch entwickelt wird [2], gibt es nur wenige derartige Ansätze bei Lebensmitteln [3].

Die Kopplung von Hochleistungsflüssigkeitschromatographie und Atomabsorptionsspektralphotometrie (HPLC/AAS) wurde zur Trennung von anorgani-

[1] Analyse metallhaltiger, vorwiegend organischer Verbindungen in biologischem Material.

schen Arsenspezies erfolgreich eingesetzt [4, 5]. Verschiedene Extraktionsmethoden gestatten die Abtrennung und Bestimmung von Metallspezies [6, 7]. Elektrophoretische Methoden erlauben die Trennung von proteinhaltigen Spezies [8]. Enzymolytische Methoden werden in Studien über die Verfügbarkeit essentieller Spurenelemente eingesetzt [9–11].

Weitere Informationen über den Spurenelementgehalt in Lebensmitteln und die Gesamtaufnahme mit der täglichen Nahrung sind bei den bisher wenig untersuchten Spurenelementen wie z. B. Arsen, Lithium, Zinn und auch Eisen von Interesse. Die Tendenz geht dahin, Personengruppen definierten Ernährungsverhaltens (Vegetarier, Makrobiotiker) oder bestimmten Alters (Kinder, Senioren) eingehend hinsichtlich ihrer Bilanz an essentiellen Spurenelementen zu untersuchen.

In einzelnen Bereichen muß dazu auch die analytisch-chemische Untersuchungstechnik im Spurenbereich verbessert werden; das betrifft besonders die Elemente Chrom [12, 13], Zinn, Silicium und Jod.

9.2 Untersuchungen des Versorgungsstatus mit essentiellen Spurenelementen

Die Bewertung, ob die Zufuhr eines essentiellen Spurenelements mit der Nahrung ausreichend ist oder ob ein Versorgungsmangel besteht, hängt neben der Gesamtmenge vor allem von der Bioverfügbarkeit des Elements ab. In diesem Zusammenhang überlappt sich die Problematik der biologisch wirksamen Spezies mit der Wechselwirkung zwischen anorganischen und organischen Bestandteilen der Nahrung. Da erst Modellansätze zur Bedarfsabschätzung existieren, in die bisher wenig bekannte Parameter wie Brutto-, Nettobedarf und Gesamtnutzungsfaktor eingehen (vgl. Kapitel 3), sind weitere Studien für die Beantwortung der Frage nach der ausreichenden Versorgung mit essentiellen Spurenelementen besonders wichtig. Die nahezu unüberschaubare Fülle von Einzeluntersuchungen auf diesen Gebieten bedarf einer Hypothese, die diese Befunde zusammenfassend erläutert und die zumindest qualitativ die Abschätzung der verschiedenen Einflüsse erlaubt.

Immer noch gehen die meisten Empfehlungen über die Zufuhrmenge vom einzelnen Spurenelement aus. Um der erwähnten Problematik Rechnung zu tragen, sind die festgelegten, empfohlenen Zufuhrmengen jedoch etwas über den tatsächlich abgeschätzten Bedarf angehoben. Eine verbesserte Bedarfsabschätzung würde es erlauben, die wichtige Frage, ob und in welchen Bereichen eine Supplementierung der Nahrung mit Spurenelementen wünschenswert wäre, zu beantworten. Bisher haben praktisch alle Staaten eine Supplementierung mit essentiellen Spurenelementen – mit Ausnahme von Jod und z. T. Eisen – abgelehnt.

Je mehr jedoch die Zusammenhänge von marginaler Unterversorgung und unspezifischer, gesundheitlicher Beeinträchtigung erkannt werden, desto dringlicher wird das Problem.

Vorerst sollte die Supplementierung jener Elemente erwogen werden, die über ein breites Plateau ausreichender Versorgung zwischen Mangel und Toxizität verfügen. Hier sind Gefahren hinsichtlich einer zu hohen Zufuhr und damit einer toxischen Wirkung nicht zu befürchten.

9.3 Ausblick

Die Themenkreise *Speziesanalytik, Bioverfügbarkeit, Bedarfsdeckungsmodell, Versorgungsstatus* der verschiedenen Bevölkerungsgruppen und nicht zuletzt die *Elementanalytik* bestimmen das Spannungsfeld der Spurenelementforschung.

Die Abb. 9.1 vermittelt einen Überblick über die Überlappungsbereiche, die zur Stimulierung der Entwicklung führen.

Zwei Bereiche treten dabei hervor.

Einmal der Bereich der Analytik von Elementgehalt und Spezies in bezug auf die Verbesserung des Versorgungsstatus der Bevölkerung oder bestimmter durch gesonderte Ernährungsgewohnheiten ausgezeichneter Gruppen. Zum zweiten der Bereich, in dem sich Metabolismusforschung, Bedarfsdeckungsmodelle und Speziesanalytik mit der Frage nach dem Versorgungsstatus vereinigen.

Mit anderen Worten: Die Forschung im Bereich des Mangels muß auf analytisch-chemischem Weg weiteren Erkenntnisgewinn bringen. Die Erforschung des Metabolismus im Hinblick auf Bedarfsdeckungsmodelle und der Einfluß der

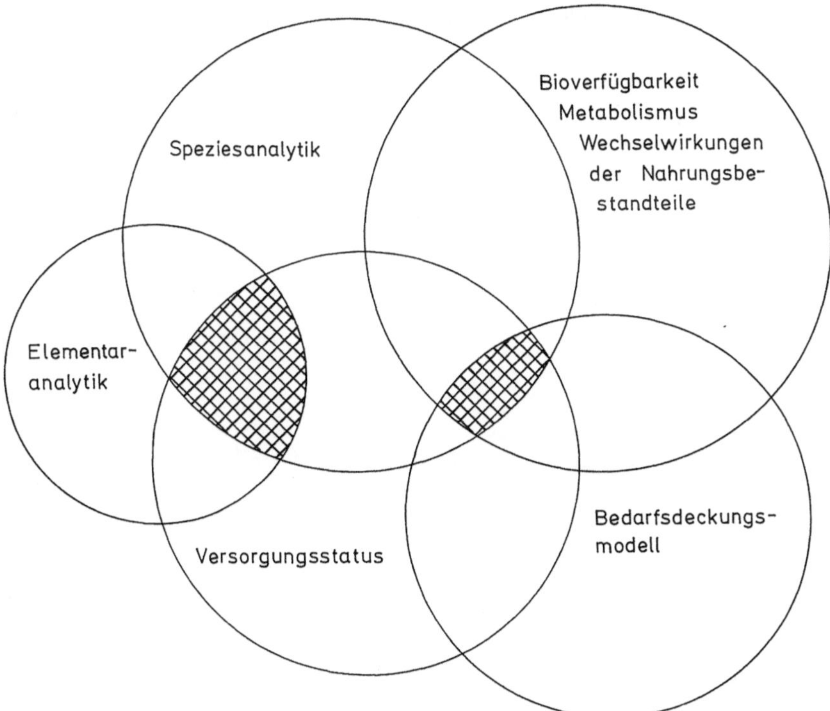

Abb. 9.1. Entwicklungstendenzen in der Spurenelementforschung. Überlappende Interessenbereiche stimulieren sich in diesen Bereichen wechselseitig und beschleunigen die Forschung

Spurenelementspezies auf die Versorgung muß weitere Aufschlüsse über Berechnungsmöglichkeiten für die Bedarfsdeckung erbringen.

Im Mittelpunkt der Forschung steht das Bemühen, die Kenntnis auf diesen Gebieten im Interesse der Gesundheit und des Wohlbefindens des Menschen zu erweitern.

Literatur

1. K. J. Irgolic, A. E. Martell eds.: Environmental Inorganic Chemistry, VCH, Deerfield, CA, USA, 1985
2. G. Schwedt: Trends Anal. Chem. 2: 39 (1983)
3. G. Schwedt, M. Metschies, A. Schweizer, D. Zöltzer: Z. Anal. Chem. 327: 142 (1987)
4. F. E. Brinkman, K. L. Jewett, W. P. Iverson, K. J. Irgolic, K. C. Ehrhardt, R. A. Stockton: J. Chromatogr. 191: 31 (1980)
5. R. A. Stockton, K. J. Irgolic: Int. J. Environm. Anal. Chem. 6: 313 (1979)
6. H. Münz, W. Lorenzen: Z. Anal. Chem. 319: 395 (1984)
7. J. Kumpulainen, R. A. Anderson, M. M. Polansky, R. W. Wolf: In: Chromium in Nutrition and Metabolism, D. Shapcott, J. Hubert eds., Elsevier/North Holland Biomedical Press 1979
8. S. H. Van Dorst, P. J. Peterson: J. Sci. Fd. Argic. 35: 661 (1984)
9. A. Chatt, L. S. McDowell: 4th Int. Workshop on Trace Element Chemistry in Medicin and Biology, Neuherberg, BRD, 1986
10. H. M. Creos, J. A. Burell, D. J. McWeeny: Z. Lebensm. Unters. Forsch. 180: 405 (1985)
11. R. Kohn, G. Dougowski, W. Bock: Nahrung 30: 39 (1986)
12. A. Isozaki, K. Krunagai, S. Utsumi: Anal. Chim. Acta 153: 15 (1983)
13. K. Drugs, H. Fleischhauer, B. Neidhart: Z. Anal. Chem. 312: 280 (1985)

Sachverzeichnis

Springer